Im Lehrbuch findest du unterschiedlich gekennzeichnete Seiten.
Die Inhalte sollen dich bei der Aneignung naturwissenschaftlicher Kompetenzen unterstützen.

Inhaltsseiten

Inhaltsseiten vermitteln dir – unterstützt durch Merksätze, Tabellen und Übersichten – Grundlagenwissen über wichtige Erscheinungen, Begriffe, Zusammenhänge und Gesetze.
Hier kannst du nachlesen, wenn du im Unterricht etwas nicht verstanden hast.

Physik im Alltag

An Beispielen wird dir gezeigt, wie dir dein Wissen helfen kann, den Alltag zu verstehen, und wie du Probleme lösen, Fragen beantworten oder Sachverhalte bewerten kannst.

Interessantes aus …

Interessantes aus der Natur, der Technik, der Geschichte oder der Wissenschaft bietet dir zusätzliche Informationen, die über die obligatorischen Inhalte hinausgehen.

So kannst du vorgehen

Auf diesen Seiten wird dir an Beispielen gezeigt, wie du typische Tätigkeiten und Methoden ausführen kannst und was dabei zu beachten ist.
Dieses Methodenwissen brauchst du im gesamten Physikunterricht.

Selbst erforscht

Du erhältst Anregungen für selbstständiges Experimentieren. Dabei wirst du feststellen, dass du durch eigenes Experimentieren manche Dinge besser verstehst und dass Physik richtig Spaß machen kann.
Einige der Experimente kannst du zu Hause durchführen.

Gemeinsam erkunden

Auf diesen Seiten findest du neben Sachinformationen interessante Fragen, Anregungen und Experimente zu einem **Projekt.** Hier ist Teamarbeit angesagt. Ihr könnt auch Ideen für eigene Projekte entwickeln.

Das Wichtigste im …

Auf diesen Überblicksseiten wird das Wesentliche eines Abschnitts übersichtlich und strukturiert dargestellt.

Basiskonzepte

Basiskonzepte fassen grundlegende Inhalte aus dem Kapitel zusammen, die für alle physikalischen Prozesse und Phänomene gelten.
Die Seiten helfen dir, dein Wissen zu strukturieren und Zusammenhänge zu erkennen.

Erfasst und vernetzt

Auf diesen Seiten findest du Aufgaben zu einem größeren Kapitel. Hier kannst du zeigen, wie du mit Fachwissen umgehen, Methoden nutzen, Informationen erschließen und austauschen sowie Sachverhalte erkennen und bewerten kannst.

Inhaltsverzeichnis

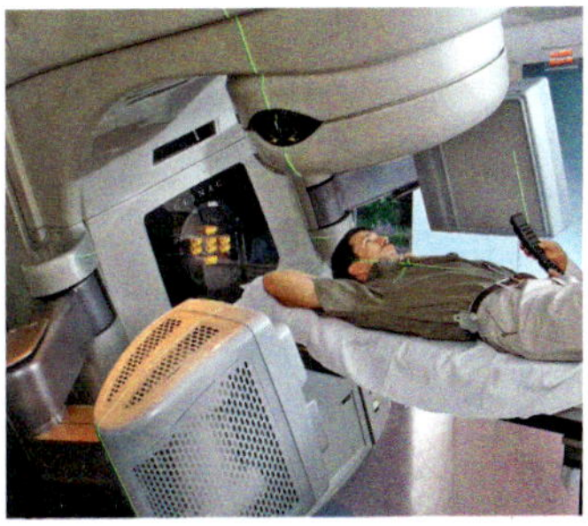

So kannst du vorgehen – Methoden

Bildquellenverzeichnis

ABB Transformatoren GmbH: 35/3; ADAC: 152/2; Adam Opel AG: 178/2/01, 178/2/02,178/2/03, 185/1/01, 185/1/02, 185/1/03, 187/01; adpic Bildagentur/A. Buss: 120/02, 124/01c; adpic Bildagentur/B. Leitner: 132/2; adpic Bildagentur/M. Baumann: 129/2; AEARO GmbH: 125/03; AEG Elotherm, Remscheid: 37/01; Alfred Held, Falkensee: 127/02; BackArts GmbH: 108/04; BAM Berlin: 75/1; Bernd Hill, Herrenhof: 124/01; Bibliographisches Institut GmbH, Mannheim: 30/1; Comstock Images/Fotosearch: 120/03; Corbis/TWPhoto: 8/04; Corel Photos Inc.: 71/03, 84/01, 84/03, 85/02, 87/1a, 100/01b, 125/01, 129/3, 157/01, 159/02c, 161/01, 165/01, 167/3, 168/05, 176/02, 176/02, 177/1, 188/01, 91/01; Cornelsen Experimenta: 8/01, 11/01, 11/02, 12/1, 12/02, 17/1, 23/3, 26/02, 48/01, 60/1, 81/01, 87/1c, 108/01, 108/1, 148/1; Daimler AG: 127/06; Daniel Rüd: 136/01; Deutsche Bahn AG/Hartmut Reiche: 129/1; Deutsche Bahn AG/Claus Weber: 135/1; Deutsche Bahn AG/Georg Wagner: 168/06; Deutsche Bahn AG/Wolfgang Klee: 130/01; Dr. Michael Unger: 119/1; DRK: 180/1; Duden Paetec GmbH: 30/2, 96/01, 101/02, 121/01, 135/01; E.ON Kernkraft GmbH: 71/01; ESA: 45/01; ESA: 168/03; ESO: 47/02; Fichtel & Sachs GmbH: 99/1, 99/2, 99/3, 101/01; Fotolia/Alexander Rochau: 170/03; Fotolia/Amir Kaljikovic: 123/02; Fotolia/Christa Eder: 80/02; Fotolia/Gregor Mönks: 42/01; Fotolia/Jordi Lopez: 160/01; Fotolia/Noel Powell: 71/04; Fotolia/Torbz: 46/02; Fraport AG: 83/02, 173/1; Geisel, Tilo Dr.: 125/02; Glowimages/Michael Weber: 128/02; GNS Gesellschaft für Nuklear-Service mbH: 79/01; Hahn-Meitner-Institut Berlin: 73/2/02, 73/2/01; Heinz-Günter Lau GmbH: 109/2; Hemera Photo Objects: 100/01a; iStockphoto: 126/02, 127/03, 128/03, 166/03; iStockphoto/Christine Gonsalves: 118/1; iStockphoto/Milos Luzanin: 124/01b; iStockphoto/Tammy Peluso: 86/02; iStockphoto/Alain Couillaud: 86/03; iStockphoto/B. Blankenburg: 166/14; iStockphoto/Cimmerian: 85/03; iStockphoto/Ina Peters: 16/1; iStockphoto/Kristian Sekulic: 127/04; iStockphoto/Niko Guido: 116/2; iStockphoto/Olaf Loose: 146/1; iStockphoto/Olaf Loose: 159/02d; iStockphoto/Snezana: 179/01; iStockphoto/T. Popova: 124/01a; John Foxx Images: 41/01; Knorr-Bremse AG: 187/03; Koehler, Reinhard, Freiburg: 126/01; LD Systeme AG & Co. KG: 20/2, 90/1, 139/1, 140/1; Liesenberg, G.: 18/2, 100/01c, 130/02, 175/3; LPS, Berlin: 46/03, 57/01; Lufthansa AG/Werner Krüger: 122/01; Mahler, Fotograf, Berlin: 10/03, 13/1, 24/01, 167/01, 168/02, 189/01; Mannesmann Dematic AG: 10/04, 19/1/02, 26/01, 168/01; mauritius images/Janusz Pokorski: 166/02; mauritius images/Bernhard Spöttel: 147/1; mauritius images/Curtis: 85/04; mauritius images/Schlief: 86/01; MEKRUPHY GmbH, Pfaffenhofen: 47/04; Messe Berlin GmbH und BDLI: 176/1; Messe Berlin GmbH und BDLI/Chris Sorensen: 103/01; Meyer, L., Potsdam: 20/01, 22/1, 24/02, 35/1, 40/01, 73/1, 130/1, 134/1, 140/2, 153/1, 168/08; Moser, Freiburg: 67/3; Mountain High Maps: 169/1; NASA: 26/03, 46/01, 176/01, 186/01; NASA, Nick Galante/PMRF: 126/04; Neunzig, Michael: 10/02; NTL Austria: 13/02, 14/1, 14/2, 21/01, 27/01, 31/3, 43/01, 44/01, 86/04, 104/3, 114/3, 156/1, 157/1, 159/02b; ÖAMTC: 124/01d, 151/1, 152/1, 170/01; panthermedia: 168/07; panthermedia/C. Rother: 166/04; panthermedia/Franz Haumer: 175/2; panthermedia/Horst Hellwig: 130/03; panthermedia/Nicole Schröder: 83/01; panthermedia/Peter Pietsch: 128/04; panthermedia/Sandra Baer: 8/02; panthermedia/Viktor Onyshchenko: 87/1; Photo Disc Inc.: 48/03, 62/2, 85/01, 87/2, 96/1, 100/1d, 106/01, 108/02, 108/03, 119/2, 120/01, 120/04, 123/01, 127/05, 168/04, 168/09; Physikalisch-Technische Bundesanstalt (PTB): 96/2; Phywe Systeme GmbH & Co. KG, Göttingen: 33/1, 47/03, 57/02, 84/02, 117/2; picture-alliance/akg-images: 55/2; picture alliance/Design Pics: 8/03; picture-alliance/dpa : 9/01, 19/1/01, 48/02, 62/1, 71/02, 102/01, 126/03, 145/1, 158/1, 163/1, 170/02, 184/2; picture-alliance/dpa Bernd Thissen: 164/01; picture-alliance/dpa/dpaweb: 84/04; picture-alliance/dpa: picture-alliance/ZB: 190/01; Pitopia/Ludger Vorfeld, 2006: 127/01; Raake, Susanne: 27/02/1, 27/02/2, 27/02/3, 36/2; RWE Power AG, Essen: 159/01; Schmidt, Uwe: 150/1, 187/02; Sebastian Karpp: 144/1; Shutterstock/EpicStockMedia: 103/02; Shutterstock/Ralf Gosch: 9/05; Siemens AG: 9/02, 27/04, 32/1, 36/3, 66/1, 115/01; Siemens-Electrogeräte GmbH: 9/04, 27/03; Silva Deutschland GmbH:10/01; SV-Bilderdienst/S. M.:179/1; Technorama, Schweiz, www.technorama.ch: 57/03, 88/1; Thüringisches Landesamt für Archäologie und Denkmalpflege, Weimar: 62/01; THW, Bonn: 103/03; TÜV SÜD: 45/02; üstra Hannoversche Verkehrsbetriebe AG. Hannover: 159/02a; Varian Medical Systems International AG, Zug, Switzerland: 47/01, 70/01; Vogt, Patrik, Landau: 9/03, 40/02, 44/02; Volkswagen AG: 128/01, 183/2; Wikipedia: 80/01; www.neckermann.de: 87/1b.

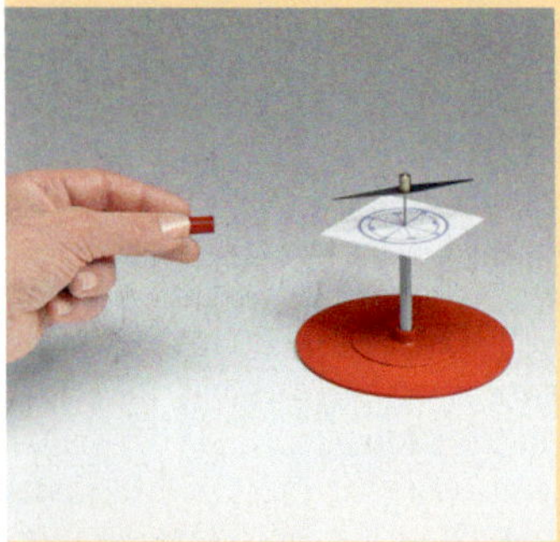

1 Magnetisches Feld und elektromagnetische Induktion

Gemeinsamkeiten und Unterschiede
Mit einem Fahrraddynamo und einem großen Generator wird elektrische Energie „erzeugt“. Gibt es zwischen den beiden Geräten Gemeinsamkeiten? Worin bestehen die Unterschiede?

Generatoren, Transformatoren, Elektromotoren
In jeder Windkraftanlage befindet sich ein Generator, in dem mechanische Energie in elektrische Energie umgewandelt wird. Mit Transformatoren können Spannungen und Stromstärke umgewandelt werden.
In vielen Geräten, z. B. in einer Waschmaschine, einem Föhn oder einem Staubsauger, werden Elektromotoren genutzt.
Entscheidend für die Wirkungsweise sind bei allen diesen technischen Geräten elektromagnetische Wechselwirkungen.

1.1 Magnete und magnetische Felder

1 Die richtige Richtung

Eine Kompassnadel stellt sich immer in Nord-Süd-Richtung ein. Wie kommt das? Bringt man allerdings einen Magneten in ihre Nähe, so verändert sich ihre Lage. Probiere es aus. Wie könnte man diese Erscheinungen erklären?

2 Kennst du Blutsteine?

Blutstein ist einer der Namen für das Mineral Hämatit. Werden Blutsteine entsprechend geformt, poliert und magnetisiert, kann man sie zum Schwirren bringen.

a) Versuche, die Steine zum Schwirren zu bringen.
b) Bringe einen der Steine in die Nähe des anderen. Beschreibe deine Beobachtungen.

3 Magnetisch befestigen

Mit Haftmagneten lassen sich Zettel oder Bilder leicht anbringen, verschieben und wieder entfernen. Allerdings haften Magnete nicht überall. An welchen Stoffen haften sie, an welchen nicht?

4 Elektromagnete helfen

Schwere Stahlplatten werden mithilfe von Elektromagneten (rot) transportiert.
Warum funktioniert das nicht mit Aluminium- oder Glasplatten? Was würde passieren, wenn der Stromfluss unterbrochen wird?

Eigenschaften von Magneten

Du hast sicher schon mit Magneten gespielt. Dir ist auch bekannt: Der elektrische Strom hat eine magnetische Wirkung. Mit den nachfolgenden Experimenten kannst du einige Eigenschaften von Magneten selbst erkunden.

Experiment 1
Untersuche, welche Gegenstände von einem Magneten angezogen werden und welche nicht.

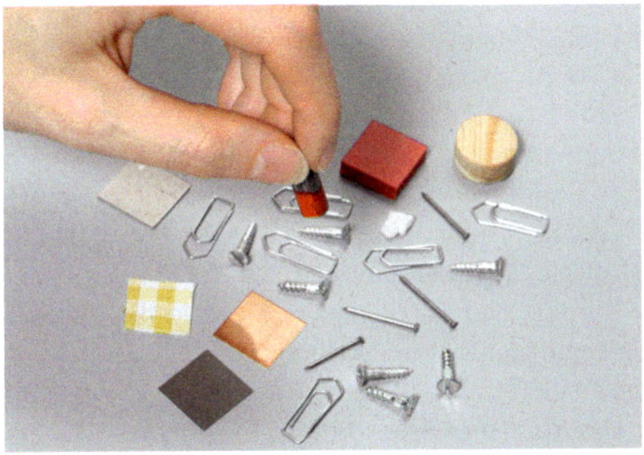

a) Prüfe Büroklammern, Nägel, Schere, Kamm, Papier, Münzen, Radiergummi, Stoff und Schrauben.
b) Dehne die Untersuchung auf Einzelteile deines Fahrrads aus.
c) Fertige in deinem Heft eine Tabelle an:

Gegenstand	Beobachtung: Wird angezogen?	
	ja	nein
Nägel	ja	
...		
Lenker		
...		

d) Deute deine Beobachtungen: Aus welchen Stoffen bestehen die Gegenstände, die vom Magneten angezogen werden?

Experiment 2
An welchen Flächen haftet ein Haltemagnet?

Experiment 3
Halte einen Stabmagneten einmal senkrecht und einmal waagerecht in eine Kiste mit kleinen Eisennägeln und hebe den Magneten vorsichtig an. Beschreibe deine Beobachtungen.

Experiment 4
Untersuche, in welchem Abstand eine Büroklammer von einem Stabmagneten merklich angezogen wird.

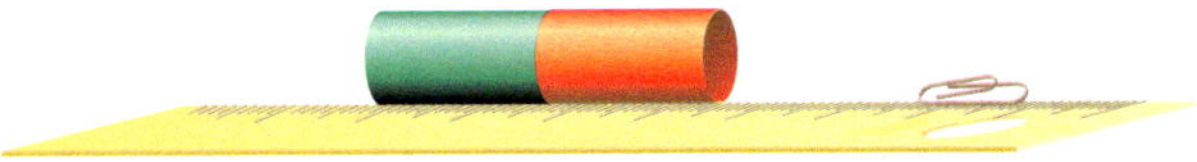

Durchführung:
Wiederhole den Versuch unter verschiedenen Bedingungen.
Auswertung:
a) Beschreibe deine Beobachtungen und nenne die jeweiligen Bedingungen.
b) Fasse das Versuchsergebnis in einem Merksatz zusammen.

Experiment 5
Baue dir aus einem großen Nagel, isoliertem Draht und einer Batterie (↗ Foto) einen einfachen Elektromagneten.

Bringe kleine Nägel oder Büroklammern in die Nähe deines Elektromagneten.
a) Beschreibe deine Beobachtungen.
b) Wie könnte man die Beobachtungen erklären?

Magnete und ihre Wirkungen

Magnete werden heute vielfältig genutzt: als Haftmagnete, für Türverschlüsse, als Kompassnadeln. Sie haben eine besondere Eigenschaft: Sie ziehen Körper aus bestimmten Stoffen an.

Magnete sind Körper, die andere Körper aus Eisen, Nickel oder Cobalt anziehen.

Körper, die diese magnetische Eigenschaft auf Dauer oder über sehr lange Zeit besitzen, nennt man **Dauermagnete** oder **Permanentmagnete.**
Dauermagnete bestehen ebenfalls aus Eisen, Nickel, Cobalt. Sie können verschiedene Formen haben (Abb. 1). Weitverbreitet sind Stabmagnete und Hufeisenmagnete, aber auch kreisförmige Magnete.
Dauermagnete werden heute meist aus speziellen Legierungen (Eisen-Nickel, Eisen-Aluminium, Eisen-Neodym) hergestellt. Dabei nutzt man, dass Körper aus Eisen, Nickel und Cobalt selbst magnetisch werden, wenn man sie in die Nähe eines starken Magneten bringt.

Körper, die von Magneten angezogen werden, sind auch selbst magnetisierbar.

Diese Eigenschaft von Körpern aus Eisen, Nickel und Cobalt, den **ferromagnetischen Stoffen,** ergibt sich aus ihrem Aufbau (Abb. 2).

1 Dauermagnete unterschiedlicher Form. Der Nordpol wird mit N (rot) gekennzeichnet.

2 Unmagnetisiertes (a) und magnetisiertes (b) Eisen im Modell

Magnetisierbare Stoffe bestehen aus winzigen Bereichen, von denen sich jeder wie ein kleiner Magnet verhält. Im unmagnetisierten Zustand sind diese **Elementarmagnete** völlig ungeordnet (Abb. 2a). Der Körper ist nach außen hin unmagnetisch. Unter dem Einfluss eines Magneten können sich die Elementarmagnete ausrichten (Abb. 2b). Der Körper wird selbst magnetisch.
Die Ausrichtung der Elementarmagnete und damit der Magnetismus des Körpers gehen verloren, wenn man einen Magneten zu stark erhitzt oder starken Erschütterungen aussetzt, ihn also z. B. mit einem Hammer bearbeitet.
Lassen sich in einem Stoff die Elementarmagnete leicht ausrichten, so bezeichnet man diesen Stoff als **magnetisch weich.** Die Ausrichtung der Elementarmagnete geht bei weichmagnetischen Stoffen aber auch leicht wieder verloren. Ein Stoff, für den das zutrifft, ist Weicheisen, das man bei Transformatoren, Elektromotoren und Generatoren verwendet. Die Eisenkerne von Elektromagneten bestehen ebenfalls aus Weicheisen. Auch wenn sich in der Nähe eines magnetisch weichen Stoffs kein Magnet befindet, bleibt meist ein geringer Restmagnetismus zurück. Stoffe, bei denen die Ausrichtung der Elementarmagnete nur unter dem Einfluss starker Magnete erfolgt und lange Zeit erhalten bleibt, bezeichnet man als **magnetisch hart.** Aus solchen Stoffen stellt man Dauermagnete her, die z. B. als Haftmagnete verwendet werden.

Magnete ziehen Körper aus ferromagnetischen Stoffen an. Diese Anziehung ist nicht an allen Stellen des Magneten gleich stark. An bestimmten Stellen ist die Anziehung am größten. Bei Stabmagneten und Hufeisenmagneten sind es die Enden (Abb. 1). Diese Stellen, an denen die stärksten anziehenden Kräfte wirken, nennt man **Pole des Magneten** oder **Magnetpole.**

Jeder Magnet hat mindestens zwei Pole, den Nordpol und den Südpol.

Auch wenn man einen Magneten zerteilt, hat jeder Teil wieder zwei Pole. Das ergibt sich aus dem Aufbau eines Magneten (↗ S. 12, Abb. 2b). Darüber hinaus gibt es Magnete, die mehr als ein Polpaar besitzen. Solche Magnete verwendet man z. B. bei Fahrraddynamos.
Magnete können sich anziehen oder abstoßen, je nachdem, welche Pole sich gegenüberstehen (Abb. 2). Experimente zeigen:

Gleichnamige Magnetpole stoßen sich ab, ungleichnamige Magnetpole ziehen sich an.

Wie groß die abstoßenden oder anziehenden Kräfte sind, hängt von der Stärke und vom Abstand der Magnete ab.
Die magnetischen Kräfte wirken auch durch andere Körper hindurch, z. B. durch Glas, Papier oder Holz. Nur Körper aus Eisen, Nickel und Cobalt können nicht durchdrungen werden. Damit kann man z. B. Eisenbleche dazu nutzen, einen Raum magnetisch abzuschirmen.
Das ist z. B. für manche empfindlichen Messgeräte erforderlich.

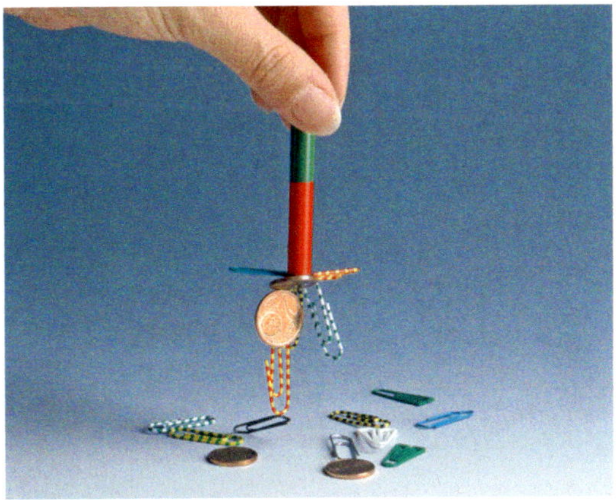

1 An den Polen eines Magneten sind die magnetischen Kräfte am größten.

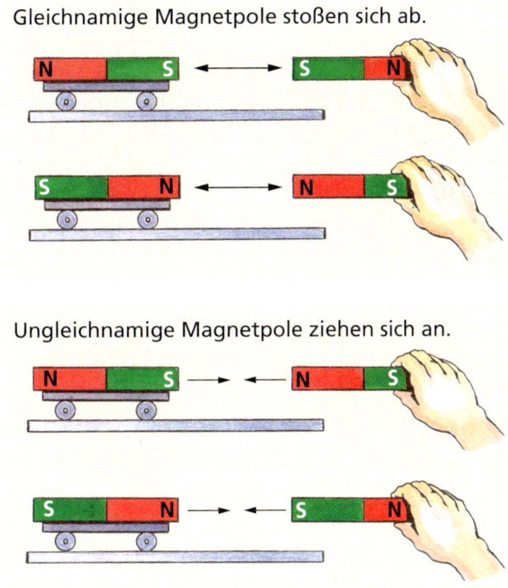

2 Anziehende und abstoßende Kräfte zwischen Magneten

Gewusst · Gekonnt

1. Die Magnetpole sind nach den Himmelsrichtungen Nord und Süd benannt. Begründe, warum man die Bezeichnungen Nordpol und Südpol gewählt hat.

2. Der kleine Magnet unten haftet an der Hand.

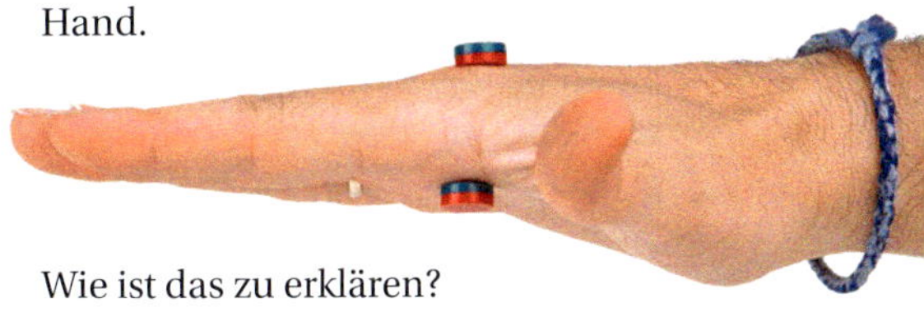

Wie ist das zu erklären?

3. Was passiert mit einem Stabmagneten, wenn man ihn an einem Faden frei drehbar aufhängt? Probiere und erkläre.

Das magnetische Feld

Bringt man einen Magneten in die Nähe von Gegenständen aus ferromagnetischen Stoffen oder eines anderen Magneten, so werden Kräfte aufeinander ausgeübt, ohne dass sich die Körper berühren. Der Bereich um einen Magneten, in dem das der Fall ist, nennt man **magnetisches Feld.**

Um einen Magneten existiert ein magnetisches Feld. In einem magnetischen Feld werden auf Körper aus ferromagnetischen Stoffen und auf Magnete Kräfte ausgeübt.

Ein magnetisches Feld lässt sich durch kleine Magnete (Abb. 1) oder durch Kräfte auf Körper aus ferromagnetischen Stoffen (Abb. 3) nachweisen.
Kleine, drehbar gelagerte Magnete richten sich in einem Magnetfeld in bestimmter Weise aus (Abb. 1).
Legt man auf einen Magneten eine Glasplatte oder ein Blatt Papier und streut darauf Eisenfeilspäne, dann richten sich die Eisenfeilspäne in bestimmter Weise aus. Es ergibt sich ein typisches Bild (Abb. 3). Zeichnet man anstelle der Ketten aus Eisenfeilspänen Linien, so erhält man eine Vorstellung von der Struktur eines solchen magnetischen Felds.

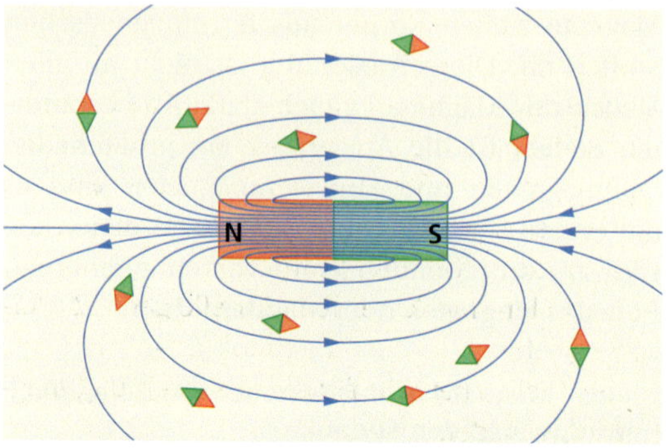

2 Feldlinienbild eines Stabmagneten: Die Feldlinien verlaufen vom Nord- zum Südpol.

Die Linien werden **Feldlinien** genannt. Die Gesamtheit der Feldlinien ergibt ein Feldlinienbild für den betreffenden Magneten (Abb. 2).

Ein magnetisches Feld lässt sich mithilfe eines Feldlinienbilds veranschaulichen.
Das Feldlinienbild ist ein Modell des Felds.

Aus einem Feldlinienbild ist z. B. erkennbar, wie sich kleine, drehbar gelagerte Magnete im betreffenden Magnetfeld ausrichten. Ihre Richtung stimmt mit der Richtung der Feldlinien überein. Als Richtung der Feldlinien ist in der Physik die Richtung vom Nord- zum Südpol eines Magneten festgelegt.

1 Kleine Magnete richten sich in einem magnetischen Feld aus.

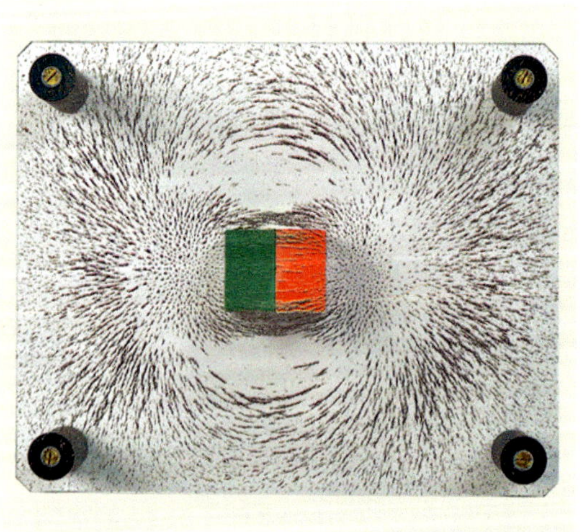

3 Eisenfeilspäne ordnen sich im magnetischen Feld eines Stabmagneten in bestimmter Weise an.

Arbeiten mit Modellen

Du kennst bereits viele unterschiedliche Modelle. So ist ein Spielzeugauto ein Modell für einen richtigen Pkw. Eine Modelleisenbahn sieht ähnlich aus wie eine tatsächliche Eisenbahn. Ein Globus ist ein Modell für unsere Erde.
Auch in der Physik werden Modelle genutzt. Beispiele dafür sind das Teilchenmodell oder das Modell Feldlinienbild für die Beschreibung magnetischer Felder.

Ein Modell ist durch folgende Merkmale gekennzeichnet:
- Ein Modell stimmt in einigen Merkmalen oder Eigenschaften mit dem Original überein, in anderen nicht.
- Ein Modell ist nur innerhalb bestimmter Grenzen gültig und sinnvoll anwendbar.
- Ein Modell ist weder richtig noch falsch, sondern zweckmäßig und geeignet oder unzweckmäßig und nicht geeignet zur Beschreibung, Erklärung oder Voraussage von Erscheinungen.

So ist z. B. aus einem Feldlinienbild erkennbar,
- in welcher Richtung Kräfte auf Probekörper wirken, die sich in der Nähe des Magneten befinden,
- an welchen Stellen das Magnetfeld stärker oder schwächer ist.

Schritt 1

Darstellen des Sachverhalts
Was willst du mithilfe des Modells beschreiben, erklären bzw. voraussagen?

Mit dem Modell soll das Feld eines Hufeisenmagneten beschrieben und vorausgesagt werden, wie sich kleine Magnete im Feld ausrichten.

Schritt 2

Anwenden des Modells
Das magnetische Feld eines Hufeisenmagneten hat das unten dargestellte Aussehen. In der Nähe der beiden Pole verlaufen die Feldlinien am dichtesten. Das bedeutet: In diesen Bereichen ist die Stärke des Magnetfelds am größten. Kleine Magnete richten sich so aus, wie die Feldlinien verlaufen. Dabei sind die Grenzen dieses Modells zu beachten. Sie bestehen darin, dass
- das Magnetfeld im gesamten Raum um einen Magneten vorhanden ist und nicht nur in der gezeichneten Ebene,
- das Magnetfeld auch zwischen den Feldlinien existiert und
- keine Aussage über die absolute Stärke des Magnetfelds getroffen werden kann.

Feldlinienbild zwischen zwei verschieden gepolten magnetischen Platten	Feldlinienbild um einen Hufeisenmagneten
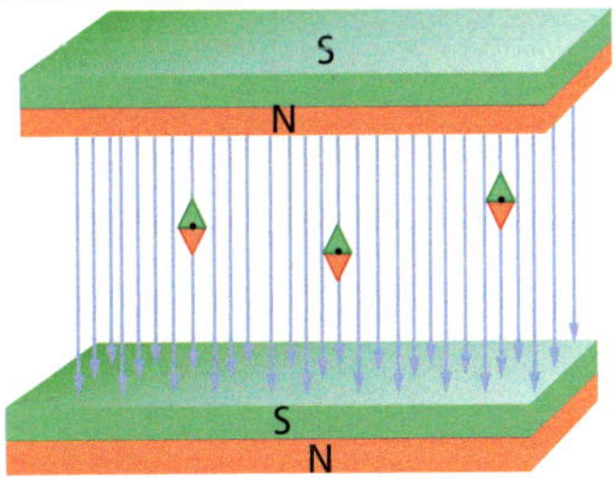	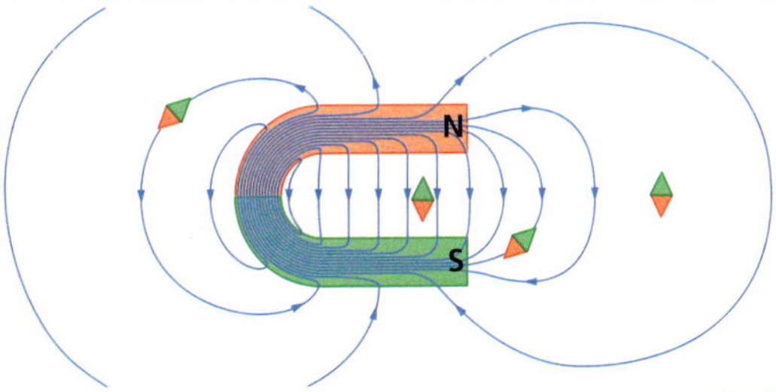
Die Feldlinien verlaufen parallel und im gleichen Abstand zueinander. Es liegt ein homogenes magnetisches Feld vor. Das Feld ist überall gleich stark.	Die Feldlinien verlaufen nicht parallel zueinander. Sie haben unterschiedlichen Abstand. Es liegt ein inhomogenes magnetisches Feld vor. Das Feld ist in der Nähe der Pole am stärksten.

Das Magnetfeld der Erde

Unsere Erde ist ein großer, wenn auch relativ schwacher Magnet. Sie ist damit von einem Magnetfeld umgeben. Die Form dieses Magnetfelds ist in Erdnähe vergleichbar mit der eines riesigen Stabmagneten.
Die magnetischen Pole der Erde liegen in der Nähe ihrer geografischen Pole: Im Norden liegt der magnetische Südpol, im Süden der magnetische Nordpol (Abb. 2).

Eine Kompassnadel stellt sich im Magnetfeld der Erde näherungsweise in Nord-Süd-Richtung ein. Dabei zeigt der Nordpol der Kompassnadel in Richtung des magnetischen Südpols, also in Richtung Norden (Abb. 3).
Da die geografischen Pole und die magnetischen Pole der Erde nicht zusammenfallen, zeigt eine Magnetnadel nicht genau in Nord-Süd-Richtung. Die Abweichung beträgt in Deutschland 1° bis 2°. Sie hängt vom jeweiligen Ort ab.

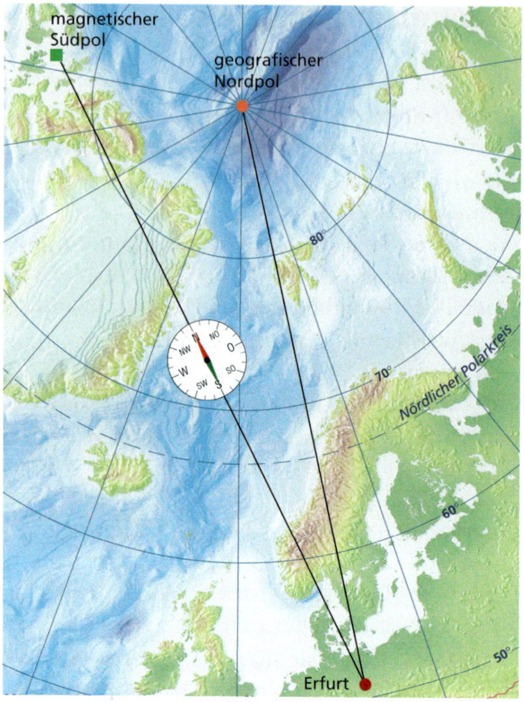

2 Der magnetische Südpol liegt in der Nähe des geografischen Nordpols.

Das Magnetfeld der Erde weist einige Besonderheiten auf. Untersuchungen haben ergeben:
- Die Lage der magnetischen Pole der Erde ändert sich mit der Zeit. Diese Veränderungen sind allerdings relativ klein und spielen z. B. für die Nutzung eines Kompasses keine Rolle.
- Die Stärke des Magnetfelds der Erde ist ebenfalls nicht konstant, sondern verändert sich mit der Zeit. Gegenwärtig befinden wir uns in einer Phase der Abschwächung.
- Im Laufe der Erdgeschichte hat sich die Polung des Erdmagnetfelds mehrfach verändert. Das ist aber ein Vorgang, der mehrere Tausend Jahre dauert.

Eine wichtige Funktion des Erdmagnetfelds besteht darin, dass es uns von dem Teilchenstrom (Sonnenwind) abschirmt, der ständig von der Sonne ausgeht.

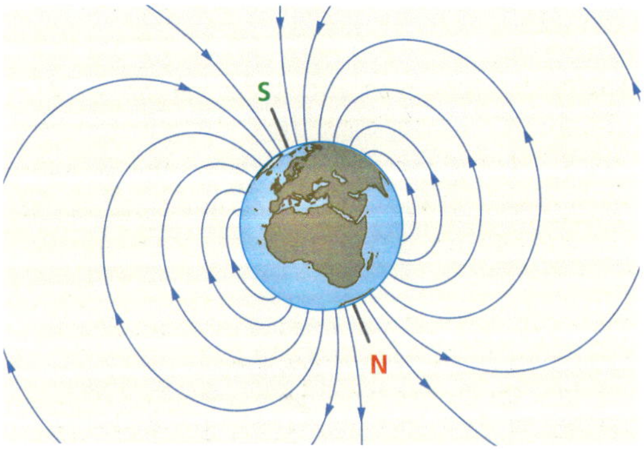

1 Magnetfeld der Erde in Erdnähe: Es ähnelt dem Magnetfeld eines Stabmagneten.

3 Orientierung mit dem Kompass: Die Nadel richtet sich in Nord-Süd-Richtung aus.

Magnetfelder stromdurchflossener Leiter

1820 entdeckte der dänische Physiker HANS CHRISTIAN OERSTED (1777–1851), dass eine Magnetnadel in der Nähe eines stromdurchflossenen Leiters abgelenkt wird (Abb. 1).
Als Ursache dafür stellte sich heraus: Jeder stromdurchflossene Leiter ist mit einem Magnetfeld verbunden. Dieses Magnetfeld umschließt den Leiter kreisförmig (Abb. 2). Besonders stark ist die magnetische Wirkung, wenn der Leiter als Spule aufgewickelt ist und einen Eisenkern enthält. Man nennt eine solche stromdurchflossene Spule mit Eisenkern einen **Elektromagneten.**

Um stromdurchflossene gerade Leiter und um stromdurchflossene Spulen existiert ein Magnetfeld.

Die Stärke des Magnetfelds ist umso größer, je größer die Stromstärke ist. Schaltet man den Strom ab, so hört die magnetische Wirkung auf.
Das Magnetfeld einer stromdurchflossenen Spule hat eine ähnliche Form wie das Magnetfeld eines Stabmagneten (↗ S. 14, Abb. 2).

Auch einem Elektromagneten kann man einen Nord- und Südpol zuordnen. Mit der Änderung der Polung der elektrischen Quelle ändert sich die Lage von Nord- und Südpol.
Im Äußeren der Spule verläuft das Magnetfeld wie bei einem Stabmagneten vom Nord- zum

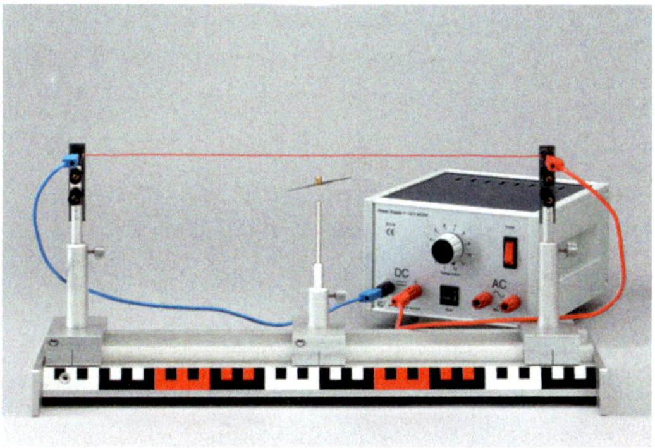

1 Eine Magnetnadel wird in der Nähe eines stromdurchflossenen Leiters abgelenkt. Sie stellt sich quer.

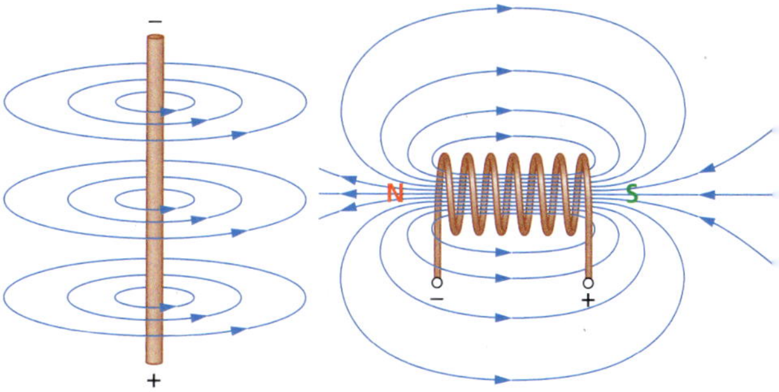

2 Feldlinienbilder um stromdurchflossene gerade Leiter und Spulen

Südpol. Im Innern der Spule verläuft es dagegen vom Südpol zum Nordpol. Die Feldlinien sind beim magnetischen Feld im Unterschied zum elektrischen Feld immer geschlossene Linien.
Das gilt auch für Dauermagnete, bei denen aber die Feldlinien meist nur außerhalb des Magneten gezeichnet werden.

Im Innern einer Spule verlaufen die Feldlinien in gleichem Abstand und parallel zueinander. Das bedeutet: Die Stärke des Magnetfelds ist dort überall gleich groß. Experimentelle Untersuchungen zeigen:

- Mit Vergrößerung der Stromstärke I vergrößert sich die Stärke des Magnetfelds B: $B \sim I$
- Mit Vergrößerung der Windungszahl N der Spule vergrößert sich ebenfalls die Stärke des Magnetfelds B: $B \sim N$
- Mit Verringerung der Länge l der Spule vergrößert sich die Stärke des Magnetfelds:
  $$B \sim \frac{1}{l}$$
- Die Stärke des Magnetfelds ist von dem Stoff abhängig, der sich in der Spule befindet. Bei einer Spule mit Eisenkern ist das Magnetfeld einige Hundert Mal stärker als bei einer Spule ohne Eisenkern.

Die Stärke des Magnetfelds einer stromdurchflossenen Spule ist umso größer,
- **je größer die Stromstärke in der Spule ist,**
- **je größer die Windungszahl der Spule ist und**
- **je kürzer die Spule ist.**

Interessantes aus der Technik

Magnetspeicher

Um Ton- und Bildinformationen zu speichern, müssen diese als Signale auf ein entsprechendes Speichermedium geprägt werden, von dem sie auch wieder abgerufen werden können. Weitverbreitet sind Magnetspeicher.
Zu solchen Speichern gehören **Magnetbänder** für Diktiergeräte, Videorekorder und Camcorder sowie **Magnetplatten** und Festplatten von Computern. USB-Sticks speichern nach einem anderen Prinzip (Flash-Speicher).
Auf Magnetbändern können analoge oder digitale Signale gespeichert werden. Auf Disketten und Festplatten speichert man digitale Signale, weil nur diese von Computern verarbeitet werden können. Die Festplatte eines Computers besteht meist aus mehreren übereinander angeordneten Magnetplatten.
Das Grundprinzip der magnetischen Speicherung ist überall gleich: Auf eine Trägerschicht ist eine sehr dünne, magnetisierbare Schicht aufgebracht, die häufig aus Cobalt und Nickel besteht. Die Elementarmagnete dieser Schicht sind zunächst ungeordnet. Zum Speichern wird das Magnetband oder die Magnetplatte an einer Spule, dem Aufnahme- oder Schreibkopf, vorbeigeführt (Abb. 1a). Durch das Magnetfeld dieser Spule, das sich entsprechend den Signalen ändert, erfolgt eine Ausrichtung der Elementarmagnete und damit eine Magnetisierung. Das Abbild des Signals ist in der Ausrichtung der Elementarmagnete gespeichert. Durch starke Magnetfelder kann sich diese Ausrichtung ändern. Deshalb gilt für alle Arten solcher Magnetspeicher:

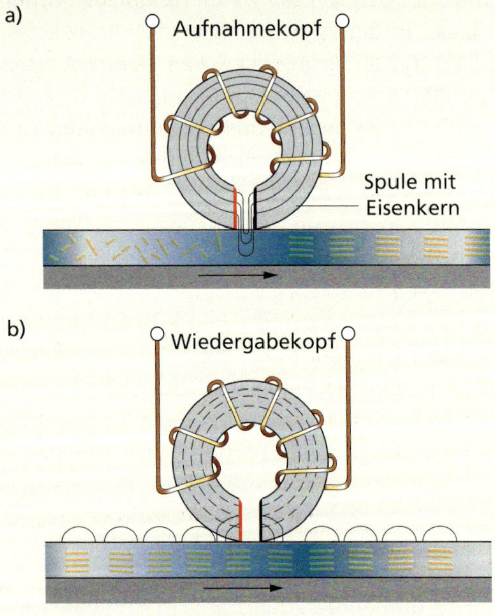

1 Aufnahme (a) und Wiedergabe (b) bei einem Magnetband

2 Das Speichermedium einer Festplatte ist eine Magnetplatte.

Magnetspeicher dürfen keinen starken Magnetfeldern ausgesetzt werden.

Beim Auslesen des Signals wird das magnetisierte Band am Wiedergabe- oder Lesekopf vorbeigeführt (Abb. 1b), wobei durch die sich ändernden Magnetfelder in der Spule eine Spannung hervorgerufen wird, die ein Abbild der gespeicherten Informationen ist. Bei Computern nutzt man statt Magnetbändern Magnetplatten (Abb. 2).

Analoge Signale sind durch die kontinuierliche Änderung einer Größe gekennzeichnet (z. B. Spannungsschwankungen).

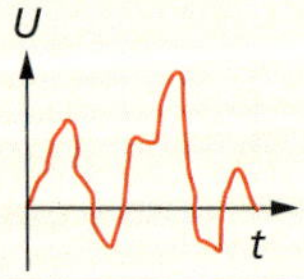

Digitale Signale sind durch zwei unterschiedliche Zustände charakterisiert (1 oder 0, L oder O, ein oder aus).

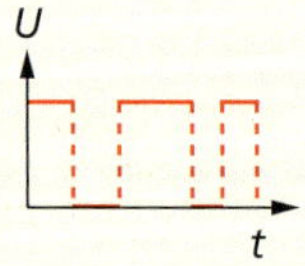

Physik im Alltag

Ein Elektromagnet als Kran

Große Elektromagnete werden genutzt, um schwere Lasten zu heben und zu transportieren. Solche Lasthebemagnete werden vor allem auf Schrottplätzen, in Stahlwerken und auf Baustellen eingesetzt (Abb. 1).

Wie ist ein Lasthebemagnet aufgebaut?
Wie kann man seine Wirkungsweise erklären?

1 Aufbau eines Lasthebemagneten

Ein Lasthebemagnet besteht aus einer Spule und einem Eisenkern. Fließt durch die Spule ein Strom, so entsteht ein Magnetfeld, das durch den Eisenkern verstärkt wird. Körper aus Eisen und Stahl werden von diesem Magneten angezogen.
Solche Lasthebemagneten werden deshalb auf Schrottplätzen oder beim Entladen von Stahlschrott eingesetzt (Abb. 1). Beim Abschalten des Stroms fallen die Körper ab.

Ein klingender Magnet

Das wichtigste Bauteil einer elektrischen Klingel ist ein Elektromagnet. Auch in einem Türgong, der zwei Töne erzeugt, ist ein Elektromagnet enthalten.

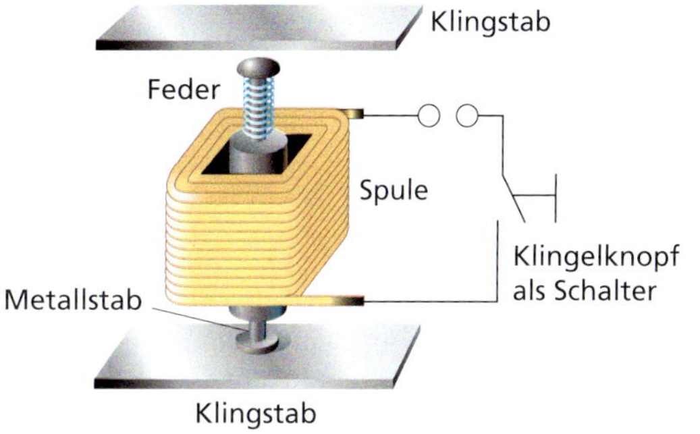

2 Aufbau eines Türgongs

Beschreibe den Aufbau und erkläre die Wirkungsweise eines solchen elektrischen Türgongs.

Der Türgong enthält einen Stromkreis mit einer Spule. In der Spule befindet sich ein Metallstab, der auf einer Feder gelagert ist. Oberhalb und unterhalb der Spule befinden sich die Klingstäbe (Abb. 2). Die Spule befindet sich in einem Stromkreis mit einer elektrischen Quelle und einem Schalter (Klingelknopf).

Wird durch Betätigung des Klingelknopfs (Schalter) der Stromkreis geschlossen, so fließt ein elektrischer Strom. Durch die magnetische Wirkung des elektrischen Stroms wird die Spule zu einem Elektromagneten. Der Elektromagnet übt eine Kraft auf den in der Spule befindlichen Metallstab aus, sodass dieser gegen den Klingstab stößt.
Dabei wird der Metallstab zunächst gegen den einen Klingstab gelenkt. Nach Loslassen des Klingelknopfs wird der Stromkreis geöffnet und die magnetische Wirkung auf den Metallstab hört auf.
Durch die Feder wird der Metallstab zurückgezogen und gegen den anderen Klingstab gelenkt. Danach bewegt er sich wieder in die Ruhelage.

Kräfte auf stromdurchflossene Leiter

Befindet sich ein stromdurchflossener Leiter in einem Magnetfeld, so wird auf diesen Leiter eine Kraft ausgeübt (Abb. 1). Die Ursache dafür besteht in Folgendem:
Auf bewegte Ladungsträger in einem Magnetfeld wird eine Kraft ausgeübt, also auch auf bewegte Elektronen in einem elektrischen Leiter. Diese Kraft nennt man **Lorentzkraft,** benannt nach dem niederländischen Physiker HENDRIK ANTOON LORENTZ (1853–1928), der sie 1895 einführte. Allgemein gilt:

Auf stromdurchflossene Leiter wirkt in einem Magnetfeld eine Kraft senkrecht zum Stromfluss und senkrecht zur Richtung des magnetischen Felds.

Der Betrag der Kraft ist umso größer, je stärker das Magnetfeld und je größer die Stromstärke im Leiter sind. Die Richtung der Kraft ergibt sich mit der **Rechte-Hand-Regel (UVW-Regel).**

Rechte-Hand-Regel (UVW-Regel)

Daumen:	**Stromrichtung von + nach – (Bewegungsrichtung positiver Ladungsträger, Ursache U)**
Zeigefinger:	**Richtung des Magnetfelds vom Nord- zum Südpol (Vermittlung V)**
Mittelfinger:	**Richtung der Kraft (Wirkung W)**

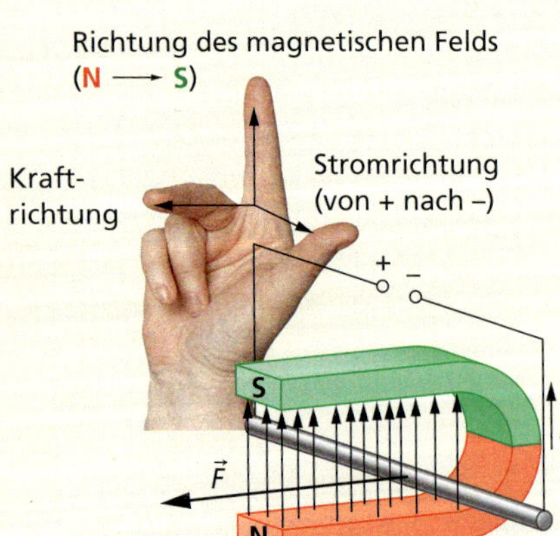

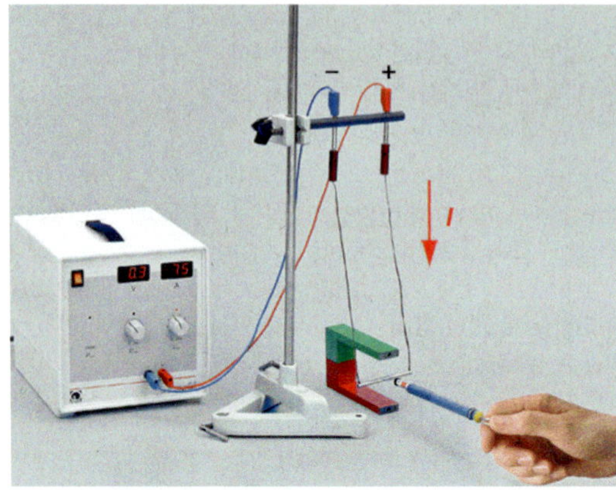

1 Auf einen stromdurchflossenen Leiter wirkt im Magnetfeld eine Kraft.

Die Erscheinung, dass auf einen stromdurchflossenen Leiter in einem Magnetfeld eine Kraft ausgeübt wird und damit der Leiter in Bewegung gesetzt werden kann, wird als **elektromotorisches Prinzip** bezeichnet.
Dabei wird elektrische in mechanische Energie umgewandelt. Genutzt wird das elektromotorische Prinzip bei Elektromotoren (↗ S. 21) und bei elektrischen Messgeräten, z. B. bei Drehspulinstrumenten. Die Lorentzkraft wirkt auch auf einzelne bewegte Ladungsträger.

Gewusst · Gekonnt

1. In welche Richtung wird der stromdurchflossene Leiter in der Abbildung 1 ausgelenkt, wenn
   a) die Stromrichtung umgepolt wird,
   b) der Hufeisenmagnet umgedreht wird?

2. Ein Lamettafaden wird mit den beiden Polen einer Batterie verbunden (↗ Abb.).
   a) Sage voraus, was passiert.
   b) Baue den Versuch entsprechend der Abbildung auf. Was passiert, wenn du die Anschlüsse an der Batterie vertauschst oder den Magneten umdrehst? Beschreibe und erkläre.

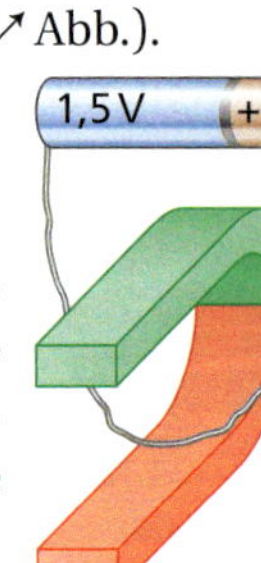

Beschreiben des Aufbaus eines technischen Geräts und Erklären seiner Wirkungsweise

Elektromotoren werden heute in sehr vielen Geräten und Anlagen zum Antrieb genutzt. Einige dieser Motoren werden mit Gleichstrom betrieben, andere mit Wechselstrom.

Beschreibe den Aufbau eines Gleichstrommotors und erkläre seine Wirkungsweise.

Schritt 1

Nennen des Verwendungszwecks

Ein Gleichstrommotor wandelt elektrische Energie in Bewegungsenergie um. Im Motor wird eine Drehbewegung hervorgerufen, die Geräte und Anlagen antreiben kann.

Schritt 2

Beschreiben des Aufbaus

Nenne die Teile des Geräts, die für das Wirken physikalischer Gesetze wesentlich sind. Technische Details lasse unberücksichtigt.

Die wesentlichen Teile sind ein fest stehender Feldmagnet (Stator), ein drehbar gelagerter Anker (Rotor), der Kommutator (Polwender) und die Kohlebürsten. Der Anker besteht im einfachsten Fall aus einer drehbar gelagerten Leiterschleife (Abb. 1). In der Praxis verwendet man komplizierter aufgebaute Anker, die einen gleichmäßigen Lauf des Motors gewährleisten (Abb. 2).

2 Trommelanker

Schritt 3

Zurückführen der Wirkungsweise des Geräts auf physikalische Gesetze

Auf einen stromdurchflossenen Leiter im Magnetfeld wirkt eine Kraft. Das Magnetfeld besteht zwischen den beiden Polen des Feldmagneten. Über die Kohlebürsten fließt ein Strom durch die Leiterschleife. Auf die beiden Leiterstücke, die sich senkrecht zum Magnetfeld befinden, wirken nach der UVW-Regel Kräfte. Ihre Richtungen sind in den Abbildungen durch Pfeile angegeben. Die beiden Kräfte bewirken eine Drehbewegung der Leiterschleife.

Bei senkrechter Stellung der Leiterschleife ist die Gesamtkraft null (Abb. 1c). Die Leiterschleife bewegt sich aber aufgrund ihrer Trägheit weiter. Zugleich sorgt der Kommutator in dieser Stellung dafür, dass der Strom seine Richtung ändert. Er fließt so, dass die Kräfte auf die Leiterschleife so wirken, dass sich die Drehbewegung in der gleichen Richtung fortsetzt (Abb. 1c). Dieser Vorgang wiederholt sich ständig.

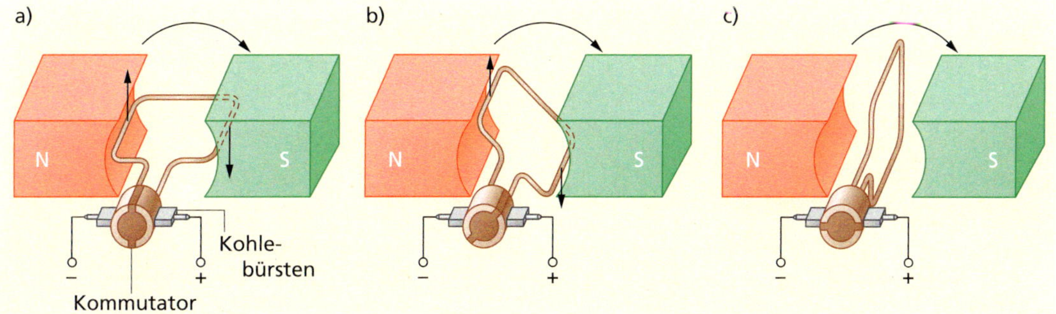

1 Wirkungsweise eines Gleichstrommotors: Auf Teile der stromdurchflossenen Leiterschleife im Magnetfeld wirkt ein Kräftepaar, das eine Drehbewegung hervorruft.

Der Gleichstrommotor

Auf Seite 21 ist eine Möglichkeit dargestellt, wie man den Aufbau eines Gleichstrommotors beschreiben und seine Wirkungsweise erklären kann. Nachfolgend ist eine zweite Möglichkeit genannt.

Damit ein Gleichstrommotor (Abb. 1) möglichst gleichmäßig läuft, verwendet man als Anker keine Leiterschleife, sondern Spulen mit speziell geformten Eisenkernen (Abb. 3). Fließt durch die Spulen ein Strom, dann werden sie zu Elektromagneten mit Nord- und Südpol. Der fest stehende Feldmagnet kann ein Dauermagnet oder ein Elektromagnet sein. Bei ihm ändert sich die Lage der Magnetpole nicht.

Die Wirkungsweise ist in Abb. 2 dargestellt.

2a: Zwischen den Magnetpolen von Anker und Feldmagnet wirken anziehende Kräfte. Der Anker bewegt sich in der angegebenen Richtung.

2b: Wenn sich die ungleichnamigen Pole des Ankers und des Feldmagneten direkt gegenüberstehen, muss das Magnetfeld des Ankers umgepolt werden, damit die Drehbewegung weiterlaufen kann. Das geschieht durch den Kommutator (Polwender). Durch seine Trägheit bewegt sich der Anker über den Totpunkt hinweg.

2c: Nun wirken zwischen den Magnetpolen von Anker und Feldmagnet abstoßende Kräfte. Der Anker dreht sich dadurch in der gleichen Richtung weiter.

2d: Zwischen den Magnetpolen wirken jetzt anziehende Kräfte. Der Anker dreht sich weiter in der gleichen Richtung.

1 Elektromotor (aufgeschnitten)

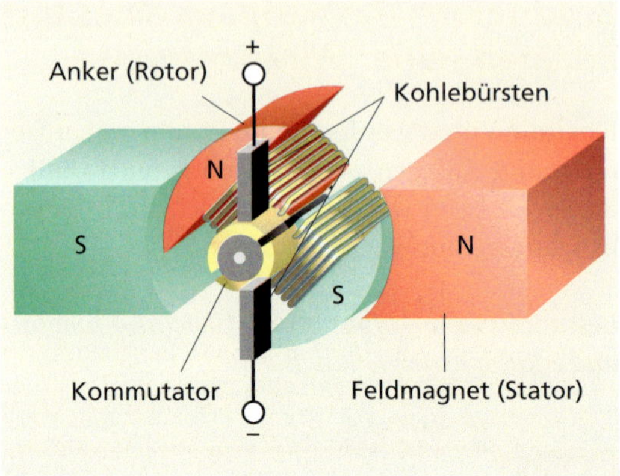

3 Aufbau eines Gleichstrommotors

Gewusst · Gekonnt

1. Beschreibe die Lage der Magnetpole beim Anker, wenn sich dieser gegenüber der Abb. 2d um 45° bzw. um 90° weitergedreht hat.

2. Erkunde, wo Gleichstrommotoren genutzt werden. Präsentiere ein Beispiel.

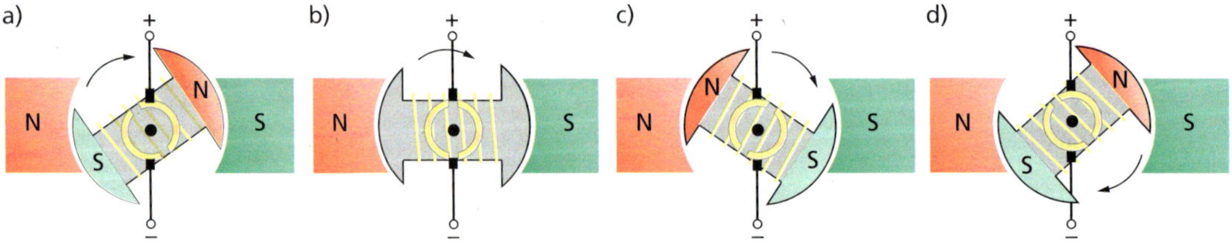

2 Wirkungsweise eines Gleichstrommotors: Die Lage der Magnetpole beim Rotor ändert sich ständig, da durch den Kommutator nach jeder halben Drehung eine Umpolung erfolgt.

Interessantes aus der Technik

Ablenkung von Elektronen im Magnetfeld

Die Lorentzkraft (↗S. 20) wirkt nicht nur auf stromdurchflossene Leiter, sondern auch auf einzelne Elektronen, die sich in einem Magnetfeld bewegen.
In Fernsehgeräten, bei Computerbildschirmen oder in Oszillografen waren oder sind Elektronenstrahlröhren zur Bilderzeugung eingesetzt. Diese Röhren werden nach ihrem Erfinder, dem deutschen Physiker KARL FERDINAND BRAUN (1850 bis 1918), auch braunsche Röhren genannt (Abb. 3). Als Bildröhren in Fernsehgeräten wurden viele Jahrzehnte lang Elektronenstrahlröhren verwendet. Die heute meist genutzten Flachbildschirme funktionieren nach anderen physikalischen Prinzipien.

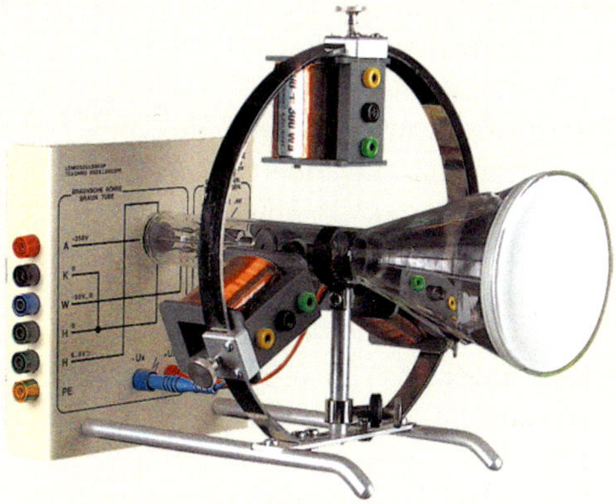

3 Einfache braunsche Röhre mit magnetischer Ablenkung (Ablenkspulen)

Eine Elektronenstrahlröhre besteht aus einem System zur Erzeugung eines Elektronenstrahls, einem Ablenksystem und einem Leuchtschirm (Abb. 2).
Aus der Katode treten Elektronen aus. Sie werden zwischen Katode und Anode beschleunigt und durch den Wehneltzylinder gebündelt.

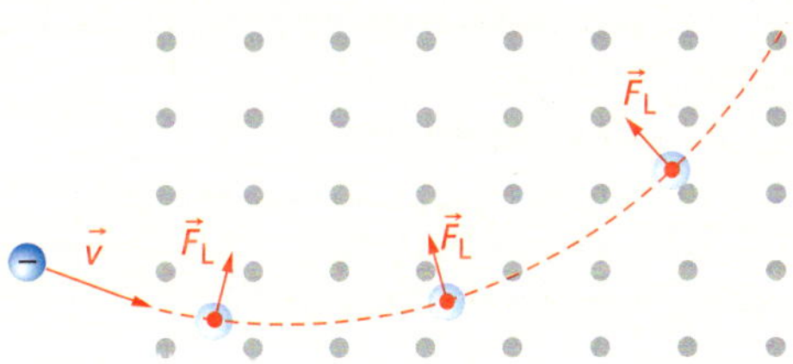

1 Bewegung von Elektronen im Magnetfeld: Das Magnetfeld zeigt aus der Zeichenebene heraus.

In einer **Fernsehbildröhre** besteht das Ablenksystem aus stromdurchflossenen Spulenpaaren, die außen auf die evakuierte Glasröhre aufgesetzt sind (Abb. 3). Durch ein solches stromdurchflossenes Spulenpaar wird ein magnetisches Feld erzeugt, durch das sich der Elektronenstrahl bewegt. Auf die bewegten Ladungsträger des Elektronenstrahls, die Elektronen, wirkt in diesem Magnetfeld eine Kraft senkrecht zur Bewegungsrichtung und senkrecht zur Richtung des magnetischen Felds (Abb. 2). Die Richtung der Ablenkung kann man mithilfe der Rechte-Hand-Regel bestimmen.
Beim Fernsehgerät wird der Elektronenstrahl sehr schnell zeilenweise über den Bildschirm geführt und so ein Bild erzeugt.

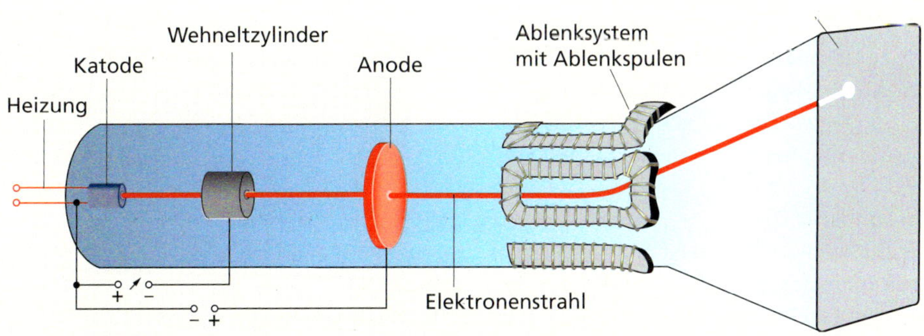

2 Aufbau einer Elektronenstrahlröhre mit magnetischer Ablenkung

Gewusst · Gekonnt

1. Magnete in Geräten

a) Erläutere, wie magnetische
- Seifenhalter,
- Schraubendreher,
- Büroklammerspender,
- Türschließer

funktionieren.

b) Finde weitere Gegenstände oder Geräte, in denen Magnete angewendet werden.

2. Aus 1 mach 2?

Ein Stabmagnet wurde versehentlich zerbrochen. Was kannst du über die magnetische Wirkung der beiden Teile voraussagen?

3. Schwebender Magnet

Ein Scheibenmagnet schwebt über einem anderen, so wie in der Abbildung dargestellt.
Was passiert, wenn der obere Magnet umgedreht wird?

4. Wo ist der Nordpol?

Ein Magnet ist nicht gekennzeichnet. Du weißt daher nicht, wo sich der Nordpol und wo sich der Südpol befindet. Wie kann man experimentell herausfinden, welches der Nordpol ist? Welche Hilfsmittel werden dazu benötigt?

5. Wirkung von Stoffen

Halte zwischen einen Magneten und einen Nagel aus Eisen verschiedene Stoffe (Holzbrett, Stück Pappe, Eisenblech, Kupferblech ...). Welche Stoffe schirmen die Wirkung eines Magneten ab, welche nicht?

6. Ein besonderer Ort

Stelle dir vor, du befindest dich mit einer Expedition in der Antarktis. Genau unter deinen Füßen ist ein magnetischer Pol. Du hast einen Kompass, dessen Nadel so gelagert ist, dass sie sich in jede Richtung drehen kann.
Wie stellt sich die Nadel ein? Begründe.

7. Ein Nagel als Magnet

Wenn man an einem Nagel aus Eisen mehrmals gleichmäßig mit einem Magneten in gleicher Richtung entlangstreicht, wird der Nagel magnetisiert (↗ Abb.).

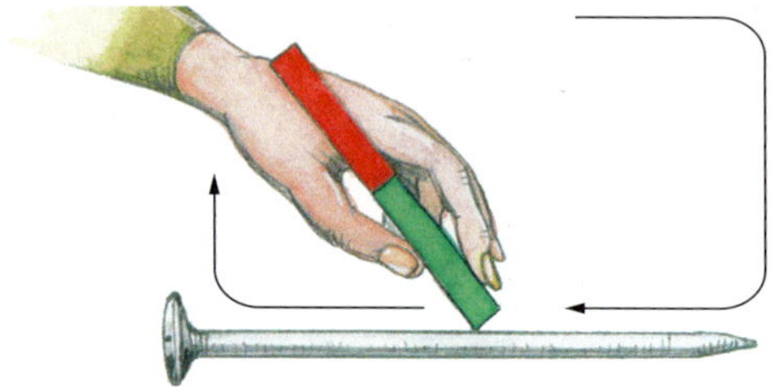

a) Stelle dir einen solchen Magneten her.

b) Ermittle, wo bei diesem Magneten der Nordpol liegt und wo der Südpol.

8. Ein merkwürdiger Effekt

Halte einen Kompass je einmal oben und unten an einen eisernen Heizkörper.

a) Beschreibe deine Beobachtungen.

b) Erkläre deine Beobachtungen.

9. Ein besonderer Magnet

Die Abbildung zeigt Eisenfeilspäne im Magnetfeld eines Dauermagneten aus einem Fahrraddynamo. Interpretiere.

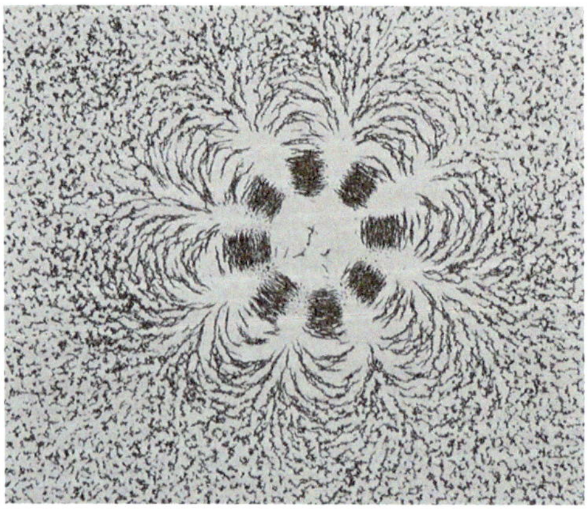

10. Nachweis eines Magnetfelds

Du willst herausfinden, ob in einem bestimmten Raum ein magnetisches Feld vorhanden ist. Diskutiere Möglichkeiten.

11. Starker Elektromagnet

Plane ein Experiment, mit dem du zeigen kannst, wovon die Stärke eines Elektromagneten abhängt. Führe das Experiment durch.

12. Modell sucht Original

Die Feldlinienbilder veranschaulichen Magnetfelder. Durch welche Anordnungen könnten die Feldlinienbilder erzeugt worden sein?

a)

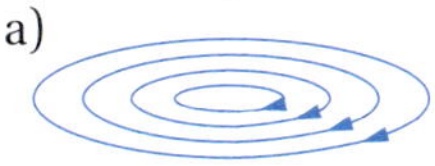

b)

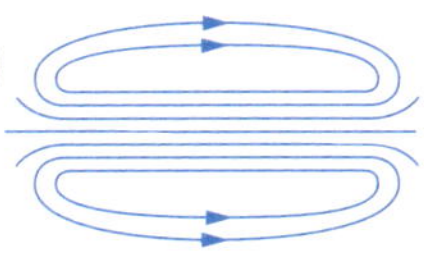

c)

13. Elektromagnetischer Schalter

Ein Relais ist ein elektromagnetischer Schalter. Es hat den in der Abbildung dargestellten Aufbau.

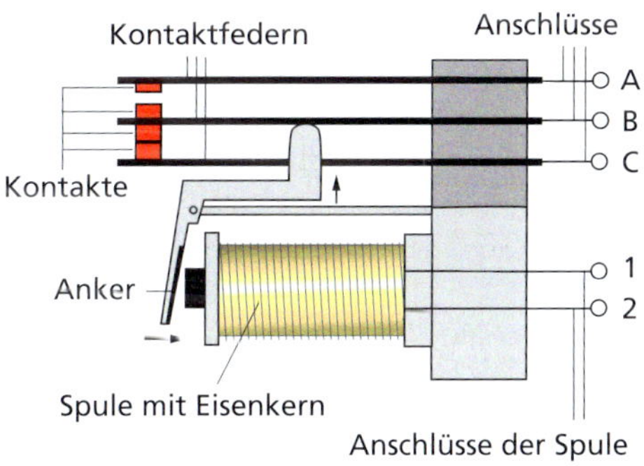

a) Beschreibe den Aufbau eines Relais und erkläre seine Wirkungsweise. Die Anschlüsse 1 und 2 gehören zum Steuerstromkreis, die Anschlüsse A, B und C zum Arbeitsstromkreis.

b) Im Arbeitsstromkreis befinden sich eine Spannungsquelle und ein Elektromotor. Der Motor soll arbeiten, wenn im Steuerstromkreis und damit durch die Spule ein Strom fließt. Zwischen welchen Anschlüssen des Arbeitsstromkreises müssen Spannungsquelle und Elektromotor geschaltet sein?

14. Eine elektrische Klingel

Eine elektrische Klingel hat den in der Abbildung dargestellten Aufbau.

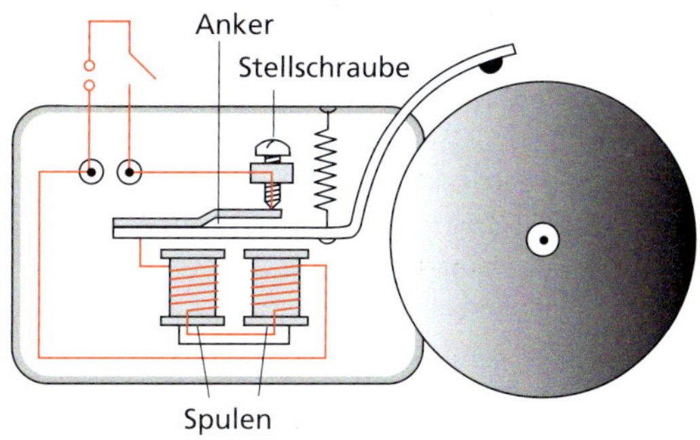

Beschreibe den Aufbau und erkläre die Wirkungsweise einer solchen Klingel.

15. Lautsprecher in Aktion

Die Abbildung zeigt den Aufbau eines Lautsprechers.

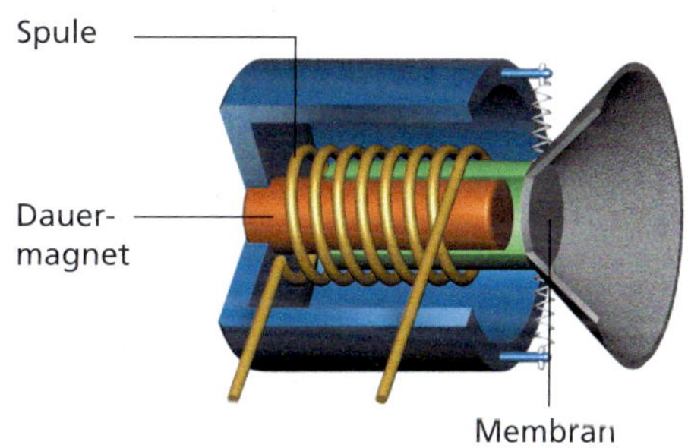

Beschreibe den Aufbau und erkläre die Wirkungsweise eines Lautsprechers.

16. Ein besonderer Sinn

Meeresschildkröten finden mithilfe ihres Magnetsinns den Weg zu ihrer Ablaichstelle und legen dabei Tausende Kilometer zurück. Auch andere Tiere orientieren sich mithilfe des Magnetfelds der Erde.

a) Erkunde, welche Tiere ebenfalls einen Magnetsinn haben. Wozu benötigen sie ihn?

b) Haben wir Menschen auch einen Magnetsinn? Recherchiere im Internet und präsentiere deine Ergebnisse.

Magnete und magnetische Felder

■ Ein magnetisches Feld existiert um Dauermagnete und stromdurchflossene Leiter.
- Jeder Magnet hat Nord- und Südpol.
- In einem Magnetfeld wirken Kräfte auf ferromagnetische Stoffe (Eisen, Nickel, Cobalt) und andere Magnete.
- Gleichnamige Pole stoßen sich ab, ungleichnamige Pole ziehen sich an.
- Magnetfelder lassen sich mithilfe von Feldlinienbildern veranschaulichen.

Feldlinienbild eines Stabmagneten

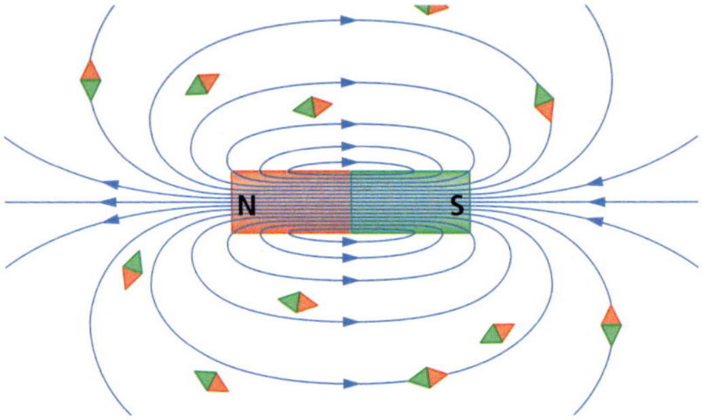

Feldlinienbild einer Spule

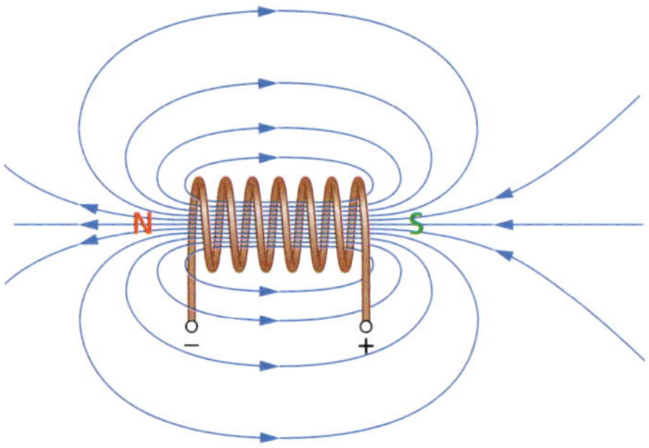

■ Die **Stärke des Magnetfelds** um eine stromdurchflossene Spule (Elektromagnet) ist umso größer,
- je größer die Stromstärke in der Spule ist,
- je größer die Windungszahl der Spule ist,
- je kürzer die Spule ist.

Um eine Spule mit Eisenkern ist das Magnetfeld wesentlich stärker als um eine Spule ohne Eisenkern.

■ Wichtige Anwendungen von Elektromagneten sind Lasthebemagnete, Klingeln, Türgongs, elektromagnetische Relais und Elektromotoren.

Unsere Erde ist ein großer, aber relativ schwacher Magnet.

Im Magnetfeld der Erde richten sich Kompassnadeln in Nord-Süd-Richtung aus. Das ermöglicht die Orientierung mithilfe eines Kompasses.

1.2 Elektromagnetische Induktion

1 „Verwandlung von Magnetismus in Elektrizität"

Diese Aufgabe notierte der englische Naturforscher MICHAEL FARADAY 1822 in seinem Tagebuch. Führe das Experiment wie in der Abbildung durch. Was beobachtest du?

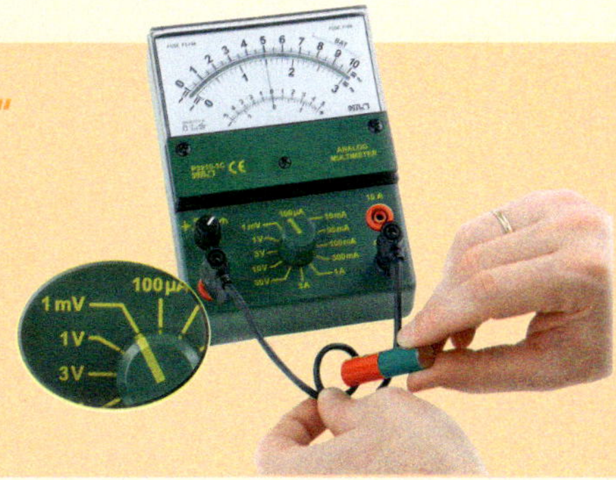

2 Wie geht das?

Der Akku der elektrischen Zahnbürste wird ohne Kabel und Kontakte aufgeladen. Finde heraus, wie das geht.

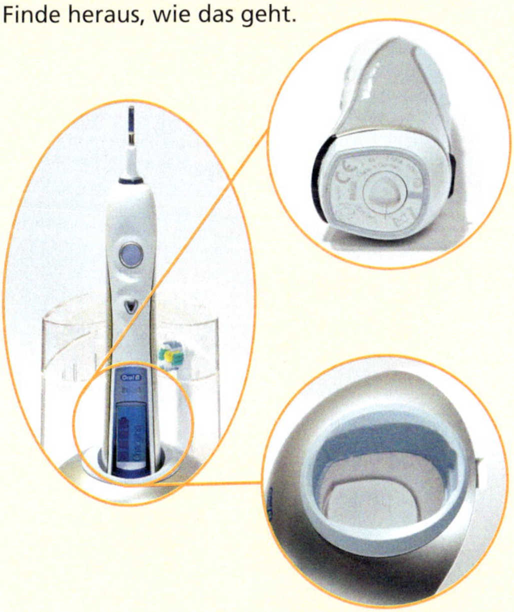

3 Moderne Elektroherde

Bei einem Induktionsherd gibt es keine Heizstäbe. Trotzdem erhitzt sich der Boden eines Topfes. Wie kommt das zustande?

4 Generatoren als Energiequellen

In Generatoren wird mechanische Energie in elektrische Energie umgewandelt. Wie ist ein Generator aufgebaut? Wie funktioniert er?

Das Induktionsgesetz

Beim Elektromotor wird elektrische Energie in mechanische Energie umgewandelt. Kann man umgekehrt aus mechanischer Energie elektrische Energie gewinnen?

Das ist tatsächlich möglich, wenn man einen Leiter oder eine Spule relativ zu einem Magnetfeld bewegt (↗ S. 27, Aufgabe 1). Infolge der Lorentzkraft kommt es zu einer Ladungsverschiebung der freien Elektronen im Leiter (Abb. 2). Zwischen den Enden des Leiters bzw. der Spule entsteht eine Spannung, die **Induktionsspannung** U_i genannt wird. Der Vorgang heißt **elektromagnetische Induktion,** das Prinzip wird als **Generatorprinzip** bezeichnet.

Experimentell kann man ermitteln, unter welchen Bedingungen eine Induktionsspannung entsteht. Die Experimente zeigen:
- Durch Hin- und Herbewegen eines Magneten vor einer Spule wird eine Spannung induziert (Abb. 1a, b). Dabei ist es egal, ob man den Magneten oder die Spule bewegt. Entscheidend ist eine Relativbewegung zwischen Spule und Magnet.
- Eine Spannung wird auch induziert, wenn man den Magneten vor der Spule oder die Spule vor dem Magneten dreht.
- Ändert man bei einem Elektromagneten die Stromstärke und damit die Stärke seines Magnetfelds, so wird in einer daneben befindlichen Spule ebenfalls eine Spannung induziert. Das lässt sich mit einer Anordnung wie in Abb. 1c zeigen.

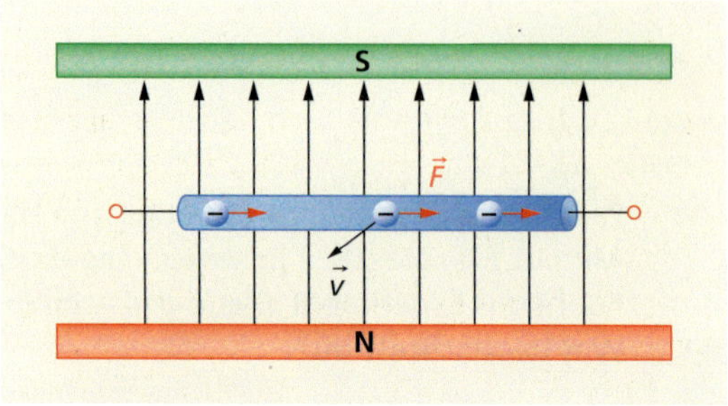

2 Auf die Elektronen im bewegten Leiter wirkt eine Kraft (UVW-Regel).

Gewusst · Gekonnt

1. Zeige mit einer Anordnung wie in der Abbildung, unter welchen Bedingungen zwischen den Enden einer Spule eine Spannung induziert wird.
   Weise die Spannung mit einem Voltmeter nach (Messbereich 1 V, Zeiger in Mittellage). Unter welcher Bedingung ist die Spannung am größten?

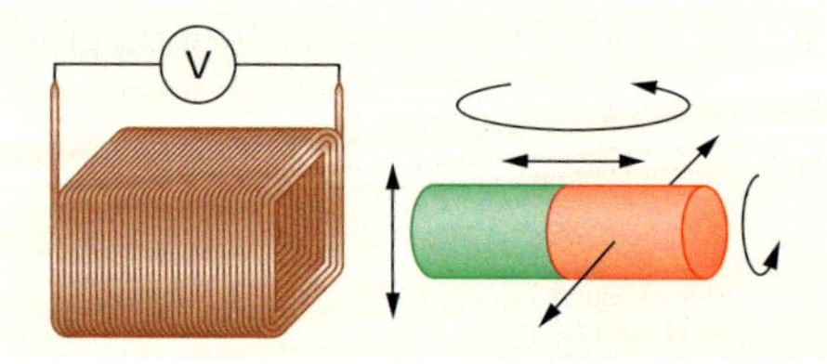

2. Wende die UVW-Regel (↗ S. 20) auf die Abbildung 2 an.

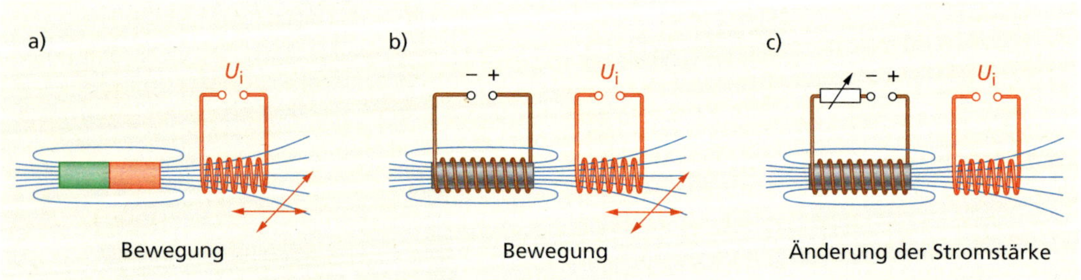

1 Anordnungen zur Erzeugung von Induktionsspannungen

Unter bestimmten Bedingungen wird aber keine Spannung induziert. Das ist z. B. der Fall, wenn

- ein Stabmagnet vor einer Spule um seine Längsachse gedreht wird (↗ S. 28, Abb. 1a) oder
- die Stromstärke durch den Elektromagneten gleich bleibt und Elektromagnete und Spule nicht zueinander bewegt werden (↗ S. 28, Abb. 1c).

In diesen Fällen ändert sich das von der Spule umfasste Magnetfeld nicht.

Aus allen diesen Untersuchungen zur elektromagnetischen Induktion ergibt sich:

Zwischen den Enden einer Spule wird eine Spannung induziert, wenn sich das von ihr umfasste Magnetfeld ändert.

Im Feldlinienbild lässt sich das anschaulich so deuten: Das von einer Spule umfasste Magnetfeld ändert sich, wenn sich die Anzahl der Feldlinien ändert, die die Spulenfläche durchsetzen.

Der **Betrag der Induktionsspannung** hängt von den gegebenen Bedingungen ab. Verwendet man statt einer einfachen Leiterschleife eine Spule, so ist bei ansonsten gleichen Versuchsbedingungen die Induktionsspannung bei der Spule wesentlich größer als bei der Leiterschleife. Auch der Bau der Spule hat Einfluss auf die Induktionsspannung.

Der **Betrag der Induktionsspannung** ist umso größer,

- je größer die Windungszahl der Spule und
- je größer die Querschnittsfläche der Spule ist.

Bei einer Spule mit Eisenkern ist die induzierte Spannung größer als bei einer Spule ohne Eisenkern.

Der **Betrag der Induktionsspannung** ist auch davon abhängig, wie schnell und wie stark sich das von der Spule umfasste Magnetfeld ändert. Er ist umso größer,

- je schneller die Änderung des von der Spule umfassten Magnetfelds erfolgt und
- je stärker sich das von der Spule umfasste Magnetfeld ändert (↗ Übersicht unten).

Zusammenfassend ergibt sich:

Der Betrag der Induktionsspannung hängt von der Schnelligkeit und Stärke der Änderung des von der Spule umfassten Magnetfelds sowie vom Bau der Spule ab.

Entdeckt wurden das Induktionsgesetz und seine Gültigkeitsbedingungen von dem englischen Naturforscher MICHAEL FARADAY (↗ S. 30).

Mit Kenntnis des Induktionsgesetzes wurde es möglich, mechanische Energie in elektrische Energie umzuwandeln. Das wird bei Dynamos von Fahrrädern ebenso genutzt wie bei großen Generatoren in Kraftwerken.

Das von der Spule umfasste Magnetfeld ändert sich verschieden schnell.

Eine Spule wird einmal langsam und einmal schnell aus einem Magnetfeld herausbewegt.

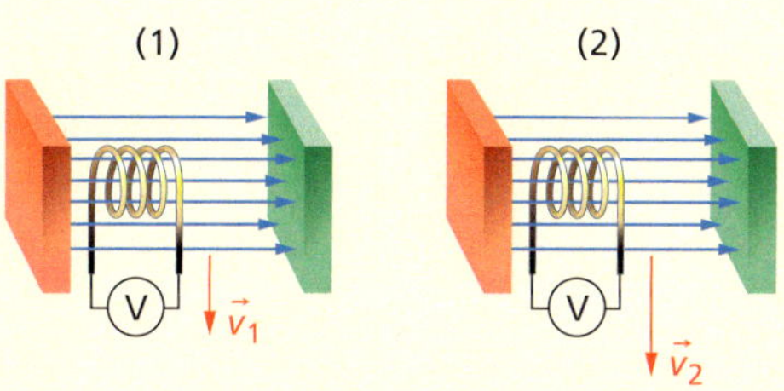

$v_1 < v_2$

$U_1 < U_2$

Das von der Spule umfasste Magnetfeld ändert sich verschieden stark.

Eine Spule wird mit gleicher Geschwindigkeit aus einem schwachen und einem starken Magnetfeld herausbewegt.

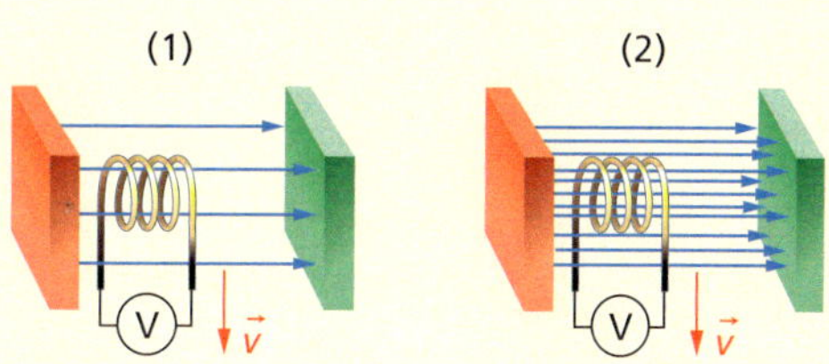

Feld (1) ist schwächer als Feld (2).

$U_1 < U_2$

1 Abhängigkeit des Betrags der Induktionsspannung von verschiedenen Faktoren

Interessantes aus der Geschichte

Die Entdeckung der elektromagnetischen Induktion

1 Michael Faraday (1791–1867) entdeckte die elektromagnetische Induktion und fand das Induktionsgesetz.

Durch die Entdeckungen von Luigi Galvani (1737 bis 1798) und Alessandro Volta (1745–1827) konnten erstmals leistungsfähige elektrische Quellen entwickelt werden. Mit diesen elektrischen Quellen wurden ab dem Jahre 1800 viele Untersuchungen zu Wirkungen des elektrischen Stroms durchgeführt.

Zu dieser Zeit waren Vorstellungen von der Einheit der Naturkräfte in der Wissenschaft weitverbreitet. Auch zwischen Elektrizität und Magnetismus vermutete man Zusammenhänge, gab es doch auffällige Analogien zwischen elektrischen und magnetischen Erscheinungen, wie z.B. die Polarität oder die Anziehung und Abstoßung zwischen Polen bzw. elektrischen Ladungen.

Der dänische Physiker Hans Christian Oersted (1777 bis 1851) war ein Anhänger der Auffassung vom Zusammenhang zwischen Elektrizität und Magnetismus. 1820 entdeckte er die magnetische Wirkung des elektrischen Stroms, also die Erzeugung von Magnetismus durch elektrischen Strom.
Die Entdeckung von Oersted wurde von anderen Wissenschaftlern aufgegriffen und weiterentwickelt. So entdeckte André Marie Ampère (1775 bis 1836) die Kräfte zwischen stromdurchflossenen Leitern und schuf die Grundlagen für den Elektromotor und das Stromstärkemessgerät.

Auch der englische Naturforscher Michael Faraday (Abb. 1) baute die Experimente von Oersted nach. Oersteds Entdeckung veranlasste Faraday zur Umkehrung der Fragestellung, zur Suche nach der Erzeugung von elektrischem Strom durch Magnetismus. 1822 schrieb Faraday in sein Tagebuch „Verwandlung von Magnetismus in Elektrizität" als Aufgabe. Zehn Jahre benötigte Faraday, bis ihm 1831 der entscheidende Versuch gelang (Abb. 2): Die Spule A verband er mit einer elektrischen Quelle, die Spule B mit einem Kupferdraht, der sich über einer Kompassnadel befand. Beim Öffnen und Schließen des Stromkreises wurde die Magnetnadel abgelenkt.
Innerhalb von drei Monaten entwickelte Faraday alle wichtigen Grundversuche zur elektromagnetischen Induktion und die Urform eines Generators. Insbesondere fand er, dass die Ursache für die Entstehung einer Induktionsspannung in einer Spule die Änderung des von ihr umfassten Magnetfelds ist. Er entdeckte damit physikalische Zusammenhänge, die eine entscheidende Grundlage der gesamten Elektrotechnik sind.
Michael Faraday leistete auch in anderen Bereichen der Physik Hervorragendes. So entwickelte er eine anschauliche Vorstellung von magnetischen Feldern mithilfe von Feldlinien. Er fand grundlegende Gesetze zum Stromfluss in leitenden Flüssigkeiten (faradaysche Gesetze) und prägte solche Begriffe wie Elektrode, Elektrolyt, Anode, Katode und Ion.
Faraday entwickelte auch Vorstellungen über das Wesen des Lichts, die sich erst lange Zeit nach seinem Tod als weitgehend zutreffend erwiesen.

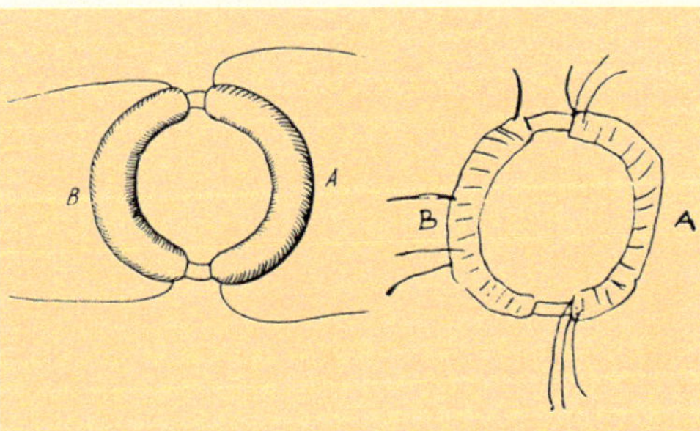

2 Zeichnungen von Faraday: Zwei Spulen befinden sich auf einem eisernen Ring.

Das lenzsche Gesetz

Durch elektromagnetische Induktion entsteht elektrische Energie. Nach dem Gesetz von der Erhaltung der Energie kann diese nur durch Umwandlung anderer Energieformen, z. B. der Bewegungsenergie, entstehen. Diese Erkenntnis wird im **lenzschen Gesetz** beschrieben.

Ein Induktionsstrom ist stets so gerichtet, dass er der Ursache seiner Entstehung entgegenwirkt.

Entdeckt wurde dieses Gesetz von dem deutschen Physiker HEINRICH FRIEDRICH EMIL LENZ (1804–1865), der in St. Petersburg wirkte.
Das Gesetz zeigt sich z. B. bei einer Spule, die sich in einem Stromkreis befindet.
Wird ein solcher Stromkreis, in dem sich eine Spule befindet, geschlossen, so steigt die Stromstärke an. Um die Spule wird damit ein Magnetfeld aufgebaut. Dieses sich ändernde Magnetfeld umfasst die Spule selbst und induziert in der Spule eine Spannung und einen Strom. Diesen Vorgang nennt man **Selbstinduktion**. Nach dem lenzschen Gesetz ist der Induktionsstrom so gerichtet, dass er beim Einschalten dem ursprünglichen Strom entgegenwirkt, diesen also schwächt. Dadurch steigt die Stromstärke in einem solchen Stromkreis nur allmählich an (Abb. 1).
Beim Ausschalten dagegen sinkt die Stromstärke aufgrund der Selbstinduktion in der Spule nur allmählich bis null ab.
Für die Stromstärke durch die Spule ergibt sich beim Ein- und Ausschalten ein charakteristischer Verlauf (Abb. 1).

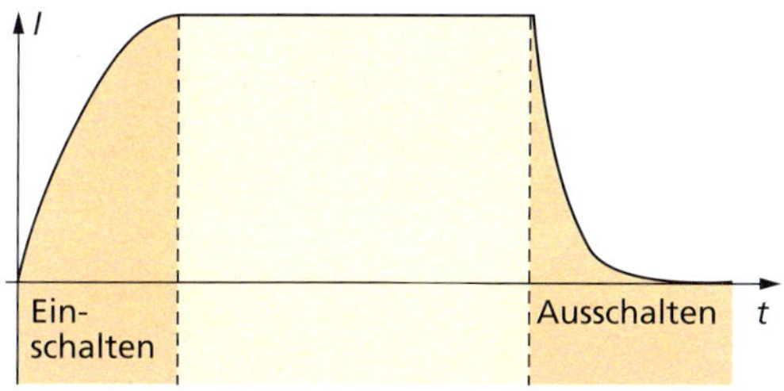

1 Typisch sind ein allmähliches Ansteigen und ein schnelles Abfallen der Stromstärke.

Interessantes aus der Geschichte

Wirbelströme

Spannungen werden nicht nur in Spulen induziert, sondern auch in anderen Leitern, wenn sich das von ihnen umfasste Magnetfeld ändert. Bringt man z. B. metallische Platten oder Stäbe in ein sich veränderndes Magnetfeld, so werden in diesen Körpern Spannungen induziert. Diese Spannungen rufen Ströme hervor, die nach ihrer Form als **Wirbelströme** bezeichnet werden (Abb. 2).

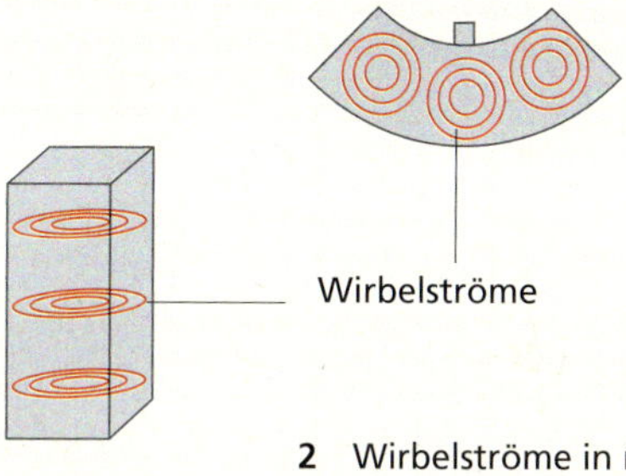

2 Wirbelströme in massiven Stäben und Platten

Diese Wirbelströme sind Induktionsströme. Sie sind demzufolge nach dem lenzschen Gesetz so gerichtet, dass sie der Ursache ihrer Entstehung entgegenwirken. Das wird z. B. bei Wirbelstrombremsen genutzt (Abb. 3).
Durch die Bewegung einer Scheibe im Magnetfeld werden in ihr Wirbelströme erzeugt. Nach dem lenzschen Gesetz wirkt das mit diesen Wirbelströmen verbundene Magnetfeld so, dass die Bewegung abgebremst wird. Weitgehend vermeiden kann man Wirbelströme, wenn man massive Teile, z. B. die Kerne von Transformatoren, aus dünnen, gegeneinander isolierten Blechen (Dynamoblechen) zusammensetzt.

3 Modell einer Wirbelstrombremse

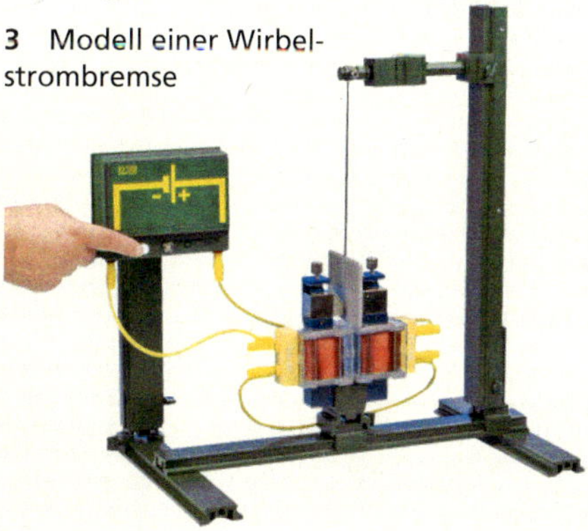

Der Wechselstromgenerator

Eine Anordnung, bei der sich eine Spule in einem Magnetfeld dreht, sodass zwischen ihren Enden eine Spannung abgegriffen werden kann, nennt man **Generator** (Abb. 1, 2). In Kraftwerken werden mithilfe von riesigen Generatoren (Abb. 1) Wechselspannungen von bis zu 20 000 V und Wechselströme von bis zu 50 000 A erzeugt. Auch die Lichtmaschine eines Pkw oder der Dynamo eines Fahrrads sind kleine Wechselstromgeneratoren.

Ein Wechselstromgenerator dient zur Erzeugung von Wechselspannungen und Wechselströmen. Allen Wechselstromgeneratoren ist gemeinsam, dass in ihnen Bewegungsenergie einer Drehbewegung in elektrische Energie umgewandelt wird. Das **Generatorprinzip** ist damit die Umkehrung des **elektromotorischen Prinzips**, das beim Elektromotor genutzt wird.

Die wesentlichen Teile eines Wechselstromgenerators sind Stator, Rotor und Schleifringe (Abb. 2). Der Stator kann ein Dauermagnet oder ein Elektromagnet sein. Er besitzt damit ein magnetisches Feld, das im Raum zwischen den beiden gezeichneten Magnetpolen vorhanden ist und damit auch die Leiterschleife durchsetzt. Der Rotor ist eine Leiterschleife oder eine Spule, die über eine Welle angetrieben wird und die damit im Magnetfeld des Stators rotiert. Durch die Rotation ändert sich das von der Leiterschleife bzw. Spule umfasste Magnetfeld (Abb. 3). Nach dem Induktionsgesetz wird damit eine Spannung induziert. Um die Vorgänge in einem Generator genauer zu erfassen, betrachten wir vereinfacht die Rotation einer einzelnen Leiterschleife in einem homogenen Magnetfeld.

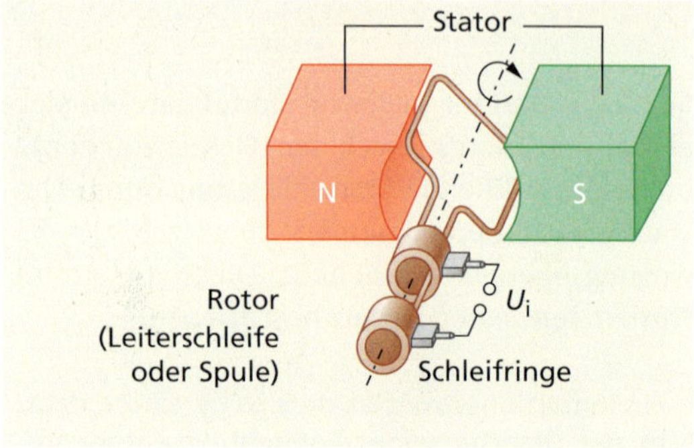

2 Aufbau eines einfachen Wechselstromgenerators

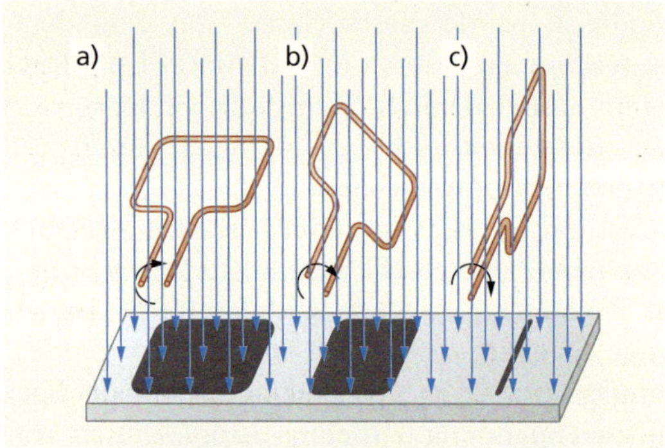

3 Änderung des Winkels zwischen der Ebene der Windung und dem Magnetfeld: Die Projektion zeigt die jeweils wirksame Fläche.

1 Teil eines Generators (Stator) in einem Kraftwerk: Seine Abmessungen werden im Vergleich mit dem Monteur deutlich.

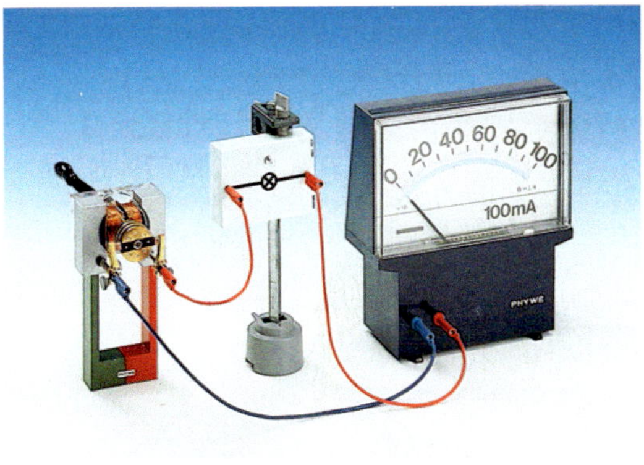

1 Modell eines Wechselstromgenerators

Befindet sich die Fläche der Leiterschleife senkrecht zu den Feldlinien (↗ S. 32, Abb. 3a), so wird die gesamte Fläche von Feldlinien durchsetzt. Beim Drehen der Leiterschleife verändert sich der Anteil des Magnetfelds, der die Leiterschleife durchsetzt. Im Modell Feldlinienbild heißt das: Es verringert sich die Anzahl der Feldlinien, die durch diese Fläche hindurchtreten (↗ S. 32, Abb. 3b). Steht die Leiterschleife senkrecht, dann treten keine Feldlinien mehr durch die Fläche der Leiterschleife hindurch (↗ S. 32, Abb. 3c).

Ändert sich der Anteil des Magnetfelds, der die Leiterschleife durchsetzt, so entsteht nach dem Induktionsgesetz zwischen den Enden der Leiterschleife eine Induktionsspannung. Der jeweilige Betrag hängt davon ab, wie schnell sich das von der Leiterschleife umfasste Magnetfeld ändert. Bei $t = 0$ oder $t = \frac{1}{2}T$ (Abb. 2) ändert sich bei kleiner Drehung der Leiterschleife das von ihr umfasste Magnetfeld nicht. Demzufolge ist $U_i = 0$.
Bei $t = \frac{1}{4}\ T$ oder $t = \frac{3}{4}T$ führt eine geringfügige Drehung der Leiterschleife zu einer erheblichen Änderung des von ihr umfassten Magnetfelds. U_i hat den maximalen Betrag. Nach einer vollständigen Umdrehung beginnt der Vorgang von Neuem. Insgesamt entsteht eine Spannung, die einen sinusförmigen Verlauf hat (Abb. 2).

Bei der gleichförmigen Rotation einer Leiterschleife in einem homogenen Magnetfeld entsteht eine sinusförmige Wechselspannung.

Eine solche Wechselspannung wird auch in Kraftwerksgeneratoren erzeugt und zu den Haushalten weitergeleitet.
Die Netzspannung im Haushalt ist demzufolge ebenfalls eine sinusförmige Wechselspannung. Auch ein Fahrraddynamo ist ein kleiner Wechselstromgenerator, in dem aber nur eine näherungsweise sinusförmige Spannung erzeugt wird.

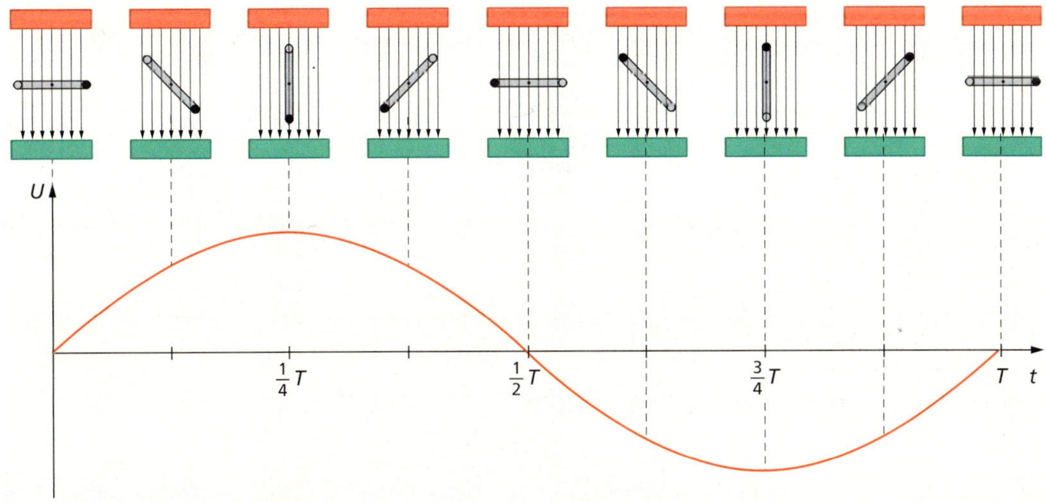

2 Induktion einer Wechselspannung: Die Spannung *U* wird über der Zeit abgetragen, wobei *T* die Zeit für eine vollständige Umdrehung (für eine Periode) ist. Die Kurve ist sinusförmig.

Interessantes aus der Technik

Gleichspannung und Wechselspannung, Gleichstrom und Wechselstrom

Batterien und Akkumulatoren liefern eine Gleichspannung. Sie ist dadurch charakterisiert, dass sich ihre Polarität nicht ändert und darüber hinaus die Spannung meist konstant ist (Abb. 1). Entsprechendes gilt für Gleichstrom (Abb. 2): Die Richtung des Stromflusses ändert sich nicht, die Stromstärke ist meist konstant.
Auch wenn sich Spannung und Stromstärke ändern, aber die Polarität gleich bleibt, liegt eine Gleichspannung bzw. ein Gleichstrom vor.

Die Spannung, die in Kraftwerken erzeugt wird und die wir im Haushalt nutzen, ist eine Wechselspannung, die einen Wechselstrom bewirkt.
Bei dieser **Wechselspannung** (Abb. 3) bzw. dem **Wechselstrom** (Abb. 4) ändern sich der Betrag und die Polung von Spannung und Stromstärke zeitlich periodisch. Das kann man z. B. an einem Zeigerinstrument beobachten, wenn man eine Leiterschleife gleichmäßig in einem homogenen Magnetfeld konstanter Stärke dreht.

Der Kurvenverlauf von Netzwechselspannung und Netzwechselstromstärke ist sinusförmig. Die Zeitdauer, in der eine vollständige Sinuskurve entsteht, wird als **Schwingungsdauer** T bezeichnet (↗ S. 33, Abb. 2). Für Netzwechselspannung beträgt die Schwingungsdauer $T = 0{,}02$ s.

Die Anzahl der Schwingungen je Sekunde ist die Frequenz f. Sie wird in der Einheit ein Hertz (1 Hz) angegeben. Allgemein gilt:

$$f = \frac{1}{T}$$

Für die Netzwechselspannung erhält man damit eine Frequenz von:

$$f = \frac{1}{0{,}02\ \text{s}} = 50\ \frac{1}{\text{s}} = 50\ \text{Hz}$$

Spannung und Stromstärke schwanken zwischen zwei Maximalwerten U_{max} bzw. I_{max} (Abb. 3, 4).

Messinstrumente zeigen nicht die Maximalwerte U_{max} bzw. I_{max} an, sondern die niedrigeren **Effektivwerte** U bzw. I (Abb. 3, 4). Für Netzspannung beträgt bei uns in Deutschland der Effektivwert 230 V, der Maximalwert dagegen 325 V.

Der mathematische Zusammenhang zwischen Effektivwerten und Maximalwerten lautet:

$$U = \frac{U_{max}}{\sqrt{2}} \qquad I = \frac{I_{max}}{\sqrt{2}}$$

Eine Netzwechselspannung von 230 V ruft die gleiche Wirkung wie eine Gleichspannung von 230 V hervor. Es ist deshalb üblich, bei Wechselspannungen bzw. Wechselstromstärken stets die von Messgeräten angezeigten Effektivwerte anzugeben.

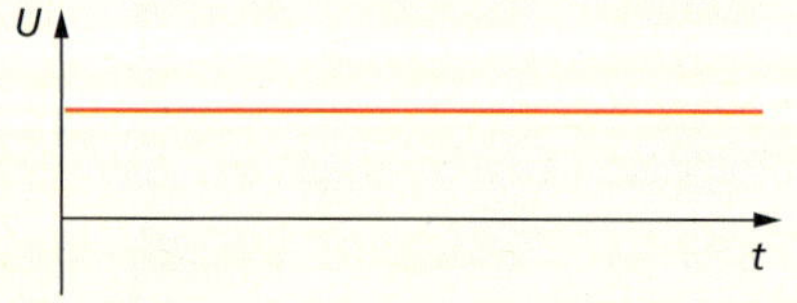

1 Gleichspannung: Die Polarität bleibt gleich, der Betrag der Spannung ist meist konstant.

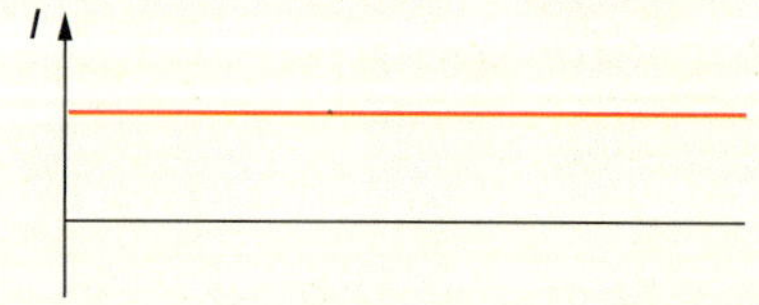

2 Gleichstrom: Der Strom fließt immer in einer Richtung. Er ist meist konstant.

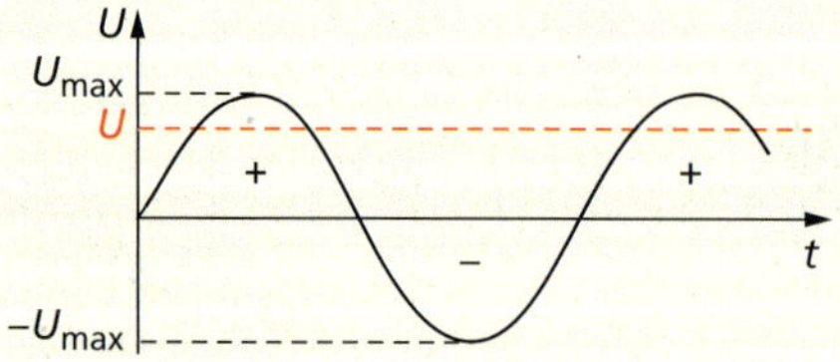

3 Sinusförmige Wechselspannung: Polarität und Betrag ändern sich periodisch.

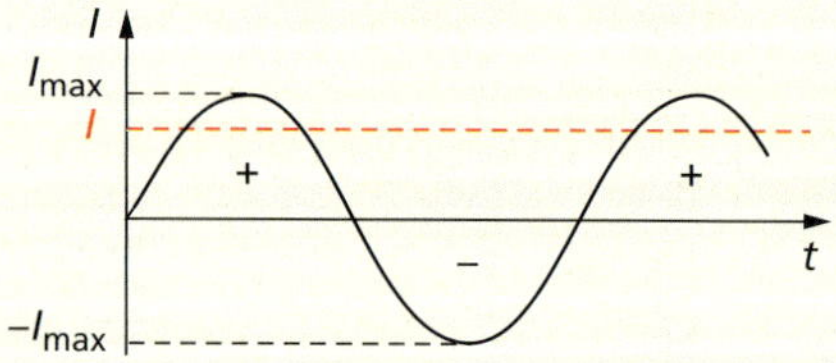

4 Sinusförmiger Wechselstrom: Polarität und Betrag ändern sich periodisch.

Interessantes aus der Technik

Der Transformator

Ein wichtiges Bauteil in Netzgeräten (Abb. 2), vielen Haushaltsgeräten oder Umspannwerken (Abb. 3) ist ein Transformator, kurz auch Trafo genannt.

Ein Transformator dient der Umwandlung von elektrischen Spannungen und Stromstärken. Dabei wird die elektromagnetische Induktion genutzt.
Den Aufbau eines Transformators zeigt Abb. 1. auf einem geschlossenen Eisenkern befinden sich zwei Spulen. Diese Spulen sind nicht leitend miteinander verbunden.
Die Wirkungsweise eines Transformators beruht auf dem Induktionsgesetz. An die eine Spule, die Primärspule, wird eine Wechselspannung gelegt. Sie erzeugt in der Spule ein ständig wechselndes Magnetfeld. Über den geschlossenen Eisenkern wird dieses Magnetfeld in die andere Spule, die Sekundärspule, übertragen (Abb. 1). Die blau eingezeichneten Feldlinien verlaufen weitgehend innerhalb des geschlossenen Eisenkerns. Die Sekundärspule umfasst also ein sich ständig änderndes Magnetfeld. Nach dem Induktionsgesetz wird deshalb in dieser Spule eine Wechselspannung induziert.

Untersucht man die Zusammenhänge zwischen den Spannungen U_1 und U_2 sowie den Windungszahlen der Spulen N_1 und N_2, dann ergibt sich für beliebige Transformatoren: Die Spannungen U_1 und U_2 verhalten sich wie die Windungszahlen N_1 und N_2 der beiden Spulen.

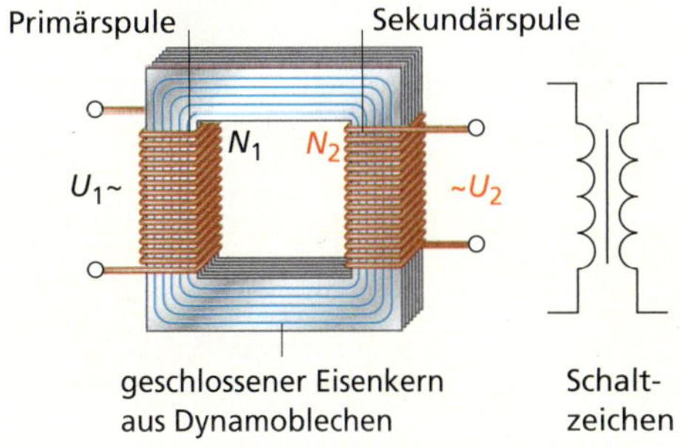

1 Aufbau eines Transformators aus zwei Spulen und einem geschlossenen Eisenkern

2 Universalnetzgerät für Spannungen bis 12 V

Es gilt:

$$\frac{U_1}{U_2} = \frac{N_1}{N_2} \quad \text{oder} \quad U_2 = U_1 \cdot \frac{N_2}{N_1}$$

Die Sekundärspannung U_2 ist also umso größer,
- je größer die Primärspannung U_1 ist,
- je größer die Windungszahl N_2 ist und
- je kleiner die Windungszahl N_1 ist.

Will man z. B. aus der Netzspannung von 230 V eine Spannung von 23 V gewinnen so muss die Windungszahl der Sekundärspule ein Zehntel so groß sein wie die der Primärspule.

Mit Transformatoren können große Spannungen zu kleinen oder kleine Spannungen zu großen umgewandelt werden.

3 Transformator für hohe Spannung in einem Umspannwerk

Interessantes aus der Technik

Stromverbundnetze

Um eine stabile Versorgung von Haushalten und Wirtschaft mit elektrischer Energie zu sichern, sind die Kraftwerke und die Verbraucher in großen Stromverbundsystemen in Europa miteinander verbunden (Abb. 1).
Durch diesen europaweiten Stromverbund können unterschiedliche Spitzenbelastungszeiten in verschiedenen Ländern bei einem gleichbleibenden Betrieb der Kraftwerke ausgeglichen und alle Verbraucher stabil mit elektrischer Energie versorgt werden.
Kraftwerksgeneratoren liefern Spannungen von ca. 20 kV. Wenn man die vom Generator gelieferte 20-kV-Spannung direkt in das Netz einspeisen würde, dann hätte man in den Leitungen allerdings eine Stromstärke von ca. 50 000 A.

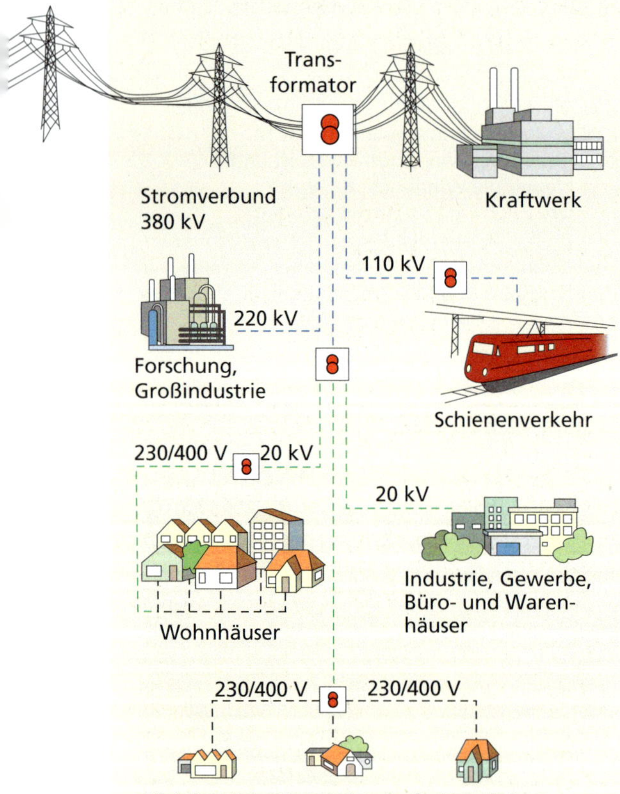

1 Aufbau eines Stromverbundnetzes

2 Hochspannungsleitung für 380 000 V

Selbst auf mehrere Leitungen verteilt würden sich diese stark erwärmen. Durch die Erwärmung und Wärmeabgabe an die Umgebung würde wertvolle elektrische Energie verloren gehen. Deshalb wird schon im Kraftwerk die Spannung durch Transformatoren erhöht (Abb. 3). Die elektrische Leistung wird bei Spannungen bis 380 kV (Abb. 2) und einer geringeren Stromstärke von etwa 2 500 A übertragen, um die Energieverluste durch Wärmeabgabe gering zu halten. Es gibt auch Hochspannungsleitungen mit Spannungen von 220 und 110 kV. In der Nähe der Verbraucher wird die Hochspannung in Umspannwerken auf 20 kV umgewandelt.
Für Haushalte wird in Transformatorenstationen in der Nähe von Wohnhäusern diese Spannung auf 230 bzw. 400 V umgewandelt und an die Haushalte und andere Verbraucher verteilt.

3 Hochspannungstransformator im Kraftwerk

Arbeiten in Projekten

Bei der Bearbeitung eines Themas in Form eines Projekts geht es darum, dass ihr eigene Ideen entwickelt. Stellt euch in der Gruppe solche Aufgaben, die ihr weitgehend selbstständig bearbeiten könnt. Betrachtet das Thema möglichst von unterschiedlichen Seiten aus.
Auch bei der Arbeit am Projekt könnt ihr schrittweise vorgehen. Das Projekt könnte beispielsweise „Anwendungen der elektromagnetischen Induktion in der Technik" heißen (↗ S. 38).

Schritt 1

Sammeln von Ideen
Alles, was zum Thema passt, wird „auf den Tisch gepackt". Aus der Fülle der Ideen werden einzelne Themenbereiche ausgewählt und der jeweiligen Gruppe zugeteilt.

Schritt 2

Erstellen eines Arbeitsplans
Jede Gruppe stellt einen Arbeitsplan auf. Er sollte folgende Punkte enthalten:
1. Welche Fragen sollen in der Gruppe zum Themenbereich beantwortet werden?
2. Welche Materialien und Medien sollen genutzt werden?
3. Wer ist für welche Frage zuständig?
4. Welche Methoden sollen bei der Informationsbeschaffung angewendet werden?
5. Welche Experimente möchte die Gruppe durchführen?
6. Wie sollen die Ergebnisse dargestellt werden?
7. Bis wann müssen die Teilaufgaben bearbeitet werden? Wann muss das Projekt beendet werden?

Schritt 3

Arbeiten am Projekt
Dazu gehören: Experimentieren, Experten befragen, mit Nachschlagewerken arbeiten, im Internet surfen, Ergebnisse diskutieren. Wenn Fragen auftreten, wendet euch an eure Lehrkraft.

Schritt 4

Präsentieren der Ergebnisse vor den Mitschülern bzw. im Schulhaus
Nach Beendigung der Gruppenarbeit werden die Ergebnisse präsentiert. Beachtet, dass sich die Mitschüler meistens mit anderen Fragestellungen beschäftigt haben. Stellt die Ergebnisse in kurzer und logischer Form dar. Nur so können die anderen Mitschüler sie verstehen und die gewonnenen Erkenntnisse nachvollziehen. Hilfreich sind **Power-Point-Präsentationen.**
Zum Abschluss des Projekts kann z. B. eine Wandzeitung angefertigt werden. Wählt dafür einen Ort in der Schule, an dem sie gut sichtbar ist. Die anderen Schüler, Eltern und Gäste können dann sehen, womit sich die Klasse beschäftigt hat und zu welchen Ergebnissen sie gekommen ist.

Anwendungen der elektromagnetischen Induktion in der Technik

- Übersicht über Anwendungen
- Haushalt: Induktionsherde
- Straßenverkehr: Ampelschaltung, Blitzer, Geschwindigkeitsmessung
- Technik: Induktionsofen

Anwendungen der elektromagnetischen Induktion in der Technik

Die elektromagnetische Induktion wird nicht nur bei Generatoren und Transformatoren genutzt, sondern in vielen Bereichen der Technik angewendet. Einige Beispiele sind auf S. 27 genannt.

Aufgabe 1
Erstellt eine Übersicht über Beispiele aus der Technik, bei denen die elektromagnetische Induktion genutzt wird. Recherchiert im Internet.

Umfangreich wird die elektromagnetische Induktion genutzt, um elektrische Energie aus anderen Energieformen zu gewinnen. Beispiele sind Generatoren in Kraftwerken oder in Windrädern, aber auch Fahrraddynamos.

Aufgabe 2
Erkundet, wie ein herkömmlicher Fahrraddynamo aufgebaut ist und wie er funktioniert. Beschreibt die Energieumwandlungen.
Welche weiteren Möglichkeiten zur Beleuchtung eines Fahrrads gibt es?

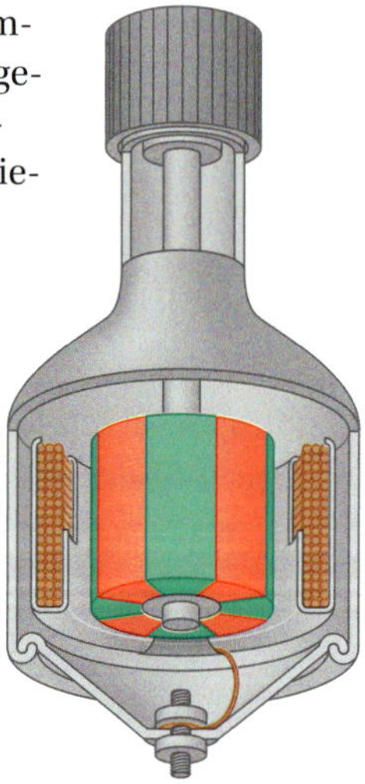

Ein Beispiel für die Anwendung der elektromagnetischen Induktion zeigt das Foto auf S. 37. Massive oder kompliziert geformte Werkstücke können so gehärtet werden.

Aufgabe 3
Erkundet, was man unter „Induktionshärten“ versteht. Wie funktioniert eine Anlage zum Induktionshärten?

Eine Bauform von Elektroherden, die im Haushalt genutzt werden, sind Induktionsherde. Bei ihnen befindet sich unter dem Kochfeld eine ringförmige Spule, die von Wechselstrom durchflossen wird.

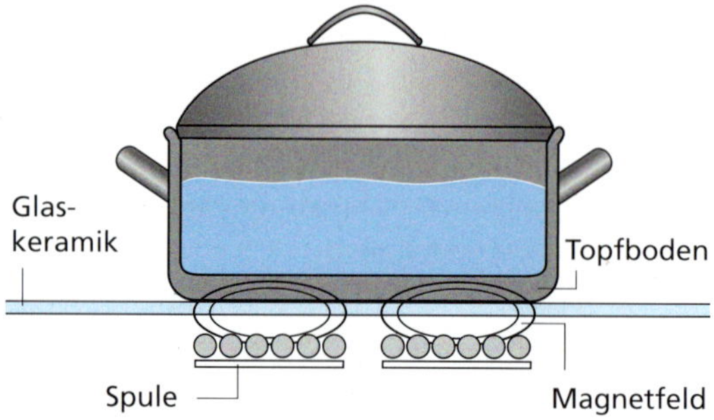

Aufgabe 4
a) Erkläre die Wirkungsweise eines solchen Induktionsherds (↗ Skizze oben).
b) Warum können auf Induktionsherden nur Metalltöpfe genutzt werden?
c) Welche Vorteile bzw. Nachteile haben Induktionsherde gegenüber herkömmlichen Herden? Recherchiert.

Aufgabe 5
Mithilfe einer in der Straße verlegten Induktionsschleife (↗ Abb. unten) kann der Straßenverkehr überwacht und gesteuert werden. Es können einzelne Fahrzeuge oder die Anzahl der Fahrzeuge in einer bestimmten Zeit registriert werden.
a) Erklärt, wie mit einer Induktionsschleife Fahrzeuge registriert werden können.
b) Erkundet, wo Induktionsschleifen genutzt werden.
c) Mithilfe von zwei Induktionsschleifen kann man die Geschwindigkeit eines Fahrzeugs messen. Erläutert das Messverfahren.

Gewusst · Gekonnt

1. Spannung durch Bewegung

Untersuche experimentell, wovon die Induktionsspannung in einer Spule abhängig ist.

Durchführung:

Eine Spule wird mit einem Spannungsmesser (Messbereich 1 V, Zeiger in Mittellage) verbunden (↗ Abb.). Der Dauermagnet wird in Richtung Spulenachse bewegt.

Variiere die Bedingungen.

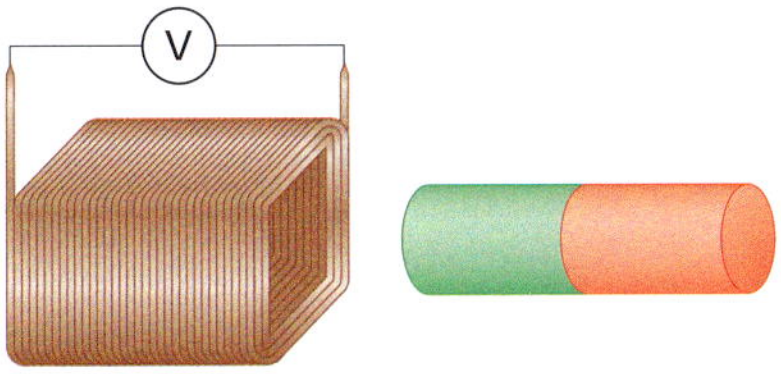

Auswertung:

Trage deine Untersuchungsergebnisse in eine Tabelle ein. Formuliere das Ergebnis deiner Untersuchungen.

2. Induktionsspannung bei Spulen

Untersuche experimentell, wovon die Induktionsspannung in einer Spule abhängig ist.

Durchführung:

Neben einer stromdurchflossenen Spule steht eine Induktionsspule.

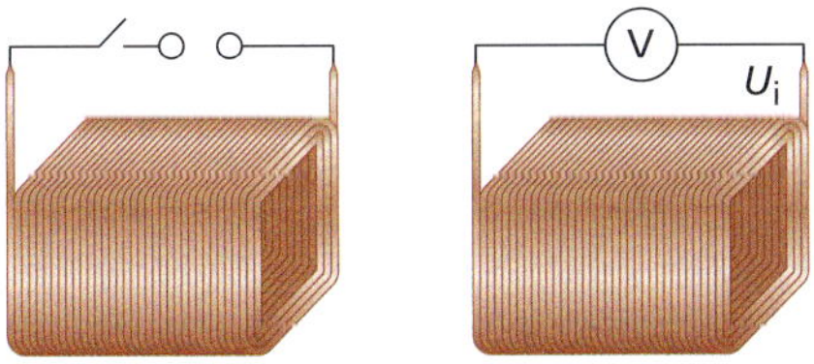

Verändere folgende Bedingungen:

a) Der Schalter wird geschlossen bzw. geöffnet.
b) Die Spulen stehen eng beieinander bzw. etwas weiter entfernt voneinander. Der Schalter wird geschlossen bzw. geöffnet.
c) Die Spulen sind durch einen Eisenkern miteinander verbunden. Der Schalter wird geschlossen bzw. geöffnet.
d) Es wird eine Induktionsspule mit anderer Windungszahl verwendet.

Auswertung:

a) Erfasse die Bedingungen und die Ergebnisse in einer Tabelle.
b) Formuliere ein Ergebnis.

3. Bewegte Spule

In einem Magnetfeld wird eine Spule in unterschiedlicher Weise bewegt.

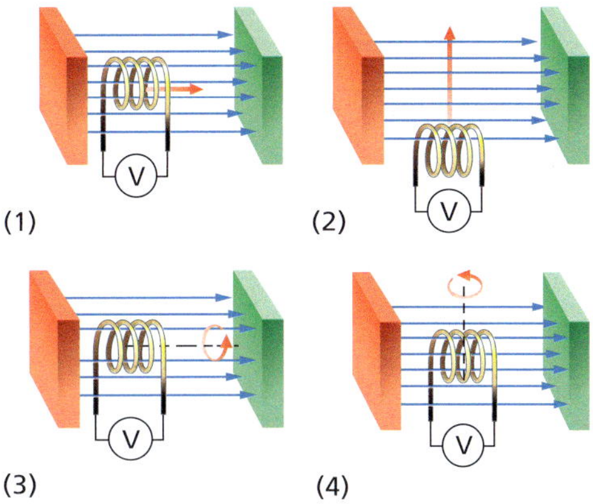

a) Was kann aus den Feldlinienbildern über die Stärke des Magnetfelds zwischen den Polen abgeleitet werden?
b) In welchen Fällen wird eine Spannung induziert, in welchen nicht? Begründe.

4. Elektromagnet und Spule

In der Abbildung ist eine Experimentieranordnung dargestellt, mit der in der fest stehenden Spule 2 eine Spannung induziert werden soll.

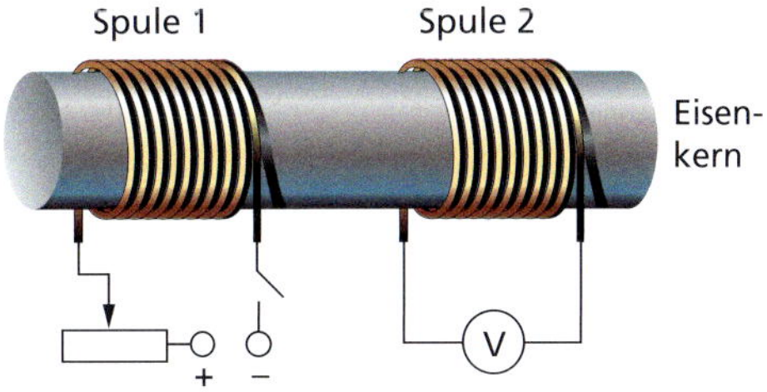

Beschreibe mehrere experimentelle Möglichkeiten, wie mit dieser Anordnung in der Spule 2 eine Spannung induziert werden kann. Begründe deine Vorschläge.

Gewusst · Gekonnt

5. Betrag der Induktionsspannung

Entsprechend der Abbildung in Aufgabe 4 werden Experimentieranordnungen aufgebaut. Entscheide für jeden der folgenden Fälle, ob mit Experiment I oder II bei sonst gleichem Aufbau des Experiments eine größere Spannung induziert wird.
Begründe deine Entscheidung.

	Experiment I	Experiment II
a)	Spule 2 hat 750 Windungen.	Spule 2 hat 1 000 Windungen.
b)	Stromstärke in Spule 1 ändert sich in 1 s von 0 A auf 2 A.	Stromstärke in Spule 1 ändert sich in 2 s von 0 A auf 2 A.
c)	Stromstärke in Spule 1 ändert sich in 1 s von 0 A auf 1 A.	Stromstärke in Spule 1 ändert sich in 1 s von 0 A auf 3 A.

6. Wirbelströme verringern

In Elektromotoren, Transformatoren und Generatoren existieren sich ändernde magnetische Felder. Dadurch können in massiven Teilen dieser Geräte Spannungen induziert werden und Ströme (Wirbelströme) entstehen. Um die Wirbelströme zu verringern, verwendet man für die Eisenkerne in den genannten Geräten dünne, gegeneinander isolierte Bleche, die sogenannten Dynamobleche.

Erläutere, was Wirbelströme bewirken und warum sie in den genannten Geräten unerwünscht sind.

7. Spule im Stromkreis

Das Foto zeigt einen einfachen Stromkreis.

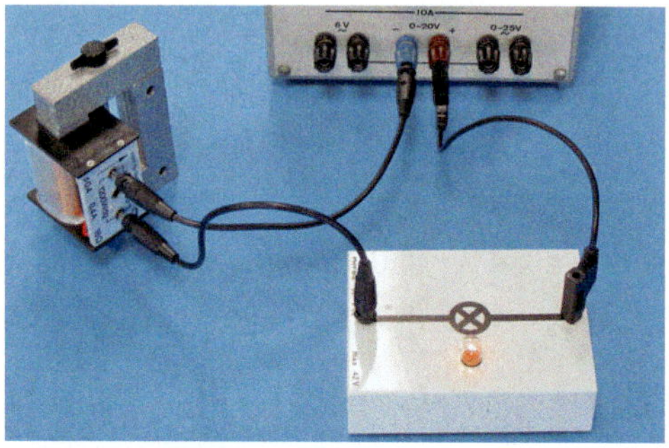

a) Skizziere den Schaltplan.
b) Beim Anlegen einer Gleichspannung leuchtet die Glühlampe hell, beim Anlegen einer gleich großen Wechselspannung leuchtet sie kaum noch. Wie ist das zu erklären?

8. Eine Innenpolmaschine

Die Skizze zeigt den Aufbau eines Generators. Zwischen zwei fest stehenden Induktionsspulen rotiert ein Elektromagnet.

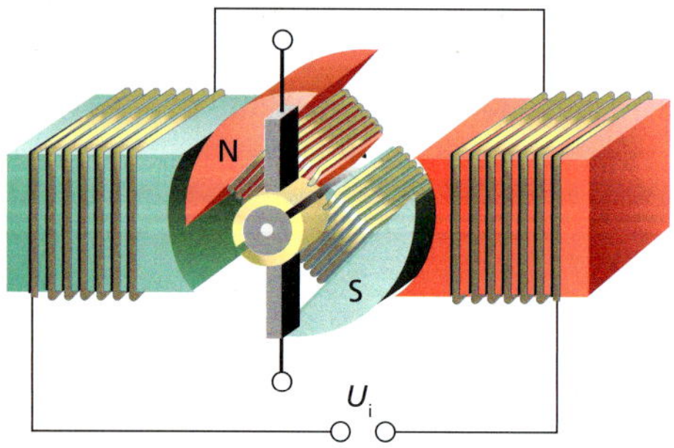

a) Begründe, weshalb in den fest stehenden Spulen eine Spannung induziert wird.
b) Nenne die Energieumwandlungen.

9. Energieumwandlungen im Vergleich

Beschreibe die Energieumwandlungen in einem
a) Elektromotor,
b) Fahrraddynamo,
c) Wechselstromgenerator,
d) Transformator.

Elektromagnetische Induktion

In Kraftwerken wird mithilfe von Generatoren Wechselspannung erzeugt, die über mehrere Stationen zum Verbraucher gelangt.

In **Generatoren** wird durch die Relativbewegung zwischen Magnetfeld und Leiterschleife bzw. Spule eine Spannung induziert.

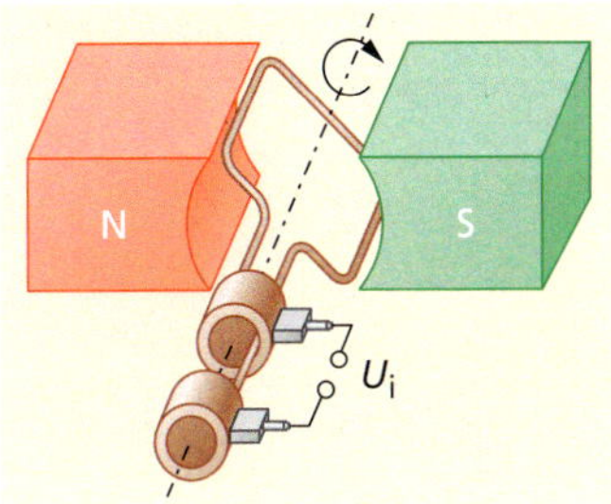

Generatoren nutzen die elektromagnetische Induktion. Sie haben den gleichen prinzipiellen Aufbau wie ein Elektromotor.

■ Die Erkenntnisse über die elektromagnetische Induktion werden im **Induktionsgesetz** zusammengefasst.

Zwischen den Enden einer Spule wird eine Spannung induziert, wenn sich das von ihr umfasste Magnetfeld ändert. Die Induktionsspannung hängt von der Schnelligkeit und der Stärke dieser Änderung sowie vom Bau der Spule (Windungszahl, Querschnittsfläche, Eisenkern) ab.

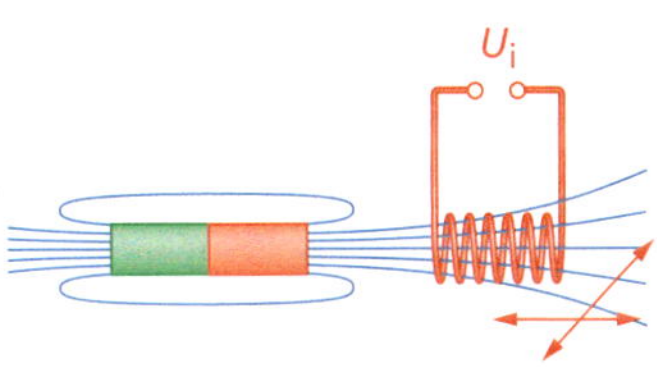

■ Bei gleichförmiger Rotation einer Leiterschleife bzw. Spule in einem homogenen Magnetfeld entsteht eine sinusförmige Wechselspannung.

Netzwechselspannung: $U = 230\ \text{V}$

$f = 50\ \text{Hz}$

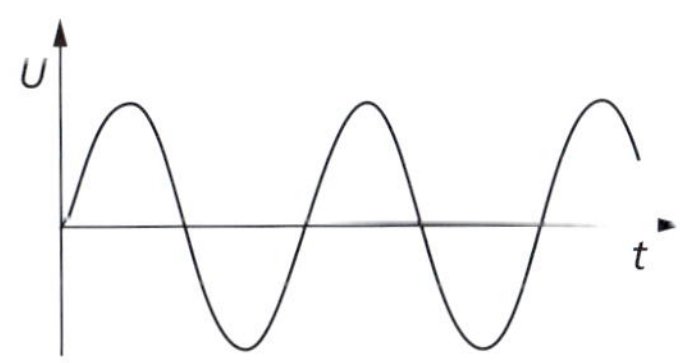

■ Elektromotoren und Generatoren haben den gleichen prinzipiellen Aufbau. Sie unterscheiden sich in der Richtung des Energieflusses.

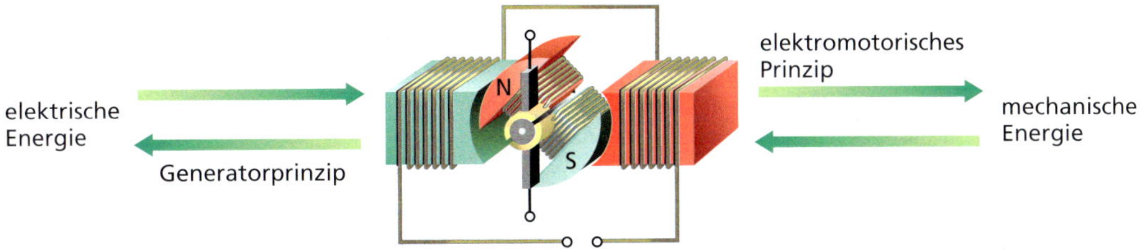

Basiskonzepte – was ist denn das?

In den letzten Wochen hast du dich gemeinsam mit deinen Mitschülern im Physikunterricht mit dem Thema „Magnetisches Feld und elektromagnetische Induktion“ beschäftigt. Dabei habt ihr viele Zusammenhänge erarbeitet und eine Menge Erkenntnisse gewonnen. Bei so vielen Einzelheiten kann leicht der Überblick verloren gehen.
Wenn man einen Überblick über eine Stadt gewinnen will, ist es ähnlich. Da nützt es wenig, einzelne Straßen der Stadt zu kennen. Ein Blick aus großer Höhe vermittelt jedoch einen Gesamteindruck und einen besseren Überblick.
So ein Wechsel des Blickwinkels hilft dir auch bei der Einordnung des erworbenen Detailwissens. Hilfe bei diesem „Blick von oben“ bieten dir Basiskonzepte. Sie bilden sozusagen die „Brille“, durch die du das Gelernte neu betrachten kannst.

Erscheinungen und Vorgänge in Natur, Alltag und Technik

System

Wie wirken Einzelteile in einem Ganzen zusammen? Welche Folgen hat das Verändern oder das Ausfallen eines Teils auf das Ganze?

Energie

Wo spielt Energie eine Rolle? Kannst du erkennen und beschreiben, wie Energie übertragen und umgewandelt wird?

Wechselwirkung

Welche Körper wirken aufeinander? Welches ist die Ursache, welches die Wirkung?

Struktur der Materie

Welche allgemeinen Aussagen über den Aufbau der Stoffe und deren Eigenschaften kannst du ableiten?

■ **Du siehst: Basiskonzepte zeigen dir verschiedene Seiten desselben Themas.**

Die folgende Seite hilft dir, diese Fragen zu beantworten. Du findest in übersichtlicher Form wichtige Erkenntnisse aus dem bisherigen Physikunterricht. Versuche, zu jedem der Punkte ein Beispiel zu nennen und zu erläutern. Damit kannst du testen, ob du wichtige Zusammenhänge verstanden hast.
Am Ende jedes Kapitels findest du weitere Basiskonzeptseiten. Sie helfen dir, Schritt für Schritt dein Wissen zu erweitern und zu ordnen.

Basiskonzepte erleichtern das Lernen, weil du mit ihrer Hilfe naturwissenschaftliche Inhalte systematisieren und strukturieren kannst.

Magnetische Felder und elektromagnetische Induktion

Struktur der Materie

- Neben Stoffen sind auch Felder eine Form der Materie.
- Magnetische Felder existieren um Dauermagnete und um stromdurchflossene Leiter bzw. Spulen.
- Die Struktur magnetischer Felder lässt sich mit dem Modell Feldlinienbild beschreiben.

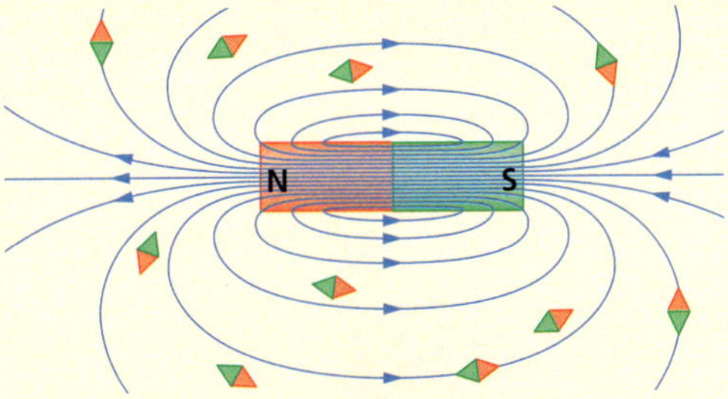

Energie

- Ein magnetisches Feld besitzt Energie.
- Beim Elektromotor wird elektrische Energie in mechanische Energie umgewandelt, beim Generator mechanische Energie in elektrische Energie (Generatorprinzip).
- Für die elektromagnetische Induktion gilt der Energieerhaltungssatz (lenzsches Gesetz).

System

- Elektromotoren und Generatoren sind technische Systeme.
- Ein Stromverbundnetz vom Kraftwerk bis zum einzelnen Verbraucher ist ein besonders komplexes System, in dem Energieübertragungen erfolgen.

Wechselwirkung

- Zwischen Magneten wirken anziehende bzw. abstoßende Kräfte.
- Magnete wechselwirken mit ferromagnetischen Stoffen.
- Drehbare Magnetnadeln richten sich in einem Magnetfeld entlang der Feldlinien aus.
- Auf stromdurchflossene Leiter im Magnetfeld wirken Kräfte (elektromotorisches Prinzip).
- Zwischen den Enden einer Spule wird eine Spannung induziert, wenn sich das von ihr umfasste Magnetfeld ändert.

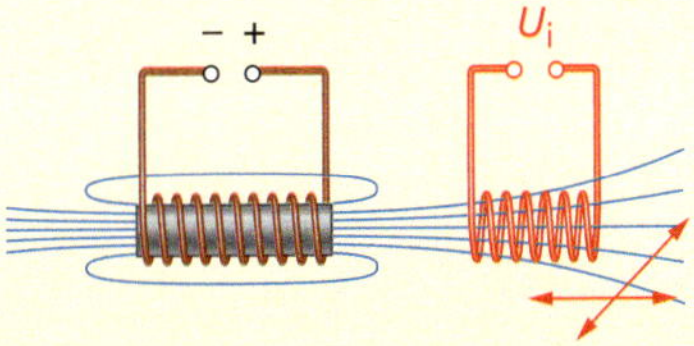

Mit Fachwissen umgehen

1. Das Foto zeigt Eisenfeilspäne im Magnetfeld eines Hufeisenmagneten.

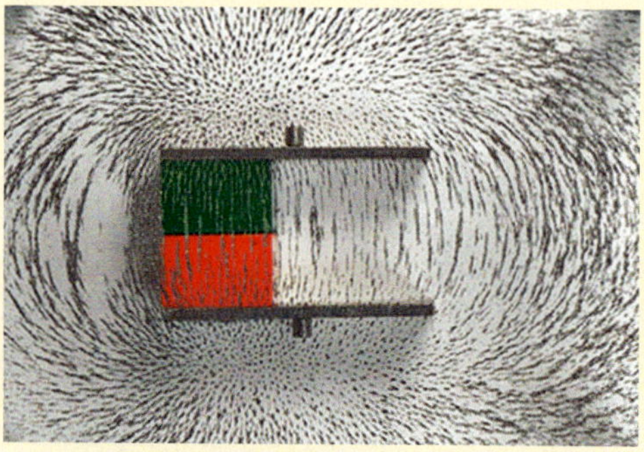

Zeichne das entsprechende Feldlinienbild. Interpretiere es.

2. Eine Spule wird neben einen Elektromagneten gestellt. Gib für jeden der folgenden Fälle an, ob in der Spule eine Spannung induziert wird. Begründe.

a) Der Elektromagnet wird eingeschaltet.
b) Im Elektromagneten fließt ein Gleichstrom.
c) Im Elektromagneten fließt ein Wechselstrom.
d) Der Elektromagnet wird ausgeschaltet.

3. Spulen werden in einem Magnetfeld so bewegt, wie es in den Abbildungen dargestellt ist.

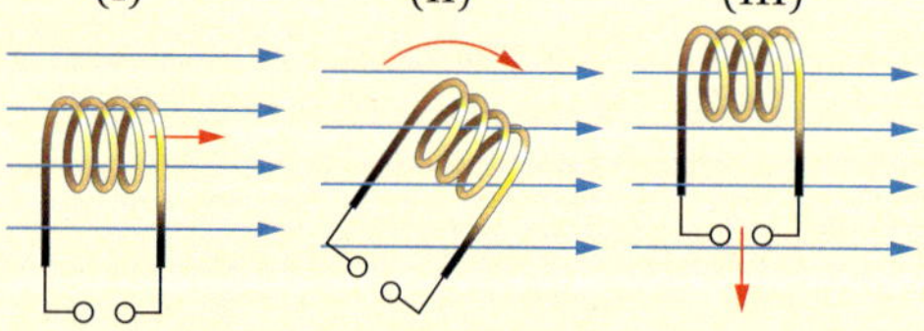

Welche der Aussagen ist richtig? Begründe.

a) In allen drei Fällen wird eine Spannung induziert, weil sich die Spule bewegt.
b) Es wird nur bei (II) eine Spannung induziert.
c) Es wird bei (II) und (III) eine Spannung induziert.

Methoden der Physik nutzen

4. Als ein Schüler die Anordnung in der Abbildung als ein Modell eines Gleichstrommotors präsentiert, erntet er nur ungläubiges Lächeln.

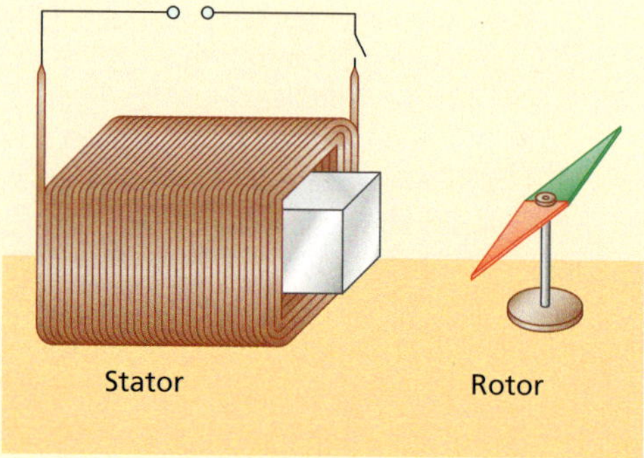

Hast du eine Idee, wie mit dieser Anordnung eine Drehbewegung hervorgerufen werden kann? Probiere es selbst aus. Welche Grenzen hat dieses Modell?

5. In einem Raum befinden sich empfindliche Messgeräte, die durch Magnetfelder beeinflusst werden. Es ist deshalb notwendig, eventuell vorhandene Magnetfelder abzuschirmen.

a) Erläutere, wie man feststellen kann, ob in einem Raum ein Magnetfeld vorhanden ist oder nicht.
b) Beschreibe eine Möglichkeit der Abschirmung eines Raums vor Magnetfeldern.

6. Transformatoren sind Energiewandler, bei denen die elektromagnetische Induktion genutzt wird. Das Foto zeigt einen einfachen Transformator.

a) Erkunde, wie ein Transformator aufgebaut ist und wie er funktioniert.
b) Nenne Beispiele für Geräte, bei denen Transformatoren genutzt werden.

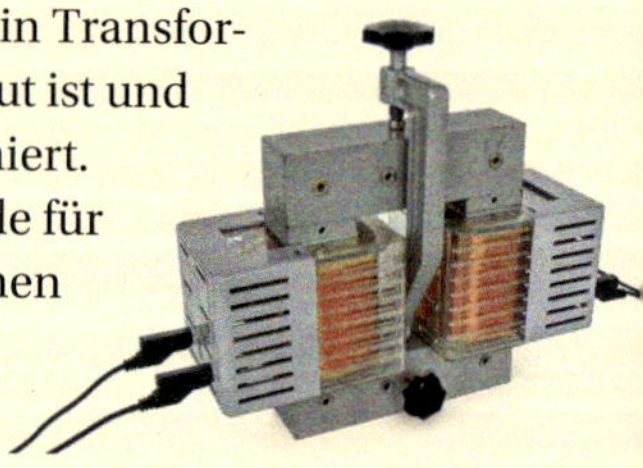

Informationen erschließen und austauschen

7. Auf S. 16 ist das Erdmagnetfeld in Erdnähe dargestellt. In größerer Entfernung von der Erde sieht dieses Magnetfeld anders aus.
Eine Vorstellung vermittelt das folgende Bild:

Vergleiche das Erdmagnetfeld in der Nähe der Erde mit dem in größerer Entfernung von ihr. Erkunde, wodurch das Erdmagnetfeld „verformt" wird.

8. Mit einer in der Straße verlegten Induktionsschleife kann eine Ampel geschaltet, ein Blitzer ausgelöst oder eine automatische Zählung von Fahrzeugen durchgeführt werden. Entwirf eine Schaltung für folgende Anforderung: Nähert sich ein Fahrzeug einer Ausfahrt, so soll eine Ampel auf der Durchgangsstraße von Grün auf Rot und die Ampel für das ausfahrende Fahrzeug von Rot auf Grün geschaltet werden.
Stelle deinen Vorschlag zur Diskussion.

9. Lässt man einen Dauermagneten in einer Metallröhre fallen, so zeigt sich ein merkwürdiger Effekt: Der Dauermagnet fällt relativ langsam und gleichförmig nach unten.
Bei Verwendung einer Plastikröhre fällt er dagegen gleichmäßig beschleunigt.
Wie sind diese Effekte zu erklären?

Sachverhalte erkennen und bewerten

10. Ein wichtiges Stichwort in der aktuellen Diskussion zur effektiven Nutzung von Energie lautet „Elektromobilität". Das Foto zeigt das „Auftanken" eines Autos.

a) Erkunde, was man unter „Elektromobilität" versteht.
b) Autos können mit einem Verbrennungsmotor oder mit einem Elektromotor angetrieben werden. Beide Antriebsarten lassen sich auch kombinieren (Hybridantrieb). Erkunde und bewerte die Vor- und Nachteile der verschiedenen Antriebe für Pkw.

11. Die Skizze zeigt den Aufbau eines Fahrraddynamos.
a) Beschreibe den Aufbau und erkläre die Wirkungsweise.
b) Die Beleuchtung eines Fahrrads kann unterschiedlich erfolgen. Erkunde und bewerte die verschiedenen Möglichkeiten. Was ist gesetzlich vorgeschrieben?

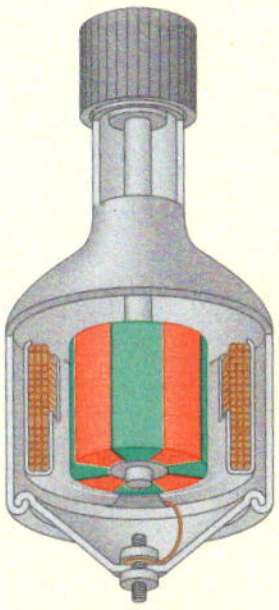

12. Bei Hometrainern (Ergometern), Hochgeschwindigkeitszügen (ICE) oder Kilowattstundenzählern werden Wirbelstrombremsen genutzt. Recherchiere und stelle einen Kurzvortrag über Wirbelstrombremsen zusammen. Bewerte Vor- und Nachteile solcher Bremsen.

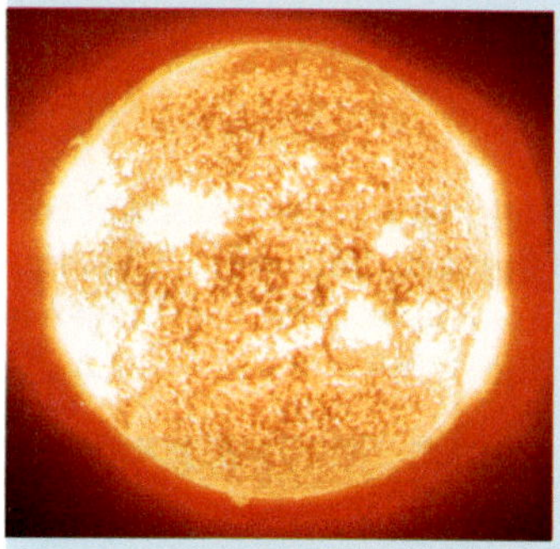

2 Radioaktivität und Umwelt

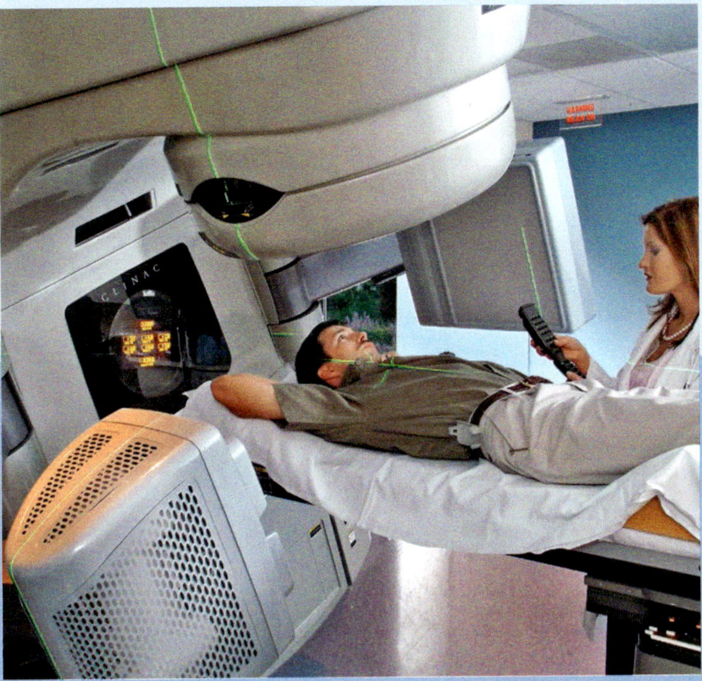

Strahlendiagnostik und Strahlentherapie

Ist das Bein gebrochen? Funktioniert die Schilddrüse nicht wie gewohnt? Oder wurde ein Tumor festgestellt?

Ionisierende Strahlen wie Röntgenstrahlen oder radioaktive Strahlen können Aufschluss geben bzw. Tumore zerstören. Diese Strahlen haben besondere Eigenschaften. Deshalb werden sie nicht nur in der Medizin bei der Diagnose und Therapie von Krankheiten genutzt, sondern auch in der Technik.

Energie aus dem Atom

Kernkraftwerke, in denen die Kernspaltung genutzt wird, gibt es in vielen Ländern. Diese Nutzung der Kernenergie ist aber aufgrund der damit verbundenen Gefahren umstritten. Eine Alternative könnte die kontrollierte Kernfusion sein. In der Natur ist die Kernfusion eine entscheidende Energiequelle: Unsere Sonne und andere Sterne leuchten und strahlen Energie ab, weil in ihrem Innern Kernfusion erfolgt.

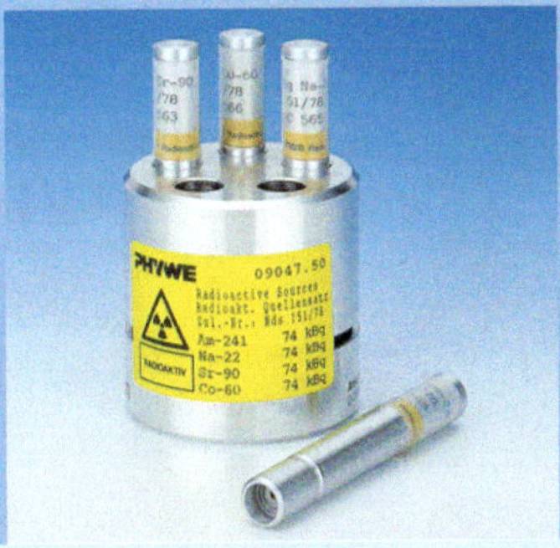

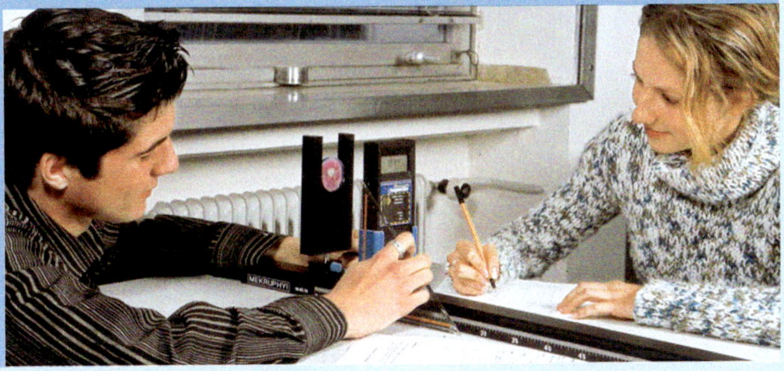

2.1 Atome, Atomkerne und Radioaktivität

1 Jeden Tag ein wenig Strahlung

Radioaktive Strahlung ist überall in unserer Umgebung vorhanden. Wir können sie allerdings mit unseren Sinnesorganen nicht wahrnehmen.
Untersucht mit einem Zählrohr die radioaktive Strahlung in eurer Umgebung: im Klassenraum, auf dem Schulhof, bei Lebensmitteln, bei Kleidung …

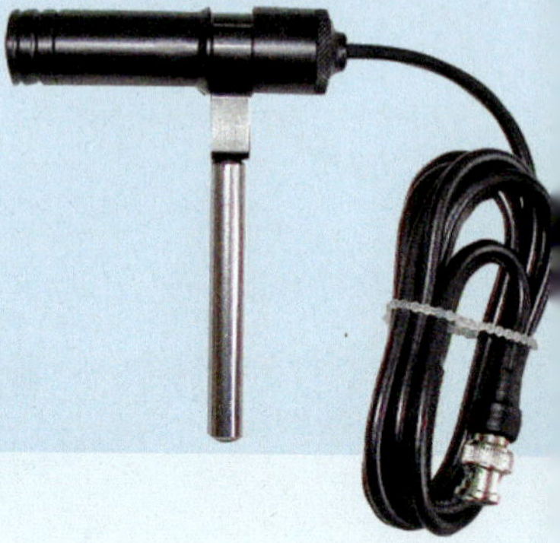

2 Radon einatmen für die Gesundheit?

In Bad Kreuznach (Rheinland-Pfalz) gibt es den einzigen Radonstollen Deutschlands. Warum legen sich Menschen freiwillig in einen Stollen, in dem es radioaktive Strahlung gibt? Recherchiert dazu im Internet. Informiert euch über Argumente von Anhängern und von Kritikern der Radontherapie. Als Suchbegriffe könnt ihr „Radonstollen" oder „Radontherapie" eingeben.

3 Wie gefährlich ist die Strahlung?

Viele Menschen haben Angst vor radioaktiver Strahlung. Sie gehört aber zu unserer natürlichen Umwelt. Besonders groß ist die natürliche Strahlungsbelastung bei Wanderungen im Hochgebirge, bei einem Flug in großer Höhe und auch in manchen Gebieten, in denen uranhaltige Erze vorhanden sind.
Welche Eigenschaften und Wirkungen auf den Menschen hat radioaktive Strahlung? Wie kann man sich vor zu viel Strahlung schützen?

Interessantes aus der Geschichte

Entwicklung der Vorstellungen vom Aufbau des Atoms

Bereits in der Antike gab es Vorstellungen darüber, dass die Stoffe aus sehr kleinen Teilchen, den Atomen, bestehen könnten. Ein Vertreter dieser Auffassung war der griechische Philosoph DEMOKRIT (5. Jh. v. Chr.).
Erst im 17. und 18. Jahrhundert wurden mit der Entwicklung der Wärmelehre und der Elektrizitätslehre diese Ideen wieder aufgegriffen, ohne dass die Existenz von Teilchen nachgewiesen werden konnte. Dies gelang erst zu Beginn des 20. Jahrhunderts.
1827 beobachtete der Biologe ROBERT BROWN (1773 bis 1858) unter dem Mikroskop eine unruhige Bewegung von Blütenstaubkörnchen. Diese Bewegung konnte 1905 von ALBERT EINSTEIN (1879–1955) mit dem Teilchenaufbau erklärt werden. Bereits vorher hatten viele Physiker mit Katodenstrahlen experimentiert und festgestellt, dass sich diese Strahlen in elektrischen und magnetischen Feldern ablenken lassen. Der deutsche Physiker WIECHERT und der englische Physiker THOMSON fanden unabhängig voneinander, dass Katodenstrahlen aus sehr kleinen Teilchen mit negativer Ladung bestehen müssten; 1897 wurde von FITZGERALD die Bezeichnung Elektron für diese Teilchen eingeführt. Die Katodenstrahlen erwiesen sich als schnell bewegte Elektronen, als Elektronenstrahlen.
Zwei andere bedeutende Entdeckungen führten immer stärker zu der Frage nach den elementaren Bausteinen der Stoffe: 1895 fand WILHELM CONRAD RÖNTGEN (1845–1923) die nach ihm benannten Röntgenstrahlen.
1898 entdeckten MARIE UND PIERRE CURIE die Eigenschaft verschiedener Stoffe, eine bestimmte Strahlung auszusenden, die wir heute als radioaktive Strahlung kennen. Beide Arten von Strahlungen kommen durch Vorgänge im atomaren Bereich zustande.

Um 1900 wurden die ersten Atommodelle entwickelt, z. B. das „Rosinenmodell": Das kugelförmige Atom sollte aus einer positiven elektrischen „Flüssigkeit" bestehen, in die ähnlich wie bei einem Rosinenkuchen die negativ geladenen Elektronen eingebettet sind.
Damit konnte man erklären, dass ein Atom elektrisch neutral ist, die Entstehung von Röntgenstrahlung oder radioaktiver Strahlung blieb aber ungeklärt.

1909/10 führte ERNEST RUTHERFORD mit seinen Mitarbeitern Versuche zum Durchgang von α-Strahlung durch dünne Metallfolien durch.
Nur ein geringer Teil der Strahlung wurde reflektiert, der größte Teil ging durch die Folie hindurch. Daraus zog RUTHERFORD den Schluss, dass der größte Teil des Atoms leer ist. Er entwickelte ein Modell, das dem Aufbau des Planetensystems ähnelt: Um einen positiv geladenen Kern, in dem die Masse des Atoms konzentriert ist, kreisen Elektronen auf elliptischen Bahnen (↗ Abb. oben). Mit diesem Modell konnte man die Masse- und Ladungsverteilung im Atom richtig beschreiben. Die Stabilität der Atome konnte damit allerdings nicht erklärt werden.

Das versuchte NIELS BOHR 1913 mit einem anderen Modell: Die Elektronen bewegen sich auf bestimmten Bahnen um den Atomkern (↗ Abb. unten). Wenn Energie zugeführt wird, können Elektronen auf eine kernfernere Bahn springen, beim Zurückspringen wird diese Energie wieder frei. Auch die Vorstellungen vom Aufbau des Atomkerns veränderten sich. Mit dem Nachweis des Neutrons im Jahre 1932 wurden Vermutungen über die Zusammensetzung des Atomkerns aus Protonen und Neutronen bestätigt.

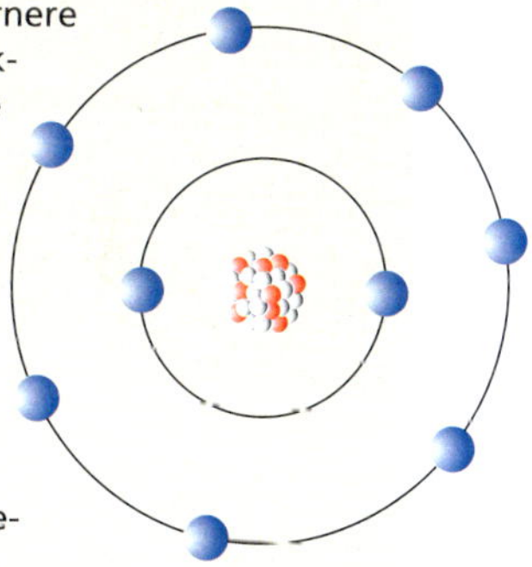

Das bohrsche Atommodell ermöglicht es, den Atomradius abzuschätzen und das Spektrum des Wasserstoffs zu erklären. Es versagte aber bei anderen Elementen.

Neuere Atommodelle lassen sich nur noch mit mathematischen Mitteln beschreiben. Das gilt insbesondere für das quantenmechanische Atommodell. Bei diesen Modellen bewegen sich Elektronen nicht auf Bahnen, sondern befinden sich mit bestimmter Wahrscheinlichkeit in einem Bereich um den Atomkern.

Aufbau von Atomen

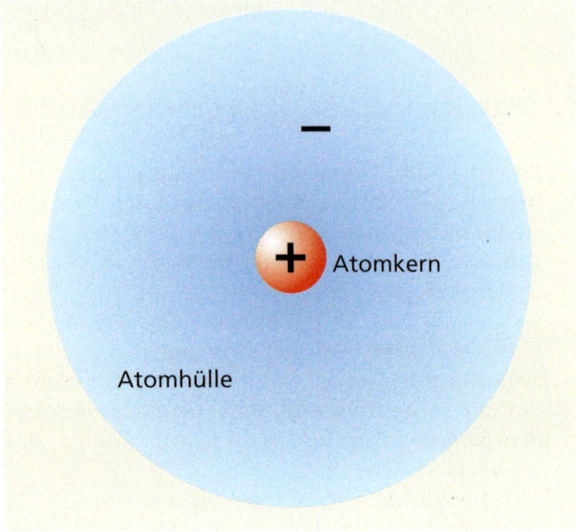

2 Modell eines Atoms

Wir wissen, dass alle Stoffe aus Teilchen aufgebaut sind. In der Wärmelehre und in der Elektrizitätslehre hat uns die Vorstellung vom Aufbau der Stoffe aus kleinsten Teilchen (Atomen, Molekülen) geholfen, viele Erscheinungen zu verstehen und zu erklären. Dazu gehören

- die Änderung des Aggregatzustands eines Stoffs,
- die positive oder negative Ladung eines Körpers,
- der Stromfluss in einem elektrischen Leiter.

Alle Stoffe bestehen aus Atomen bzw. aus Molekülen.

Wie aber ist ein Atom aufgebaut? Die Vorstellungen darüber haben sich in den letzten 100 Jahren erheblich verändert (↗ S. 49). Heute wissen wir: Atome sind die grundlegenden Bausteine, aus denen Stoffe bestehen. Die winzigen Atome entziehen sich aber unserer unmittelbaren Beobachtung. Durch zahlreiche experimentelle Untersuchungen weiß man heute:

- Jedes Atom besteht aus einer negativ geladenen Atomhülle und einem positiv geladenen Atomkern (Abb. 2).
- Der Atomkern ist im Vergleich zur Atomhülle winzig (Abb. 1). In ihm ist aber fast die gesamte Masse des Atoms (mehr als 99,99 %) konzentriert. Die Dichte der Kernmaterie beträgt für beliebige Atome etwa $1{,}8 \cdot 10^{14}\ \frac{\text{g}}{\text{cm}^3}$.
- Der Atomkern besteht aus elektrisch nicht geladenen **Neutronen** und aus positiv geladenen **Protonen.**
- Die Masse eines Neutrons und eines Protons ist etwa gleich groß und beträgt $1{,}67 \cdot 10^{-27}$ kg. Sie ist etwa 1840-mal größer als die Masse eines Elektrons.
- Die negativ geladenen Elektronen der Atomhülle haben eine sehr kleine Masse und eine Ladung, die als **Elementarladung** *e* bezeichnet wird:

$$e = 1{,}6 \cdot 10^{-19}\ \text{C}$$

- Da ein Proton die gleiche Ladung wie ein Elektron hat, allerdings mit entgegengesetztem Vorzeichen, gilt:
Bei einem elektrisch neutralen Atom ist die Anzahl der negativ geladenen Elektronen in der Hülle gleich der Anzahl der positiv geladenen Protonen im Kern. So hat z. B. ein Eisenatom 26 Protonen und 26 Elektronen.

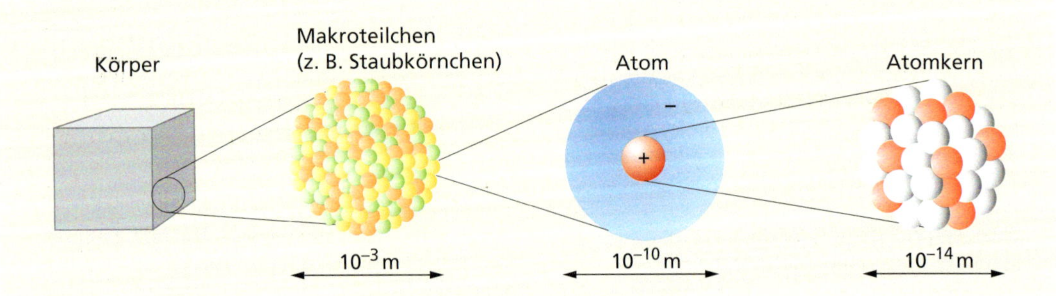

1 Größenvergleich zum Aufbau von Makroteilchen, Atomen und Atomkernen

Interessantes aus der Physik

Abschätzen der Größe von Atomen

Es gibt eine erstaunlich einfache Möglichkeit, den Durchmesser von Atomen abzuschätzen. Bekannt ist der Versuch unter der Bezeichnung **Ölfleckversuch.**

Gibt man einen Tropfen Öl auf eine Wasseroberfläche, breitet er sich schnell zu einem Fleck aus. Dabei ergeben gleich große Tropfen immer gleich große Flecken, sodass man auf eine gleich große Dicke *d* der Flecken schließen kann.

Bei zwei Tropfen erhält man Flecken, die doppelt so groß sind. Auch diese Flecken haben demnach die gleiche Dicke *d*. Deswegen nehmen wir an, dass der Fleck immer nur aus einer Schicht nebeneinanderliegender Ölteilchen besteht.
Um die Dicke der Ölschicht abzuschätzen, müssen
- das Volumen *V* eines Tropfens und
- die Fläche *A* des Flecks

berechnet werden.

Die Schichtdicke und damit der Durchmesser eines Ölteilchens ergibt sich aus:

$$d = \frac{V}{A}$$

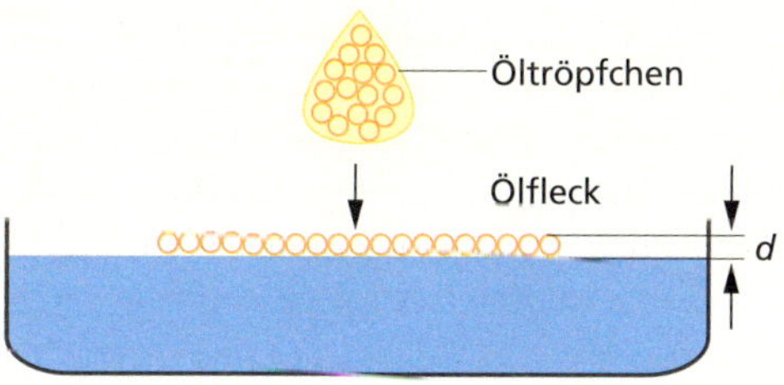

Das Volumen lässt sich so bestimmen:
Im Experiment verdünnt man Ölsäure mit Leichtbenzin im Verhältnis 1 : 2000. Von der Flüssigkeit lässt man aus einer Pipette 1 cm^3 abtropfen und zählt die Tropfen. Im obigen Beispiel waren es 47 Tropfen, sodass ein Tropfen das folgende Volumen hat:

$$V_T = \frac{1\ cm^3}{47} = 2{,}13 \cdot 10^{-2}\ cm^3$$

Beim Abtropfen verdunstet das Leichtbenzin, das Öl besitzt nun ein Volumen von:

$$V_{Öl} = \frac{V_T}{2000} = 1{,}1 \cdot 10^{-5}\ cm^3$$

Die Fläche eines Ölflecks lässt sich so abschätzen:

Man nähert die unregelmäßige Fläche durch eine Kreisfläche an (↗ Abb.).

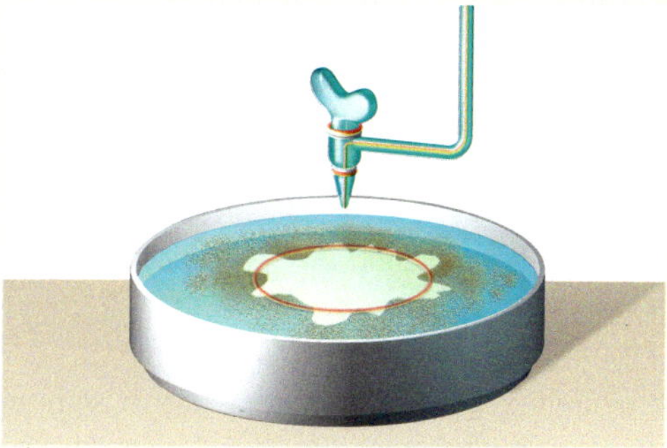

Der Radius im Versuchsbeispiel beträgt 6,4 cm und die Fläche damit:

$$A = \pi \cdot r^2$$

$$A = \pi (6{,}4\ cm)^2 = 1{,}3 \cdot 10^2\ cm^2$$

Aus Volumen und Fläche lässt sich nun die Schichtdicke berechnen:

$$d = \frac{V_{Öl}}{A}$$

$$d = \frac{1{,}1 \cdot 10^{-5}\ cm^3}{1{,}3 \cdot 10^2\ cm^2} = 8{,}5 \cdot 10^{-8}\ cm$$

Als Durchmesser eines Ölteilchens ergibt sich ein Wert von etwa 10^{-8} m. Die Atome sind noch einmal etwas kleiner. Das ergibt sich aus folgender Überlegung: Wir haben für den Ölfleckversuch Ölsäure verwendet. Das ist eine relativ komplexe Verbindung mit der chemischen Formel:

$C_{17}H_{33}COOH$

Ein Ölsäuremolekül besteht demzufolge aus 54 Atomen. Berücksichtigt man das, so erhält man die richtige Größenordnung für den Durchmesser eines Atoms, nämlich etwa 10^{-10} m.

Dabei unterscheiden sich die Atome verschiedener Elemente zwar voneinander, die genannte Größenordnung trifft aber für Atome aller Elemente zu.

Beschreibung von Atomkernen

Zur Beschreibung von Atomkernen nutzt man die Anzahl der Protonen und Neutronen im Kern. Die Kernbausteine Proton und Neutron werden als **Nukleonen** bezeichnet, ihre Anzahl als **Massenzahl** A.

> **Die Massenzahl A eines Atomkerns ergibt sich aus der Kernladungszahl (Protonenzahl) Z und der Neutronenzahl N:**
>
> $$A = Z + N$$

Die Kernladungszahl ist gleich der Ordnungszahl im **Periodensystem der Elemente.** So hat z. B. Natrium im Periodensystem die Ordnungszahl 11 und die Massenzahl 23.
Das bedeutet: Ein Natriumatom hat in seinem Kern 11 Protonen und 23 - 11 = 12 Neutronen. Beim neutralen Natriumatom sind in der Atomhülle 11 Elektronen vorhanden.
Um einen Atomkern in kurzer und übersichtlicher Form zu kennzeichnen, verwendet man in der Physik die **Symbolschreibweise** (Abb. 1). Sie wird nicht nur zur Kennzeichnung von Atomkernen, sondern auch zur Kennzeichnung der Elementarteilchen verwendet (Abb. 2).
Manchmal setzt man die Massenzahl hinter das Elementsymbol und schreibt z. B. Natrium-23. Auch diese Schreibweise ist eindeutig, da man die Kernladungszahl (Ordnungszahl) für jedes Element im Periodensystem der Elemente findet.

Nuklide und Isotope

Das Periodensystem der Elemente umfasst gegenwärtig 118 Elemente. Davon kommen 91 in der Natur vor, die anderen werden künstlich hergestellt. Der Atomkern eines Elements ist eindeutig durch die Massenzahl und die Kernladungszahl gekennzeichnet.

> **Die durch Massenzahl und Kernladungszahl charakterisierten Atome werden als Nuklide bezeichnet.**

So sind z. B. Natrium-23, Kohlenstoff-12 oder Uran-235 Nuklide.

Die in der Natur vorkommenden und künstlich erzeugten Nuklide können in einer **Nuklidkarte** dargestellt werden (↗ S. 53, Abb. 2 und S. 64 f.). Einige der Angaben in der Abbildung 2 auf der Seite 53 wie die Art der Strahlung oder die Halbwertszeit werden dir erst auf den Folgeseiten verständlich.
Wie man mithilfe einer Nuklidkarte den Zerfall von Kernen identifizieren kann, erfährst du unter „So kannst du vorgehen" auf Seite 63.
Die Atomkerne eines Elements haben alle die **gleiche Anzahl von Protonen,** sie können aber eine unterschiedliche Anzahl von Neutronen besitzen. Damit haben diese Atomkerne eines Elements auch eine verschiedene **Massenzahl.** Solche Atome werden **Isotope** genannt.

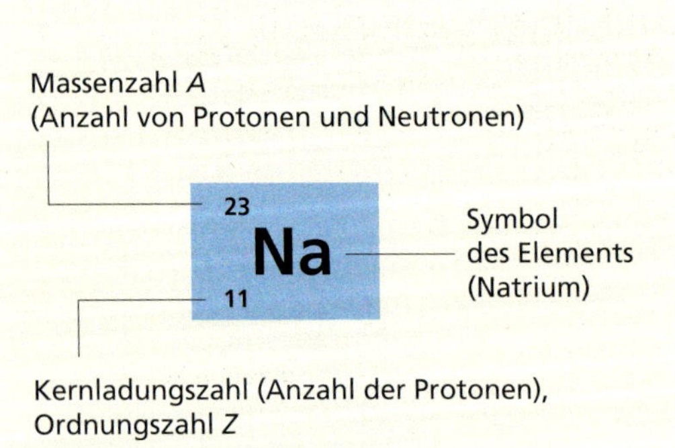

1 Symbolschreibweise für den Atomkern eines Elements

Elektron	$^{0}_{-1}e$	Masse vernachlässigbar, einfach negativ geladen
Positron	$^{0}_{+1}e$	Masse vernachlässigbar, einfach positiv geladen
Proton	$^{1}_{1}p$	Massenzahl 1, einfach positiv geladen
Neutron	$^{1}_{0}n$	Massenzahl 1, einfach negativ geladen

2 Symbolschreibweise für verschiedene Elementarteilchen

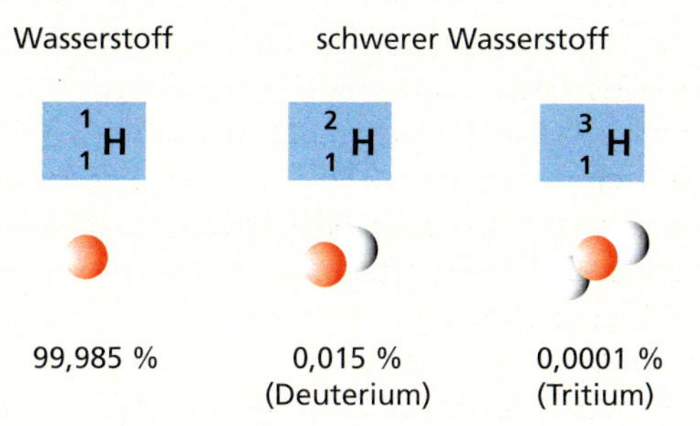

1 Isotope des Wasserstoffs und ihr Vorkommen

> **Atome mit gleicher Protonenzahl, aber unterschiedlicher Neutronenzahl werden als Isotope bezeichnet.**

So existieren z. B. beim Wasserstoff drei in der Natur vorkommende Isotope (Abb. 1, 2), bei Eisen sind es vier und bei Zinn zehn. Auch von Uran, das als Kernbrennstoff genutzt wird, existieren verschiedene Isotope.

In natürlichen Uranvorkommen beträgt der Anteil an Uran-238 etwa 99,28 % und an Uran-235 etwa 0,72 %. Darüber hinaus ist noch ein geringer Anteil an Uran-234 (etwa 0,006 %) vorhanden. Als Kernbrennstoff in Kernkraftwerken verwendet man angereichertes Uran-235.

Fast alle uns bekannten Elemente bestehen aus Isotopengemischen. Das ist auch der Grund dafür, dass die Massenzahlen im Periodensystem meist keine ganzen Zahlen sind.

Manche der Isotope haben spezielle Namen. So wird z. B. das Wasserstoffisotop H-2 als Deuterium und das Wasserstoffisotop H-3 als Tritium bezeichnet (Abb. 1).

Beachte: Jedes Isotop ist ein Nuklid, aber verschiedene Nuklide müssen keine Isotope sein.

Gewusst · Gekonnt

1. Beschreibe den Aufbau eines Eisenatoms. Begründe, warum es nach außen elektrisch neutral ist.
2. Welche Informationen über den Aufbau eines Atoms kannst du aus Massenzahl und Kernladungszahl entnehmen?
3. Finde mithilfe der Abbildung 2 heraus: Wie viele Isotope existieren von Helium und Kohlenstoff?
4. Beschreibe den Aufbau der Atome Helium-6 und Kohlenstoff-14.

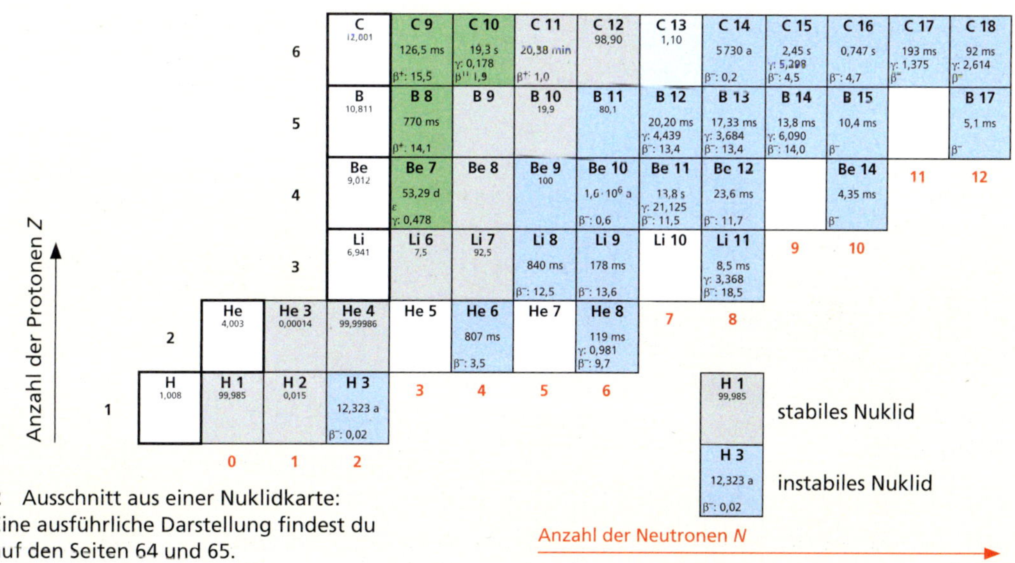

2 Ausschnitt aus einer Nuklidkarte: Eine ausführliche Darstellung findest du auf den Seiten 64 und 65.

Natürliche und künstliche Radioaktivität

Der französische Physiker HENRI BECQUEREL (1852–1998) entdeckte, dass Uransalz eine unsichtbare Strahlung aussendete, die Fotoplatten schwärzte. Wenig später fanden die aus Polen stammende MARIE CURIE (1867–1934) und ihr Mann PIERRE CURIE (1859–1906) die stark strahlenden Elemente Polonium und Radium.

Genauere Untersuchungen ergaben, dass eine Reihe von Nukliden nicht stabil ist, sondern sich verändert und dabei Strahlung aussendet. Solche Nuklide bezeichnet man als **radioaktive Nuklide** oder kurz als **Radionuklide.**

Die Strahlung wird als **radioaktive Strahlung** bezeichnet. Es handelt sich dabei um verschiedene Strahlungsarten.

> **Radionuklide wandeln sich von selbst unter Aussendung von α-, β- oder γ-Strahlung um.**

Da diese Erscheinung in der Natur auftritt, spricht man von **natürlicher Radioaktivität.** Eine Übersicht über die drei Strahlungsarten ist unten angegeben.

Bei der **α-Strahlung** verlässt ein Heliumkern (also zwei Protonen und zwei Neutronen) den Kern.

Obwohl im Atomkern nur Protonen und Neutronen vorhanden sind, können doch Elektronen aus dem Kern herauskommen. Das liegt daran, dass sich ein Neutron in ein Proton und ein Elektron umwandeln kann.

So gibt z. B. das Radionuklid Caesium-137 beim Zerfall ein Elektron **(β-Strahlung)** ab. Dabei entsteht ein Bariumkern mit einem Proton mehr und einem Neutron weniger. Die Vorgänge lassen sich, ähnlich wie bei einer chemischen Reaktionsgleichung, beschreiben:

$$^{137}_{55}\mathrm{Cs} \longrightarrow {}^{137}_{56}\mathrm{Ba} + {}^{0}_{-1}\mathrm{e}$$

Die Summe der Massenzahlen und der Kernladungszahlen ist links und rechts stets gleich groß.

Es ist auch möglich, dass sich im Kern ein Proton in ein Neutron und ein Positron umwandelt. Positronen haben dieselben Eigenschaften wie Elektronen, sind aber positiv geladen.

γ-Strahlung entsteht, wenn ein angeregter Kern Energie abgibt. Die Zusammensetzung des Kerns ändert sich dabei nicht.

Die bei Kernumwandlungen entstehenden Folgekerne sind meist wieder instabil, sodass in der Natur ganze **Zerfallsreihen** existieren. Aus dem Uranisotop $^{238}_{92}\mathrm{U}$ entsteht z. B. nach zahlreichen Umwandlungen im Laufe von einigen Millionen Jahren das Bleiisotop $^{208}_{82}\mathrm{Pb}$.

Arten radioaktiver Strahlung

α-Strahlung

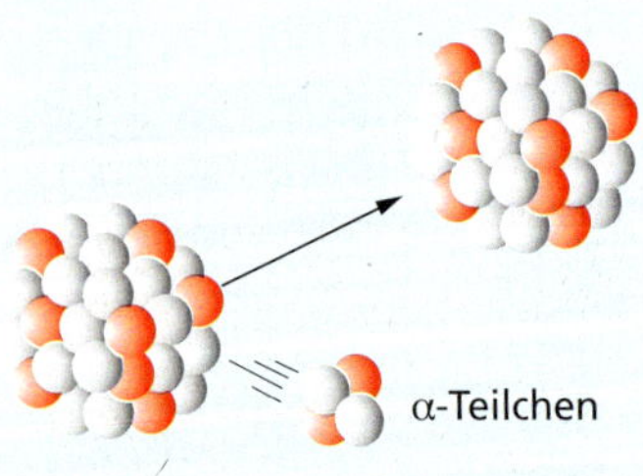

Die Strahlung besteht aus doppelt positiv geladenen Heliumkernen (α-Teilchen).

$$^{226}_{88}\mathrm{Ra} \longrightarrow {}^{222}_{86}\mathrm{Rn} + {}^{4}_{2}\alpha$$

β-Strahlung

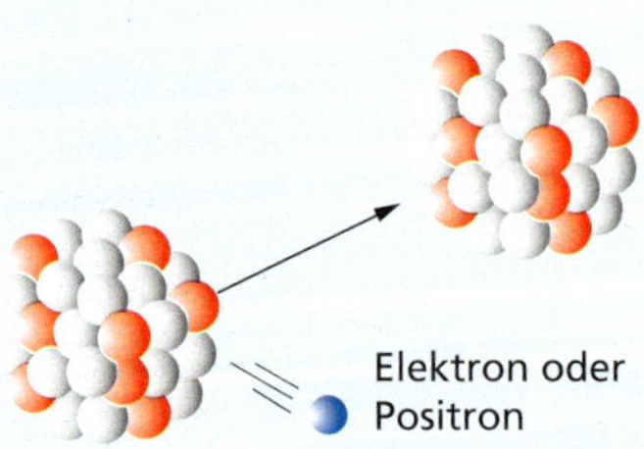

Die Strahlung besteht aus Elektronen (β^--Strahlung) oder Positronen (β^+-Strahlung).

$$^{137}_{55}\mathrm{Cs} \longrightarrow {}^{137}_{56}\mathrm{Ba} + {}^{0}_{-1}\mathrm{e}$$

$$^{40}_{19}\mathrm{K} \longrightarrow {}^{40}_{18}\mathrm{Ar} + {}^{0}_{1}\mathrm{e}$$

γ-Strahlung

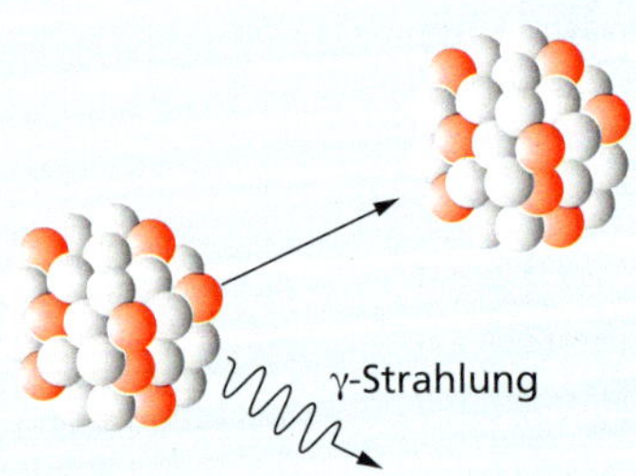

Die Strahlung ist eine energiereiche elektromagnetische Strahlung kleiner Wellenlänge.

$$^{137}_{56}\mathrm{Ba}^{*} \longrightarrow {}^{137}_{56}\mathrm{Ba} + \gamma$$

Radioaktive Nuklide kann man heute im Labor künstlich herstellen. Dazu „beschießt" man stabile Atomkerne mit Teilchen (Protonen, Neutronen, α-Teilchen) oder anderen Atomkernen, die aus einem Teilchenbeschleuniger stammen. Gelingt ein Treffer, so tritt in dem beschossenen Kern eine Kernumwandlung auf.
Viele der so entstehenden Kerne sind instabil und senden bei ihrer Umwandlung radioaktive Strahlung aus (Abb. 1). Darüber hinaus werden manchmal noch Neutronen freigesetzt. Die Erscheinung, dass künstlich hergestellte Nuklide radioaktiv sein können, wird als **künstliche Radioaktivität** bezeichnet. Bis heute ist es gelungen, etwa 2 400 Nuklide künstlich zu erzeugen.
1934 entdeckten IRÈNE JOLIOT-CURIE (1897–1956) und ihr Mann FRÉDÉRIC JOLIOT-CURIE (1900–1958) die künstliche Radioaktivität.

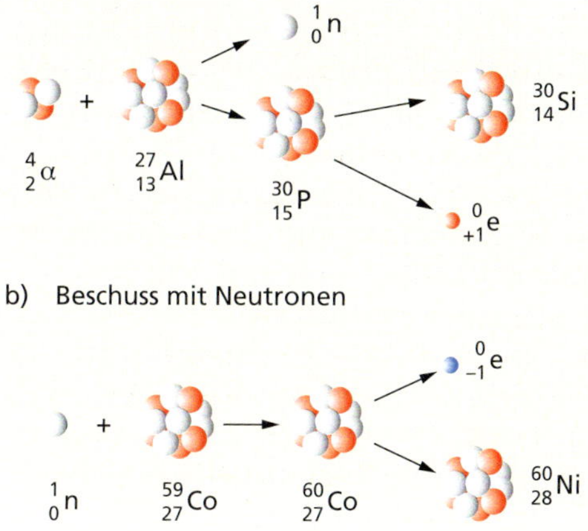

1 Kernumwandlungen beim Beschuss von Aluminium mit α-Teilchen (a) und Cobalt mit Neutronen (b)

Interessantes aus der Geschichte

Entdeckung der natürlichen Radioaktivität

In den Neunzigerjahren des 19. Jahrhunderts beschäftigten sich viele Physiker mit Untersuchungen zu verschiedenen Strahlungen. Die Untersuchungen von „Katodenstrahlen" führten zur Entdeckung des Elektrons. W. C. RÖNTGEN entdeckte 1895 die Röntgenstrahlen.
Auch der französische Physiker HENRI BECQUEREL (1852–1908) beschäftigte sich mit den verschiedenen Strahlungen und experimentierte u. a. mit Uransalzen. Dabei zeigte sich, dass in der Nähe des Uransalzes liegende Fotoplatten geschwärzt waren.

Systematische Untersuchungen führten 1896 zu der Erkenntnis, dass von Uransalz eine neue, bisher unbekannte Strahlung ausging, die nach ihrem Entdecker zunächst als Becquerel-Strahlung bezeichnet wurde und später den Namen „radioaktive Strahlung" erhielt.
Intensiv beschäftigten sich die in Polen geborene MARIE CURIE (1867–1934) und ihr Mann, der Franzose PIERRE CURIE (1859–1906), mit der neuen Strahlung. Mit unglaublich primitiven Mitteln arbeiteten sie Tonnen Uranpechblende auf und entdeckten in Uranpechblende ein neues, stark strahlendes Element, das zu Ehren des Geburtslandes von M. CURIE als Polonium bezeichnet wurde. Im gleichen Jahr entdeckten sie ein weiteres Element, das eine intensive Strahlung aussandte. Es erhielt den Namen Radium („das Strahlende").

1903 bekamen MARIE UND PIERRE CURIE gemeinsam mit HENRI BECQUEREL für die Entdeckung der Radioaktivität den Nobelpreis für Physik. PIERRE CURIE verunglückte 1906 bei einem Verkehrsunfall tödlich. Seine Frau führte die Forschungen weiter.

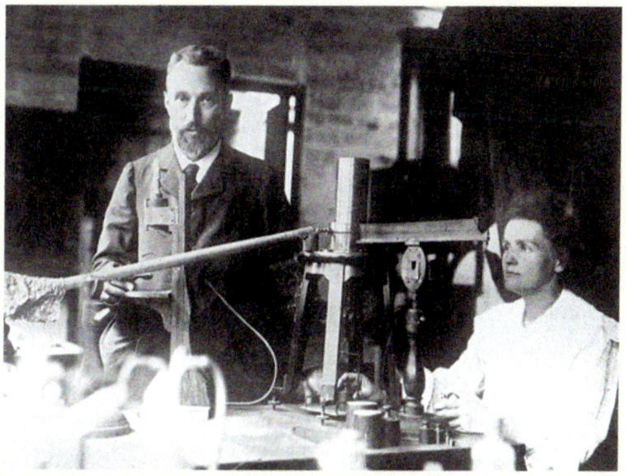

2 Marie und Pierre Curie im Labor (um 1900)

Radioaktive Strahlung und ihre Eigenschaften

Radioaktive Strahlung besitzt Energie. Dadurch können Atome ionisiert, d. h. Elektronen aus der Atomhülle herausgelöst werden. Deshalb nennt man diese Strahlung auch ionisierende Strahlung. Ohne Beeinflussung breitet sich **radioaktive Strahlung** geradlinig nach allen Seiten aus.
Die **Reichweite** der verschiedenen Strahlungsarten ist in Luft sehr unterschiedlich. Bei α-Strahlung beträgt sie 4–6 cm, bei β-Strahlung einige Meter. γ-Strahlung breitet sich auch über sehr große Entfernungen aus.

Sehr unterschiedlich ist die **Durchdringungsfähigkeit** radioaktiver Strahlung (Abb. 1). Sie ist abhängig von der
- Art der Strahlung,
- Intensität der Strahlung,
- Art des durchstrahlten Stoffs,
- Dicke des durchstrahlten Körpers.

α-Strahlung wird schon durch Papier oder durch eine 4–8 cm dicke Luftschicht zurückgehalten. γ-Strahlung durchdringt sogar noch Bleiplatten.

Unmittelbar damit hängt zusammen, wie radioaktive Strahlung von verschiedenen Stoffen absorbiert (aufgenommen) wird. Das **Absorptionsvermögen** eines Körpers hängt von dem Stoff, von seiner Dicke sowie von der Art der Strahlung ab (Abb. 1).
In magnetischen Feldern wird α- und β-Strahlung abgelenkt, γ-Strahlung dagegen nicht (Abb. 2, 3).

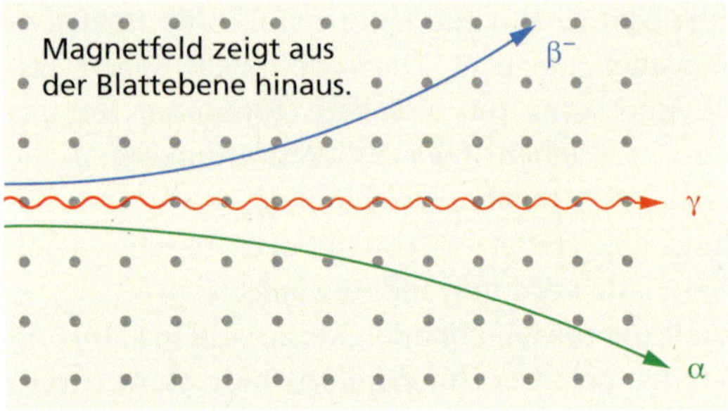

2 Radioaktive Strahlung im Magnetfeld: γ-Strahlung wird nicht abgelenkt. Die Richtung der Ablenkung ergibt sich aus der Rechte-Hand-Regel.

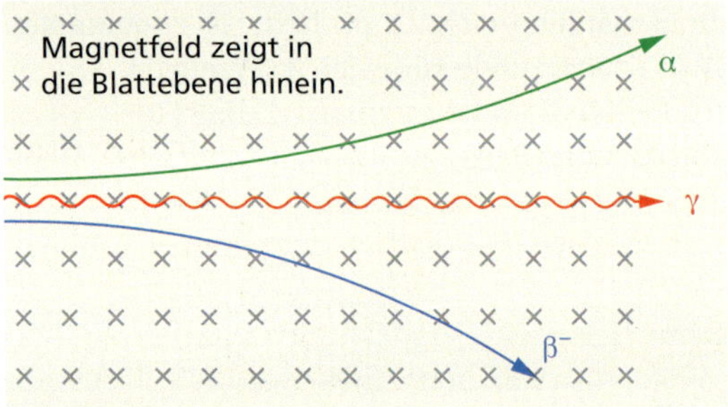

3 Verhalten der radioaktiven Strahlung im Magnetfeld bei umgekehrter Polung dieses Felds

Umgekehrt kann man bei Kenntnis der Richtung des Magnetfelds aus der Richtung und der Stärke der Ablenkung auf die Art der Strahlung schließen.

> **Radioaktive Strahlung besitzt Energie. Sie wird von Stoffen unterschiedlich absorbiert. α- und β-Strahlung kann durch magnetische Felder abgelenkt werden.**

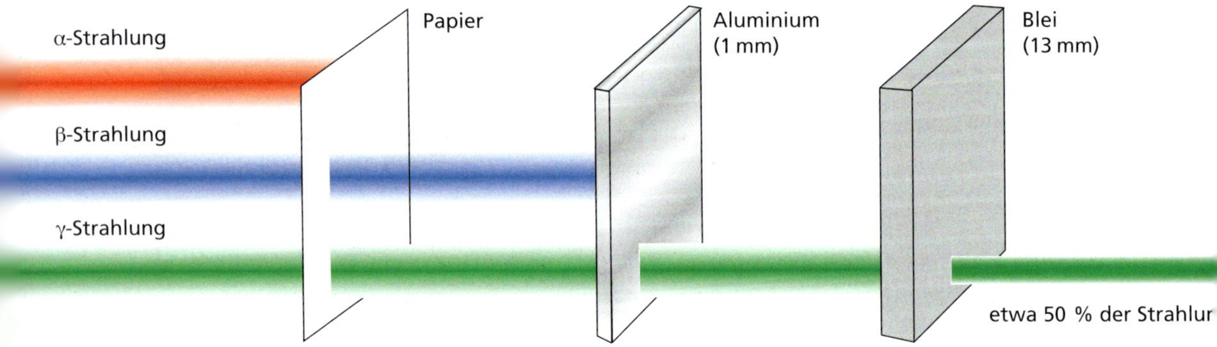

1 Durchdringungsfähigkeit radioaktiver Strahlung

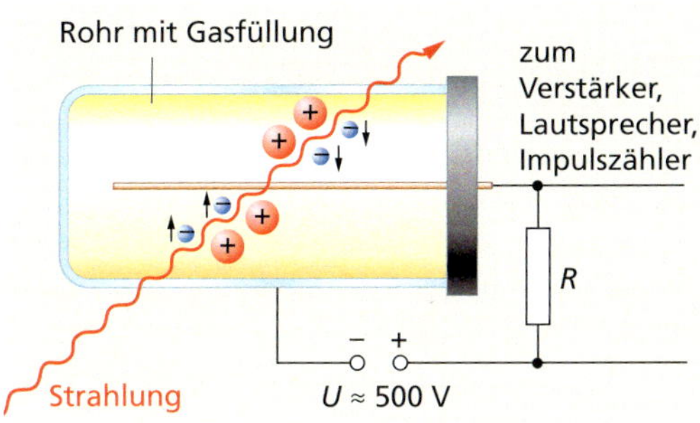

1 Mit einem Geiger-Müller-Zählrohr kann man die Intensität radioaktiver Strahlung nachweisen.

Nachweis radioaktiver Strahlung

Durch radioaktive Strahlung können Filme geschwärzt und Gase ionisiert werden. Das wird zum Nachweis der Strahlung genutzt (↗ Übersicht).

Beim Filmdosimeter ist die Schwärzung des Films umso stärker, je intensiver die auftreffende Strahlung ist. Solche Filmdosimeter müssen alle Personen tragen, die beruflich mit Strahlung in Berührung kommen. Weitere Möglichkeiten des Nachweises radioaktiver Strahlung sind **Zählrohre** und **Nebelkammern.**

Mit dem 1928 von den deutschen Physikern HANS GEIGER (1882–1945) und WALTHER MÜLLER (1905–1979) entwickelten Zählrohr (Abb. 1) kann man nicht nur das Vorhandensein von Strahlung nachweisen. Man kann auch ihre Intensität ermitteln. Heute gibt es solche Zählrohre in verschiedenen Bauformen. Das in der Übersicht dargestellte Zählrohr besteht aus einem gasgefüllten Rohr mit einer dünnen Rohrwandung, die von radioaktiver Strahlung durchdrungen werden kann. Im Rohr befinden sich eine stabförmige Elektrode in der Mitte und eine meist spiralförmige Elektrode in der Nähe der Wandung.

Dringt radioaktive Strahlung ins Innere, dann passiert Folgendes (Abb. 1):

- Aus Gasatomen werden Elektronen herausgeschlagen. Es entsteht durch Stoßionisation eine regelrechte Elektronenlawine und damit im Stromkreis ein Stromstoß. Dieser Stromstoß bewirkt am Widerstand *R* einen Spannungsstoß. In einem Lautsprecher ist er als Knacken hörbar.
- Während des Stromstoßes ist der Widerstand des Zählrohrs klein gegenüber *R*. Damit liegt an *R* eine große Teilspannung, am Zählrohr eine kleine.
- Durch die kleine Spannung kommen Stoßionisation und Stromfluss im Zähror zum Erliegen. In dieser Zeit ist das Zählrohr ca. 10^{-4} s lang unempfindlich (Totzeit).
- Anschließend spricht das Zählrohr wieder an, registriert also wieder Strahlung.

Nachweismöglichkeiten radioaktiver Strahlung

Fotografische Schicht

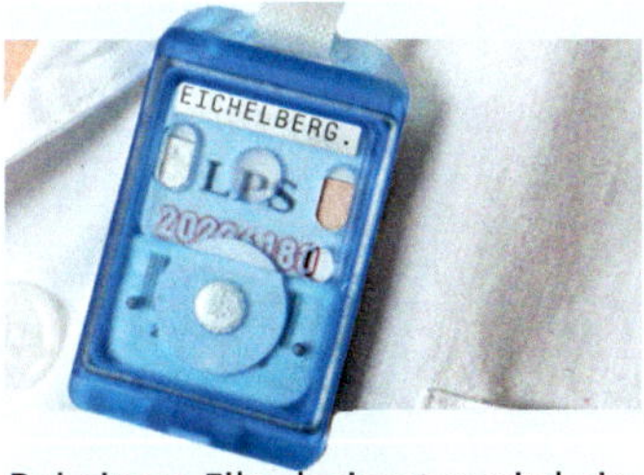

Bei einem Filmdosimeter wird ein Film an den Stellen geschwärzt, an denen ionisierende Strahlung auftrifft. Das Maß der Strahlenbelastung ist der Grad der Schwärzung des Films.

Zählrohr

Bei einem Zählrohr wird die ionisierende Wirkung von Strahlung genutzt.
Je größer die Intensität der Strahlung ist, desto mehr Impulse werden registriert.

Nebelkammer

Bei einer Nebelkammer wird die ionisierende Wirkung der Strahlung genutzt.
Die Länge der Nebelspur ist ein Maß für die Energie der jeweiligen Strahlung.

Natürliche Strahlenbelastung und Nulleffekt

Wenn z. B. im Klassenraum ein Zählrohr in Betrieb genommen wird, kann man eine merkwürdige Erscheinung beobachten: Das Zählrohr registriert radioaktive Strahlung, obwohl sich kein radioaktives Präparat in der Nähe befindet (↗ S. 48, Aufgabe 1).
Die Zählrate dieser radioaktiven Strahlung, die ständig überall in unserer Umgebung vorhanden ist, bezeichnet man als **Nulleffekt.**
Wie kommt dieser Effekt zustande?

In der Erde, in Felsen, Baumaterialien oder in der Luft sind natürliche radioaktive Stoffe vorhanden. Sie geben Strahlung ab, die **terrestrische Strahlung** genannt wird. Sie ist in Regionen mit Uranvorkommen besonders hoch.
So kommt z. B. in den natürlichen Zerfallsreihen von Uran-238 das radioaktive Edelgas Radon-222 (t_H = 3,8 Tage) vor. Da Radon keine Verbindung mit anderen Elementen eingeht, gilt es als besonders „mobil". Es tritt durch Erdspalten und Bodenkapillaren in die Luft und in Gebäude. So kann es sich vor allem in geschlossenen, schlecht belüfteten Räumen sammeln. Dadurch steigt die Strahlenbelastung.
Auch der menschliche Körper gibt Strahlung ab. Diese wird durch die radioaktiven Nuklide hervorgerufen, die wir mit der Nahrung, dem Trinkwasser und der Luft aufnehmen. In unserem Körper finden in jeder Sekunde etwa 9 000 Kernumwandlungen statt. Hinzu kommen geringe Dosen von Strahlungen durch Kernwaffenversuche und Reaktorunfälle sowie durch Strahlung technischer Geräte (Fernsehgerät, Computerbildschirm). Zu dieser Strahlung, die von natürlicher und künstlicher Radioaktivität stammt, kommt noch die **kosmische Strahlung** aus dem Weltall hinzu.
Der Nulleffekt ist also ständig vorhanden und tritt in unterschiedlicher Intensität auf. Die Schwankungen gleichen sich erst bei Messungen über einen längeren Zeitraum aus. Bei Experimenten wird der Nulleffekt zunächst ermittelt und dann von anderen Messwerten subtrahiert.

Biologische Wirkung ionisierender Strahlung

Trifft ionisierende Strahlung (radioaktive Strahlung, Röntgenstrahlung) auf organisches Gewebe, so kann sie Veränderungen in Zellen hervorrufen. Je nach Art der Zellen kann es zu Schäden beim bestrahlten Lebewesen oder bei dessen Nachkommen führen (Abb. 1).
Biologische Wirkungen hängen u. a. davon ab,
- wie viel Strahlung der Körper aufnimmt,
- welche Art der Strahlung wirksam wird und
- welche Körperteile bestrahlt werden.

Wird eine Körperzelle bestrahlt, so kommt es in der Zelle zu Ionisationsprozessen, Molekülbrüchen und chemischen Reaktionen. Durch die chemischen Reaktionen entstehen Gifte, die bei starker Bestrahlung unmittelbar zum Tod oder zu einer schweren Strahlenkrankheit führen können.

Auch bei geringer Bestrahlung können Schädigungen an der DNA einer Zelle auftreten. Sind die Zellschädigungen nicht zu groß, kann die Zelle diese reparieren und die Strahlung bleibt folgenlos. Bei sehr starker Schädigung stirbt die Zelle häufig ab. Auch in diesem Fall kann die Bestrahlung folgenlos bleiben, wenn es sich nicht um zu viele Zellen handelt. Geschädigte Zellen können sich aber auch teilen und diese Schädigung im Erbgut mitführen. Bei allen diesen Zellen kann

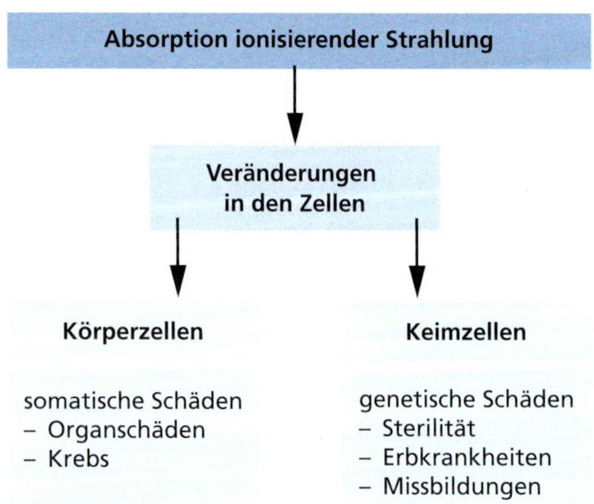

1 Mögliche Wirkungen radioaktiver Strahlung

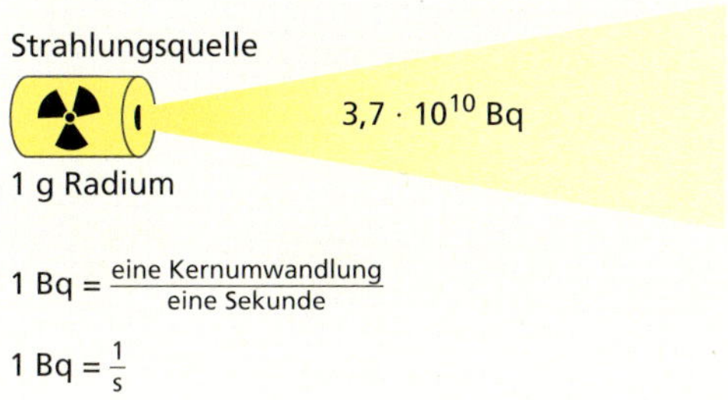

1 Veranschaulichung der Aktivität

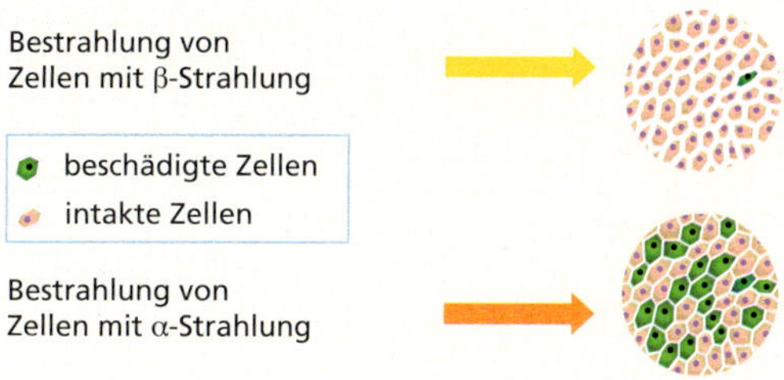

2 Die Äquivalentdosis bei gleicher Energiezufuhr

das zu Krebs führen, bei den für die Fortpflanzung zuständigen Keimzellen zu Schäden bei den Nachkommen. Das Auftreten dieser Schäden ist zufällig, wobei die Wahrscheinlichkeit von der Strahlendosis und der Art der Strahlung abhängt. Prinzipiell kann eine solche Schädigung auch schon bei geringer Bestrahlung auftreten. Man geht deshalb davon aus, dass es keine Untergrenze gibt, unter der ionisierende Strahlung unbedenklich ist. Trotzdem muss man sich wegen der natürlichen Strahlenbelastung keine Sorgen machen, sollte aber jede zusätzliche Strahlenbelastung so niedrig wie möglich halten.

Die Intensität einer Strahlungsquelle wird durch die physikalische Größe **Aktivität** erfasst (Abb. 1). Sie gibt an, wie viele Atomkerne sich in 1 s umwandeln und dabei Strahlung abgeben. Die Einheit der Aktivität ist ein Becquerel (1 Bq). Benannt ist sie nach dem französischen Physiker HENRI BECQUEREL (1852–1908).

Die biologische Wirkung, die durch ionisierende Strahlung hervorgerufen wird, hängt vor allem davon ab, wie viel Strahlung auf einen Körper trifft und wie viel Energie er dadurch aufnimmt. Es gilt:

Je mehr Energie ein Körper durch ionisierende Strahlung aufnimmt, desto größer ist die biologische Wirkung der Strahlung.

Die biologische Wirkung von Strahlung hängt aber nicht nur von der Energie ab, die ein Körper aufnimmt. Sie ist auch davon abhängig welche Art von Strahlung vorliegt. Bei gleicher Energieaufnahme ruft α-Strahlung eine 20-mal größere biologische Wirkung als β-Strahlung hervor. Das wird mit dem Bewertungsfaktor q erfasst (↗ S. 60, Tabelle oben).

Deshalb wurde zur Kennzeichnung der biologischen Wirksamkeit ionisierender Strahlung eine weitere physikalische Größe eingeführt, die **Äquivalentdosis** H. Für sie gilt:

$$H = q \cdot \frac{E}{m}$$

E aufgenommene Energie
m Masse des Körpers

Da q ein Faktor ohne Einheit ist, ergibt sich für H ebenfalls die Einheit $1\,\frac{\text{J}}{\text{kg}}$. Diese Einheit nennt man ein Sievert (1 Sv). Damit wird der schwedische Strahlenforscher ROLF SIEVERT (1896–1966) geehrt.

Wichtig für die Abschätzung des tatsächlichen Strahlenrisikos ist auch, ob eine Ganzkörperbestrahlung erfolgt oder ob nur einzelne Organe bestrahlt werden. Für eine Risikoabschätzung sind deshalb für einzelne Organe oder Gewebe Wichtungsfaktoren festgelegt. Der Wichtungsfaktor für die Schilddrüse beträgt 0,03, der für die Keimdrüsen 0,25. Wird z. B. bei einer radiologischen Untersuchung die Schilddrüse eines Patienten mit 50 mSv belastet, dann beträgt die effektive Äquivalentdosis:

$$50\ \text{mSv} \cdot 0{,}03 = 1{,}5\ \text{mSv}$$

Das bedeutet: Die medizinische Untersuchung ist mit dem gleichen Risiko verbunden wie eine Ganzkörperbestrahlung mit 1,5 mSv.

Strahlungsart	Bewertungsfaktor *q*
Röntgenstrahlung	1
β-Strahlung	1
γ-Strahlung	1
langsame Neutronen	2,3
schnelle Neutronen	10
α-Strahlung	20

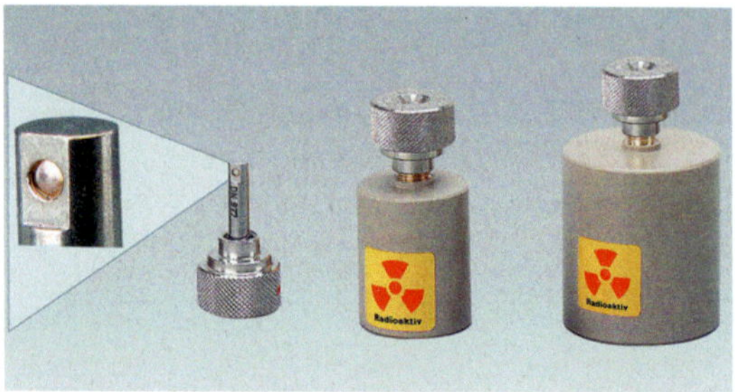

1 Radioaktive Präparate müssen sich in gekennzeichneten Sicherheitsbehältern befinden.

In Deutschland beträgt die **mittlere Strahlenbelastung** etwa 4 mSv im Jahr (↗ Übersicht unten). Das bedeutet: Ein Mensch nimmt im Durchschnitt durch ionisierende Strahlung eine Dosis von 4 mSv auf.

Nach den gegenwärtigen Erkenntnissen treten bei einer kurzzeitigen Strahlenbelastung ab 250 mSv bereits Schäden auf. Eine Belastung von 7 000 mSv ist tödlich. Für Menschen, die beruflich ionisierender Strahlung ausgesetzt sind, gilt heute ein Grenzwert von 20 mSv je Jahr. Sie müssen eine Dosimeterplakette tragen, durch die ionisierende Strahlung registriert wird (↗ S. 57). Diese Plaketten werden regelmäßig kontrolliert.

Bei der Strahlenbelastung ist zu beachten, dass schon allein die natürliche Strahlung aufgrund der geologischen Besonderheiten (z. B. Gebiete mit Uranvorkommen, Gebirge) sehr unterschiedlich ist. Um die Gefährdung von Menschen zu minimieren, werden regelmäßig Messungen der Strahlenbelastung durchgeführt.

Regeln für den Strahlenschutz

Wegen möglicher Schäden durch ionisierende Strahlung gilt als Grundregel:

Die Strahlung, der man sich aussetzt, sollte so gering wie möglich sein.

Die wichtigsten Maßnahmen zum Schutz vor Strahlung sind:

- Von Quellen ionisierender Strahlung ist ein möglichst großer Abstand zu halten.
- Die Strahlung ist möglichst vollständig abzuschirmen, z. B. mit Blei.
- Mit Strahlungsquellen sollte nur kurzzeitig experimentiert werden.
- Radioaktive Substanzen dürfen nicht in den Körper gelangen. Beim Umgang mit solchen Substanzen sind Essen und Trinken verboten.

Mittlere Strahlenbelastung in der Bundesrepublik Deutschland im Jahr

Art der Strahlung	Äquivalentdosis
von der Umgebung (Erde) ausgehende terrestrische Strahlung	0,4 mSv/Jahr
kosmische Strahlung	0,3 mSv/Jahr
Strahlung durch die aufgenommene Nahrung/Luft	1,7 mSv/Jahr
medizinische Anwendungen einschließlich Röntgenuntersuchungen	1,5 mSv/Jahr
Strahlung durch Kernkraftwerke, Kernwaffenversuche	0,01 mSv/Jahr
Strahlung durch Bildschirm von Fernsehapparat und Computer	0,02 mSv/Jahr
Gesamtbelastung	**≈ 4 mSv/Jahr**

Gesetz des Kernzerfalls

Unabhängig davon, wie viele Atomkerne eines radioaktiven Nuklids vorhanden sind, wandelt sich in einer bestimmten Zeit jeweils die Hälfte der Atomkerne um (Abb. 1). Diese Zeit wird als **Halbwertszeit** bezeichnet.

> **Die Halbwertszeit gibt an, in welcher Zeit sich jeweils die Hälfte der vorhandenen instabilen Atomkerne umwandelt.**
>
> **Formelzeichen:** t_H
> **Einheit:** **eine Sekunde (1 s)**

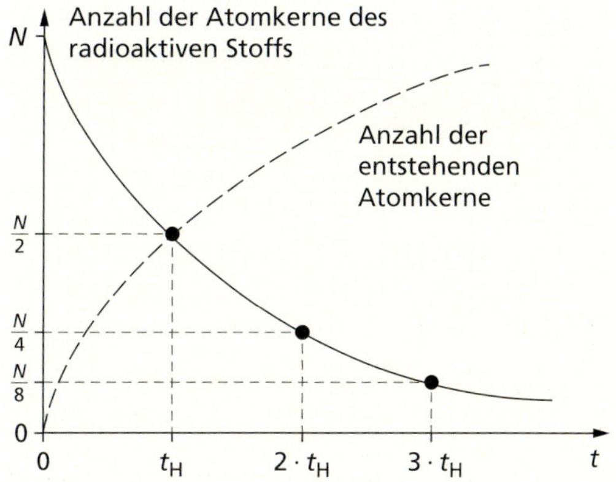

1 Die Anzahl der Atomkerne des radioaktiven Stoffs sinkt, die Anzahl der Folgekerne steigt entsprechend.

So hat z. B. Caesium-137 eine Halbwertszeit von 30 Jahren. Das bedeutet: In etwa 30 Jahren ist von einer beliebigen Menge Caesium-137 die Hälfte aller Caesiumkerne in Bariumkerne umgewandelt. In weiteren 30 Jahren wandelt sich wiederum die Hälfte der dann noch vorhandenen Caesiumkerne um. Damit sind nach 60 Jahren 3/4 der ursprünglich vorhandenen Atomkerne umgewandelt. Die Anzahl der Folgekerne steigt entsprechend (Abb. 1).
Die Halbwertszeiten liegen bei radioaktiven Nukliden zwischen Bruchteilen von Sekunden und einigen Milliarden Jahren (↗ Übersicht unten).

Halbwertszeit einiger Nuklide

Nuklid	Halbwertszeit	Strahlungsart
Caesium-137	30,17 Jahre	β^-, γ
Cobalt-60	5,3 Jahre	β^-, γ
Iod-131	8,04 Tage	β^-
Kohlenstoff-14	5730 Jahre	β^-
Natrium-22	2,6 Jahre	β^-, γ
Plutonium-238	87,7 Jahre	α
Plutonium-239	24390 Jahre	α
Polonium-210	138,4 Tage	α
Polonium-216	0,15 Sekunden	α
Radium-226	1600 Jahre	α
Radon-220	55,6 Sekunden	α
Uran-235	700 Mio. Jahre	α
Uran-238	4,5 Mrd. Jahre	α

Das in Abb. 1 dargestellte Zerfallsgesetz ist im Unterschied zu vielen anderen Gesetzen der Physik ein **statistisches Gesetz.** Das bedeutet: Das Gesetz macht eine Aussage über eine große Anzahl von Atomkernen.
Wenn z. B. ursprünglich 1 Mio. Atomkerne vorhanden sind, dann wandeln sich ungefähr 500000 Kerne während einer Halbwertszeit um. Für einen einzelnen Kern kann man nur eine Wahrscheinlichkeitsaussage treffen. Die Wahrscheinlichkeit für eine Kernumwandlung während einer Halbwertszeit ist 50 %.

Gewusst · Gekonnt

1. Suche die Nuklide Kohlenstoff-14, Natrium-22, Polonium-210, Radium-222, Radon-220 und Uran-235 in der Nuklidkarte auf (↗ S. 64–65).
   Welche Angaben kannst du der Nuklidkarte entnehmen?

2. Interpretiere die Abbildung 1.

3. Iod-131 ist ein β^--Strahler.
   a) Wie lautet die Zerfallsgleichung?
   b) Nach welcher Zeit hat sich bei einer beliebigen Menge Iod-131 ein Viertel aller Atomkerne umgewandelt?

Interessantes aus der Technik

Altersbestimmung mit Kohlenstoff und Blei

Bei archäologischen Funden, z. B. den Resten von Bauwerken, Mumien oder Gebrauchsgegenständen, möchte man wissen, wie alt die Funde tatsächlich sind. Wie kann man das Alter archäologischer Funde ermitteln?

Die bekannteste Methode radioaktiver Zeitmessung ist die **C-14-Methode,** auch als Radiokohlenstoffmethode oder Radiokarbonmethode bezeichnet. Mit dieser Methode kann man das Alter organischer Überreste messen (Abb. 1). Die Methode wurde 1947/48 von dem amerikanischen Physiker WILLARD FRANK LIBBY (1908–1980) entwickelt. Er erhielt dafür 1960 den Nobelpreis für Chemie.

Die C-14-Methode beruht darauf, dass ein kleiner Teil des Kohlenstoffs in der Lufthülle der Erde radioaktiv ist. Es handelt sich um das Kohlenstoffisotop C-14. Es entsteht in der Luft durch Kernumwandlung von Stickstoff infolge des ständigen „Beschusses" der Atmosphäre mit Neutronen der Höhenstrahlung. Dieser Prozess geht seit Jahrtausenden vor sich. Damit war und ist der Anteil an C-14-Isotopen in der Atmosphäre weitgehend konstant. Nun nehmen alle Pflanzen bei der Assimilation (Aufbau körpereigener Stoffe aus körperfremden Stoffen unter Nutzung von Energie) das radioaktive C-14 und das nicht radioaktive C-12 auf. In allen Lebewesen gibt es dadurch ein festes Verhältnis von C-14 und C-12. Mit dem Tod eines Lebewesens oder einer Pflanze hört die Aufnahme von Kohlenstoff auf. Der Anteil an C-14 nimmt durch radioaktiven Zerfall mit einer Halbwertszeit von 5730 Jahren ab. Die Menge des nicht radioaktiven C-12 bleibt gleich. Aus dem Mengenverhältnis von C-14 und C-12 im organischen Überrest kann auf das Alter des Fundes geschlossen werden.
Beträgt z. B. der C-14-Anteil nur noch 50 % des heutigen Anteils, so kann man folgern: Seit Beendigung der Kohlenstoffaufnahme ist eine Halbwertszeit vergangen, also 5730 Jahre.
Die C-14-Methode bringt nur für Funde mit einem Alter bis ca. 20000 Jahren eine relativ gute Genauigkeit mit einem durchschnittlichen Fehler von ± 200 Jahren.

Mithilfe von radioaktiven Isotopen kann man auch das Alter von Steinen abschätzen (Abb. 2). Die **Uran-Blei-Methode** beruht darauf, dass viele Steine Uran enthalten, dessen Isotope alle radioaktiv sind. Das natürliche Uranisotop 238 zerfällt über Zwischenstationen in das stabile Blei-206.
Je älter das Gestein ist, desto größer ist inzwischen der Bestandteil an Blei. Aus dem Verhältnis Pb-206 zu U-238 lässt sich das Alter des Gesteins errechnen, wenn man davon ausgeht, dass ursprünglich nur Uran vorhanden war. Für Meteoriten ergibt sich nach dieser Methode ein Alter von 4,5 Milliarden Jahren.
Man kann zur Altersbestimmung auch andere Radionuklide nutzen, die sich in ein stabiles Nuklid umwandeln. Geeignet sind z. B. Kalium-40 oder Rubidium-87.

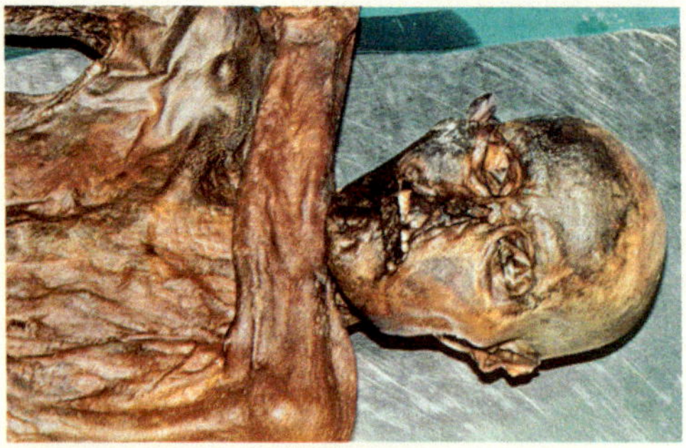

1 Mithilfe der C-14-Methode wurde versucht, das Alter von „Ötzi" zu schätzen.

2 Die Altersbestimmung archäologischer Funde kann mit der Uran-Blei-Methode erfolgen.

So kannst du vorgehen

Aufsuchen einer Zerfallsreihe mithilfe einer Nuklidkarte

Bei Radionukliden, die in der Natur vorkommen, sind die entstehenden Folgekerne häufig wieder radioaktiv, sodass ganze Zerfallsreihen entstehen. Sie enden jeweils bei einem stabilen Kern. Woher weiß man, welche Zerfallsprodukte jeweils auftreten, welche Art des Zerfalls stattfindet und welches schließlich das Endprodukt ist?
Diese Fragen kannst du mithilfe einer Nuklidkarte (↗ S. 64 und 65) beantworten.

Bestimme die Zerfallsreihe von Uran-238 bis zu ihrem Ende und stelle das Ergebnis übersichtlich dar.

Schritt 1

Analysieren der Nuklidkarte

Es gibt verschiedene Darstellungsformen für Nuklidkarten. Sie unterscheiden sich nicht nur in Farbe und Umfang, sondern auch in den dargestellten physikalischen Größen und in der Anzahl der zur Verfügung gestellten Informationen.

Mache dir eine Kopie der Nuklidkarte (↗ S. 64 und 65).
Die schwarzen Zahlen an den Zeilen geben die Protonenzahl Z an. Unter jeder Spalte ist in Rot die Neutronenzahl N notiert.
Die Farbe der Kästchen zeigt dir, welche Art von Strahlung das jeweilige Nuklid beim Zerfall aussendet oder ob es stabil ist.
Informationen zur Häufigkeit der Zerfallsart interessieren im Zusammenhang mit der Aufgabenstellung nicht.

Schritt 2

Suchen des Ausgangsnuklids

Das Nuklid, mit dem die Zerfallsreihe beginnt, ist das Ausgangsnuklid. Suche es auf und lies ab, welche Strahlung es beim Zerfall aussendet.

Bei Uran-238 handelt es sich um ein Nuklid, das spontan in leichtere Kerne zerfallen kann. Beim Zerfall sendet es α-Strahlung aus.

Schritt 3

Zerfall identifizieren

Ist der Kern nicht stabil, so kannst du aus den Informationen zur Zerfallsart das Nuklid bestimmen, in das der Kern zerfällt. Dazu sind folgende Regeln nützlich. Trage den Zerfall mit dem passenden Pfeil in die Kopie der Nuklidkarte ein.

α-Zerfall
Beim α-Zerfall verringern sich die Protonenzahl Z und die Neutronenzahl N jeweils um 2. Gehe zwei Kästchen nach links und zwei nach unten.

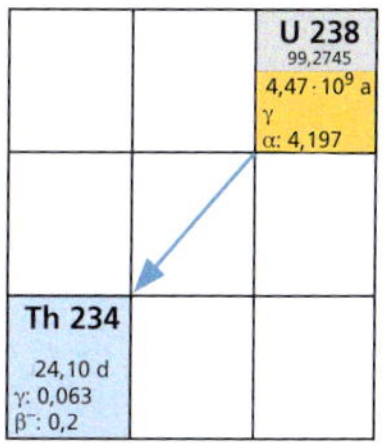

β^--Zerfall
Der β^--Zerfall lässt die Protonenzahl Z um 1 steigen und die Neutronenzahl N um 1 sinken. Gehe ein Kästchen nach links und eins nach oben.

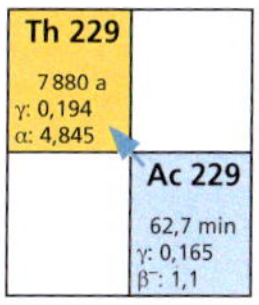

β^+-Zerfall
Der β^+-Zerfall lässt die Protonenzahl Z um 1 sinken und die Neutronenzahl N um 1 steigen. Du musst ein Kästchen nach rechts und eins nach unten.

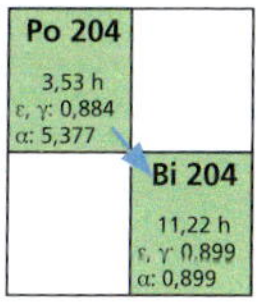

Für Uran-238 gilt: Durch einen α-Zerfall entsteht Thorium 234 und dazu ein α-Teilchen (↗ oben).

Schritt 4

Verfolgen der Zerfallsreihe

Die Schritte 2 und 3 werden so lange wiederholt, bis du zu einem stabilen Nuklid kommst.

Die Uran-238-Zerfallsreihe endet bei Blei-206.

Wende diese Schritte an und verfolge den Zerfall von Thorium-232. Die Reihe endet beim stabilen Blei-208.

Nuklidkarte (Ausschnitt)

	120	121	122	123	124	125	126	127	128	129	130	131	132	133	134
92						U 238,029	U 218 1,5 ms	U 219 42 µs			U 222 1 µs α	U 223 18 µs α: 8,78	U 224 0,7 ms α: 8,47	U 225 95 ms α: 7,88	U 226 0,2 s α: 7,57
91		Pa 231,036	Pa 213 5,3 ms α: 8,24	Pa 214 17 ms α: 8,12	Pa 215 14 s α: 8,09	Pa 216 0,2 s α: 7,87	Pa 217 4,9 ms α: 8,33	Pa 218 0,12 ms α: 9,61	Pa 219 53 ns α: 9,90	Pa 220 0,78 µs α: 9,65	Pa 221 5,9 µs α: 9,08	Pa 222 4,3 ms α: 8,21	Pa 223 6,5 ms α: 8,01	Pa 224 0,95 s α: 7,555	Pa 225 1,8 s α: 7,25
90	Th 232,038	Th 211 37 ms α: 7,79	Th 212 30 ms α: 7,80	Th 213 0,14 s α: 7,69	Th 214 0,10 s α: 7,68	Th 215 1,2 s α: 7,39	Th 216 28 ms α: 7,92	Th 217 252 µs α: 9,25	Th 218 0,1 µs α: 9,67	Th 219 1,05 µs α: 9,34	Th 220 9,7 µs α: 8,79	Th 221 1,68 ms α: 8,15	Th 222 2,2 ms α: 7,98	Th 223 0,66 s γ: 0,140 α: 7,324	Th 224 1,04 s γ: 0,177 α: 7,17
89	Ac 209 90 ms α: 7,59	Ac 210 0,35 s α: 7,46	Ac 211 0,25 s α: 7,481	Ac 212 0,93 s α: 7,38	Ac 213 0,80 s α: 7,36	Ac 214 8,2 s α: 7,214	Ac 215 0,17 s α: 7,604	Ac 216 0,33 ms α: 9,028	Ac 217 0,069 µs α: 9,65	Ac 218 1,1 µs α: 9,205	Ac 219 11,8 µs α: 8,664	Ac 220 26 ms γ: 0,134 α: 7,85	Ac 221 52 ms α: 7,65	Ac 222 5,0 s α: 7,009	Ac 223 2,10 min α: 6,647
88	Ra 208 1,3 s α: 7,133	Ra 209 4,6 s α: 7,010	Ra 210 3,7 s α: 7,019	Ra 211 13 s α: 6,911	Ra 212 13 s α: 6,9006	Ra 213 2,74 min ε, γ: 0,110 α: 6,624	Ra 214 2,46 s ε α: 7,136	Ra 215 1,6 ms α: 8,699	Ra 216 0,18 µs α: 9,349	Ra 217 1,6 µs α: 8,99	Ra 218 25,6 µs α: 8,39	Ra 219 10 ms γ: 0,316 α: 7,679	Ra 220 23 ms γ: 0,465 α: 7,46	Ra 221 28 s γ: 0,149 α: 6,613	Ra 222 38 s γ: 0,324 α: 6,559
87	Fr 207 14,8 s ε α: 6,767	Fr 208 58,6 s γ: 0,636 α: 6,636	Fr 209 50,0 s ε α: 6,648	Fr 210 3,18 min ε, γ: 0,644 α: 6,543	Fr 211 3,10 min ε, γ: 0,540 α: 6,535	Fr 212 20,0 min ε, γ: 1,274 α: 6,262	Fr 213 34,6 s ε α: 6,775	Fr 214 5,0 ms α: 8,426	Fr 215 0,09 µs α: 9,36	Fr 216 0,70 µs α: 9,01	Fr 217 16 µs α: 8,315	Fr 218 22 ms α: 7,615	Fr 219 21 ms α: 7,312	Fr 220 27,4 s γ: 0,045 α: 6,68	Fr 221 4,9 min γ: 0,218 α: 6,341
86	Rn 206 5,67 min ε, γ: 0,498 α: 6,260	Rn 207 9,3 min ε, γ: 0,345 α: 6,133	Rn 208 24,4 min ε, γ: 0,427 α: 6,138	Rn 209 28,5 min ε, γ: 0,408 α: 6,039	Rn 210 2,4 h ε, γ: 0,458 α: 6,040	Rn 211 14,6 h ε, γ: 0,674 α: 5,783	Rn 212 24 min γ α: 6,264	Rn 213 25 ms γ α: 8,09	Rn 214 0,27 µs α: 9,037	Rn 215 2,3 µs α: 8,67	Rn 216 45 µs α: 8,05	Rn 217 0,54 ms α: 7,740	Rn 218 35 ms γ α: 7,133	Rn 219 3,96 s γ: 0,271 α: 6,819	Rn 220 55,6 s γ α: 6,288
85	At 205 26,2 min ε, γ: 0,719 α: 5,092	At 206 29,4 min ε, γ: 0,701 β^+: 3,1	At 207 1,8 h ε, γ: 0,815 β^+	At 208 1,63 h ε, γ: 0,686 α: 5,640	At 209 5,4 h ε, γ: 0,545 α: 5,647	At 210 8,3 h ε, γ: 1,181 α: 5,524	At 211 7,22 h ε α: 5,867	At 212 314 ms γ: 0,063 α: 7,68	At 213 0,11 µs α: 9,08	At 214 0,76 µs γ α: 8,782	At 215 0,1 ms γ α: 8,026	At 216 0,3 ms γ α: 7,804	At 217 32,3 ms β^-, γ α: 7,069	At 218 2 ms β^-, γ α: 6,694	At 219 0,9 min β^- α: 6,27
84	Po 204 3,53 h ε, γ: 0,884 α: 5,377	Po 205 1,66 h ε, γ: 0,872 α: 5,22	Po 206 8,8 d ε, γ: 1,032 α: 5,2233	Po 207 5,84 h ε, γ: 0,992 α: 5,116	Po 208 2,898 a ε α: 5,1152	Po 209 102 a ε α: 4,881	Po 210 138,38 d γ α: 5,3044	Po 211 25,2 s γ: 0,570 α: 7,275	Po 212 45,1 s γ: 2,615 α: 11,65	Po 213 4,2 µs α: 8,376	Po 214 164 µs α: 7,6869	Po 215 1,78 ms β^- α: 7,3862	Po 216 0,15 s α: 6,7783	Po 217 <10 s β^- α: 6,539	Po 218 3,05 min β^-, γ α: 6,0024
83	Bi 203 11,7 h ε, γ: 0,820 β^+: 1,4	Bi 204 11,22 h ε, γ: 0,899 α: 0,899	Bi 205 15,31 d ε, γ: 1,764 β^+	Bi 206 6,24 h β^+	Bi 207 31,55 a ε, γ: 0,570 β^+	Bi 208 $3{,}68 \cdot 10^5$ a ε γ: 2,615	Bi 209 100	Bi 210 5,013 d γ β^-: 1,2	Bi 211 2,17 min γ: 0,351 α: 6,623	Bi 212 25 min β^-, γ α: 6,34	Bi 213 45,59 min γ: 0,440 β^-: 1,4	Bi 214 19,9 min γ: 0,609 β^-: 1,3	Bi 215 7,6 min γ: 0,294 β^-	Bi 216 3,6 min γ: 0,550 β^-	
82	Pb 202 $5{,}25 \cdot 10^4$ a ε	Pb 203 51,9 h ε γ: 0,279	Pb 204 1,4	Pb 205 $1{,}5 \cdot 10^7$ a ε	Pb 206 24,1	Pb 207 22,1	Pb 208 52,4	Pb 209 3,253 h β^-: 0,6	Pb 210 22,3 a γ: 0,047 β^-: 0,02	Pb 211 36,1 min γ: 0,405 β^-: 1,4	Pb 212 10,64 h γ: 0,239 β^-: 0,6	Pb 213 10,2 min β^-: 2,0	Pb 214 26,8 min γ: 0,352 β^-: 1,0		
81	Tl 201 73,1 h ε γ: 0,167	Tl 202 12,23 d ε γ: 0,440	Tl 203 29,524	Tl 204 3,78 a ε β^-: 0,8	Tl 205 70,476	Tl 206 4,2 min β^-: 1,5	Tl 207 4,77 min β^-: 1,4	Tl 208 3,05 min γ: 0,2615 β^-: 1,8	Tl 209 2,16 min γ: 1,567 β^-: 1,8	Tl 210 1,30 min γ: 0,800 β^-: 1,9					
80	Hg 200 23,10	Hg 201 13,81	Hg 202 29,86	Hg 203 46,59 d γ: 0,279 β^-: 0,2	Hg 204 6,87	Hg 205 5,2 min γ: 0,204 β^-: 1,5	Hg 206 8,15 min γ: 0,305 β^-: 1,3	Hg 207 2,9 min γ: 0,351 β^-: 1,8	Hg 208 42 min γ: 0,474 β^-						
79	Au 199 3,139 d γ: 0,158 β^-: 0,3	Au 200 48,4 min γ: 0,368 β^-: 2,3	Au 201 26,4 min γ: 0,543 β^-: 1,3	Au 202 28 s γ: 0,440 β^-: 3,5	Au 203 60 s γ: 0,218 β^-: 2,0	Au 204 39,8 s γ: 0,437 β^-	Au 205 31 s γ: 0,379 β^-								

Element

Pa – Symbol
231,036 – Atommasse in u

Stabiles Nuklid

H 1 – Symbol, Nukleonenzahl
99,985 – Häufigkeit im natürlichen Isotopengemisch in %

Instabiles Nuklid

Fr 224 – Symbol, Nukleonenzahl
3,3 min – Halbwertszeit $T_{1/2}$
γ: 0,216, β^-: 2,6 – Energie der Strahlung in MeV (nur häufigste Werte)

Häufigkeit der Zerfallsart

U 229
58 min
ε, γ: 0,123
α: 6,362

α-Zerfall öfter als 50 % (gelb)
ε-Elektroneneinfang weniger als 50 % (grün)

Nuklid

Th 232
100
$1{,}41 \cdot 10^{10}$ a

Mit der Erde entstandenes radioaktives Nuklid

Farben und Zerfallsarten

stabil	β^+-Zerfall ε Elektroneneinfang durch den Kern	β^--Zerfall	α-Zerfall

Kern kann spontan in leichtere Kerne zerfallen.

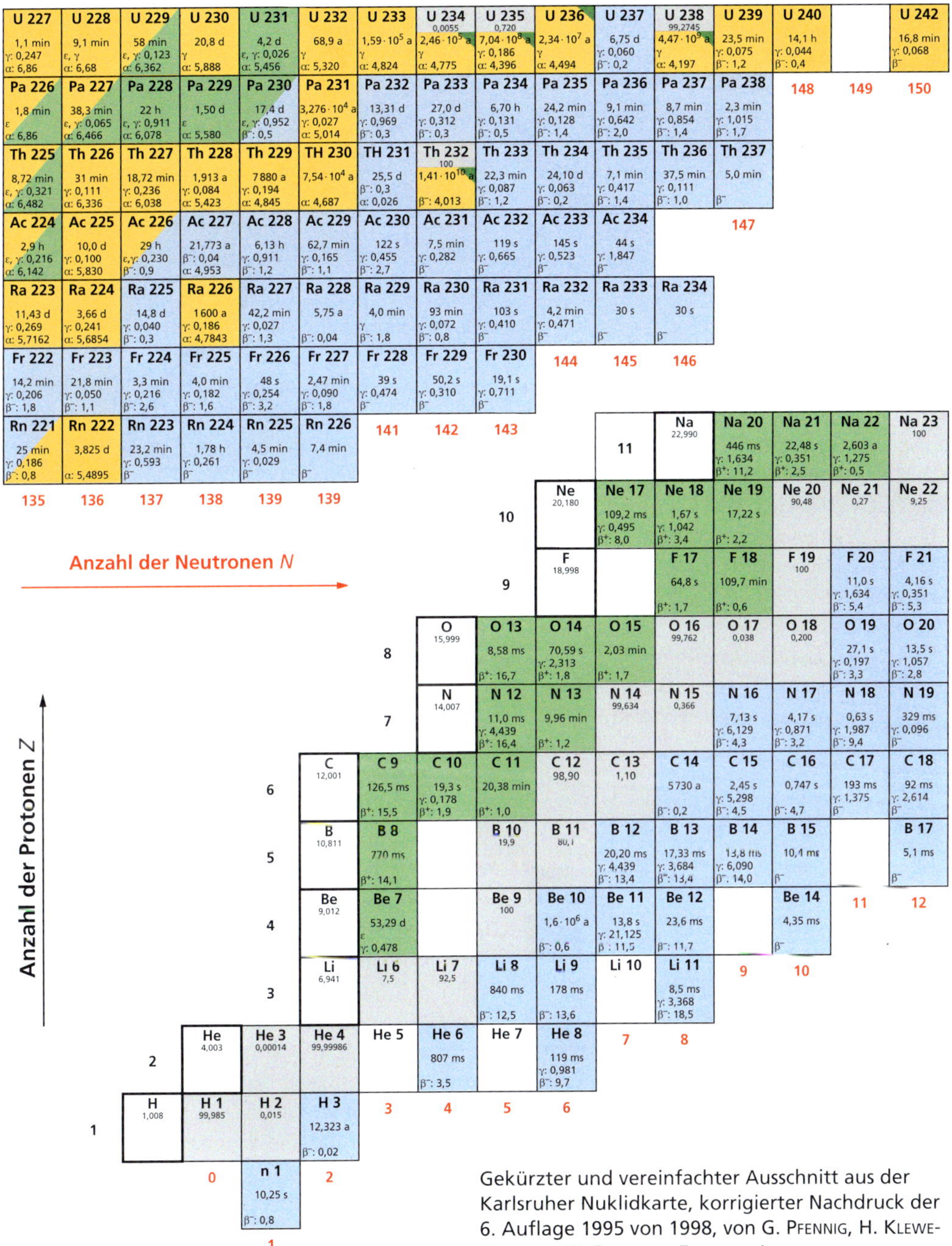

Gekürzter und vereinfachter Ausschnitt aus der Karlsruher Nuklidkarte, korrigierter Nachdruck der 6. Auflage 1995 von 1998, von G. Pfennig, H. Klewe-Nebenius, W. Seelmann-Eggebert †

Radioaktive Nuklide in Medizin und Technik

Bei den Anwendungen von Radionukliden nutzt man die verschiedenen Eigenschaften ionisierender Strahlung aus. Einige für die Medizin und Technik wichtige Radionuklide sind in der Übersicht auf der Seite 61 angegeben.
Wichtige Verfahren sind das Bestrahlungsverfahren, das Durchstrahlungsverfahren und das Markierungsverfahren. Das sind drei Verfahren, die man in den unterschiedlichsten Bereichen der Technik und der Medizin nutzen kann.

Beim **Bestrahlungsverfahren** wird die Eigenschaft ionisierender Strahlung genutzt, in Stoffen chemische, biologische oder physikalische Veränderungen hervorzurufen. In der Medizin wird es z. B. bei der Tumorbehandlung angewendet, um Krebszellen abzutöten. Da man früher meist Cobalt-60 als Strahler nutzte, wurden die betreffenden Geräte als Cobaltkanonen bezeichnet.
Cobalt-60 gibt energiereiche γ-Strahlung ab. Um das benachbarte gesunde Gewebe möglichst wenig zu schädigen, darf die Strahlung nur in einer bestimmten Richtung austreten. Wegen der erforderlichen Abschirmung haben die Kanonen beachtliche Ausmaße.

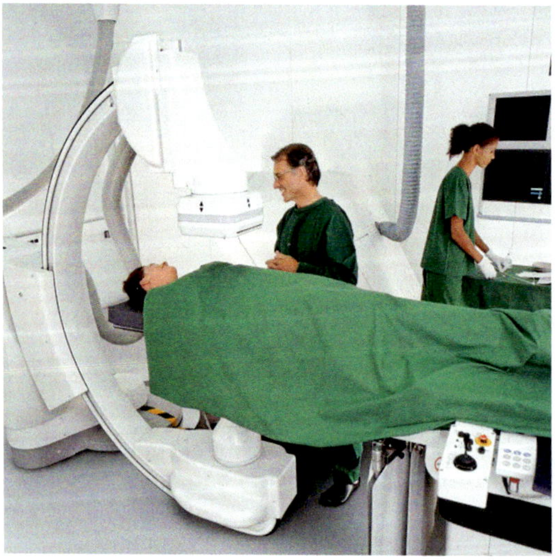

1 Diagnoseverfahren mit Radionukliden sind mit aufwendiger Technik verbunden.

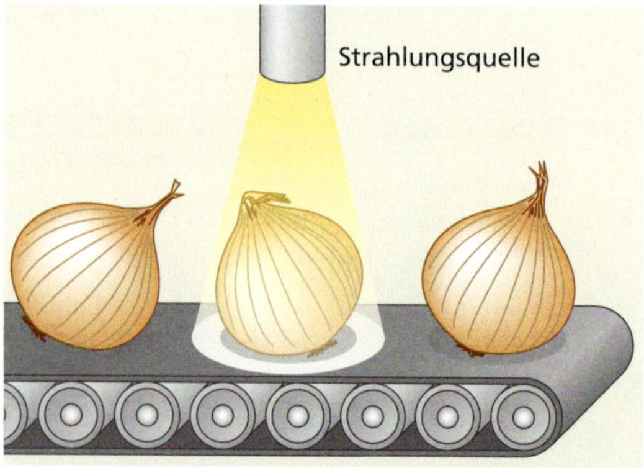

2 Das Bestrahlungsverfahren: Durch Bestrahlung wird die Keimbildung verhindert.

Das Bestrahlungsverfahren wird auch zur Sterilisation angewendet, indem Keime (Bakterien, Viren usw.) abgetötet werden. Auf diese Weise werden medizinische Geräte keimfrei gemacht. Der Schlamm aus Kläranlagen kann nach der Bestrahlung mit ionisierender Strahlung als Dünger verwendet werden. Bei Lebensmitteln, wie Zwiebeln und Kartoffeln, kann die Keimentwicklung verhindert und damit die Lagerfähigkeit verbessert werden (Abb. 2). In der Technik lässt sich durch Bestrahlung die Reißfestigkeit dünner Folien wesentlich erhöhen.

Beim **Durchstrahlungsverfahren** (↗ S. 67, Abb. 1) wird die Eigenschaft der Durchdringungsfähigkeit von Stoffen und der Absorption in Stoffen genutzt. Der zu untersuchende Gegenstand befindet sich zwischen der Strahlungsquelle und einem Strahlungsempfänger, z. B. einem Zählrohr oder einem Film.
Wird z. B. ein Werkstück durchstrahlt und sind Einschlüsse (Luft, andere Stoffe) vorhanden, so verändert sich die vom Werkstoff absorbierte Strahlung und damit der beim Strahlungsempfänger ankommende Anteil der Strahlung.
Deutlich wird das durch unterschiedliche Zählraten oder Schwärzungsgrade auf einem Film. Das Durchstrahlungsverfahren kann z. B. genutzt werden, um die Qualität von Schweißnähten zu prüfen oder um die Schichtdicke bei der Papier- und Folienherstellung ständig zu überwachen. Da es sich um ein zerstörungsfreies Verfahren

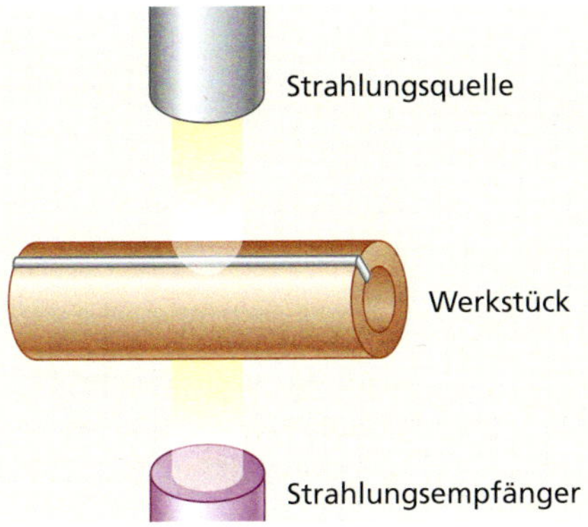

1 Das Durchstrahlungsverfahren: Von Stoffen wird ionisierende Strahlung absorbiert.

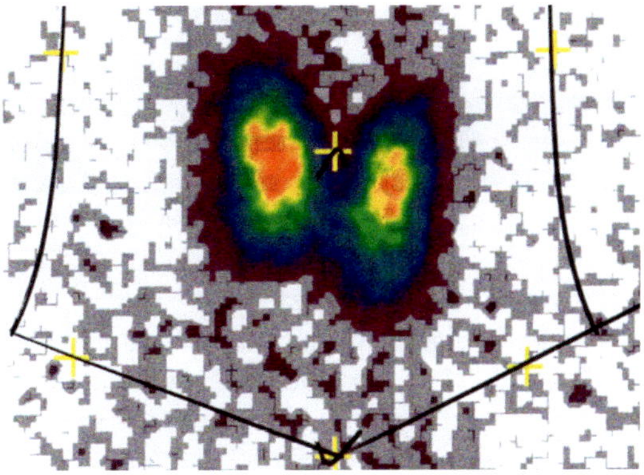

3 Szintigramm einer normalen Schilddrüse: Es wird die Anreicherung von Radionukliden dargestellt.

handelt, ist es besonders gut geeignet, Bauteile zu überprüfen, die hochbelastet und sicherheitsrelevant sind. Das gilt für Drahtseile bei Seilbahnen oder für Radreifen bei der Eisenbahn.

Um z. B. die Schilddrüse zu untersuchen, wird das **Markierungsverfahren** genutzt (Abb. 2). Dabei wird radioaktives Iod injiziert. Iod reichert sich in der Schilddrüse an. Es wird auch das dem Iod ähnliche Technetium gespritzt.

Die Radionuklide breiten sich mit dem Blut im Körper aus. Sie reichern sich relativ schnell in der Schilddrüse an. Über spezielle Zähler (Detektoren) wird die von der Schilddrüse ausgehende Strahlung Punkt für Punkt registriert und mithilfe von Computern ausgewertet. Das so entstehende Bild wird als Szintigramm bezeichnet (Abb. 3). Es gibt Auskunft über die Verteilung der Radionuklide in der Schilddrüse.

Aus dieser Verteilung kann ein Fachmann erkennen, ob Größe, Lage und Funktion der Schilddrüse normal sind oder ob krankhafte Veränderungen vorliegen.

Das Markierungsverfahren wird auch genutzt, um den Weg von Radionukliden bei Pflanzen und Tieren, in Rohrleitungen oder im Erdboden zu verfolgen.

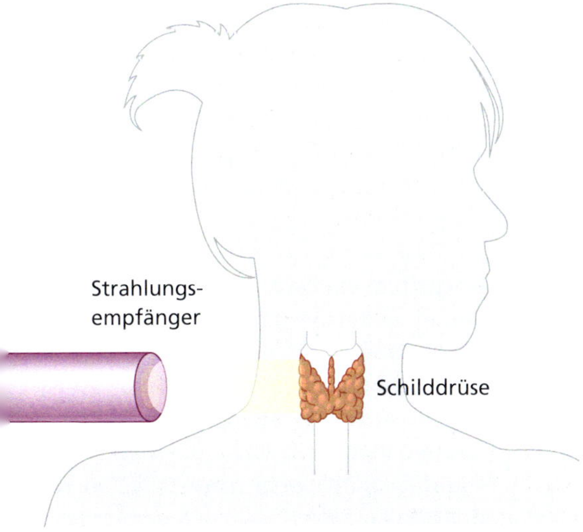

2 Das Markierungsverfahren: Der Weg bzw. die Anreicherung radioaktiver Nuklide wird verfolgt.

Gewusst · Gekonnt

1. Ein Arzt möchte bei dir eine Untersuchung mit einem radioaktiven Präparat machen, das ins Blut gespritzt wird. Welche Fragen würdest du ihm stellen?

2. Vergleiche das Bestrahlungs-, Durchstrahlungs- und Markierungsverfahren. Erstelle eine Übersicht und nenne Anwendungen.

3. Beim Bestrahlungsverfahren wird durch die Bewegung der Strahlungsquelle erreicht, dass zwar eine gleichbleibend hohe Dosis auf den Tumor gelangt, aber nur eine geringe Dosis auf gesundes Gewebe trifft. Warum ist das erforderlich?

Gewusst · Gekonnt

1. Aufbau von Atomen
Beschreibe den Aufbau eines Heliumatoms, eines Kohlenstoffatoms und eines Eisenatoms.

2. Protonen, Neutronen, Elektronen
Stelle in einer Tabelle die Anzahl der Protonen, der Neutronen und der Elektronen unter der Annahme neutraler Atome zusammen.
Gib auch die jeweilige Massenzahl an.

$^{1}_{1}H$, $^{12}_{6}C$, $^{14}_{6}C$, $^{60}_{27}Co$, $^{137}_{55}Cs$, $^{235}_{92}U$, $^{238}_{92}U$

3. Nachweis von Neutronen
Dem Engländer JAMES CHADWICK gelang 1932 der Nachweis von Neutronen. Er beschoss Beryllium-9 mit α-Teilchen (↗ Abb.).

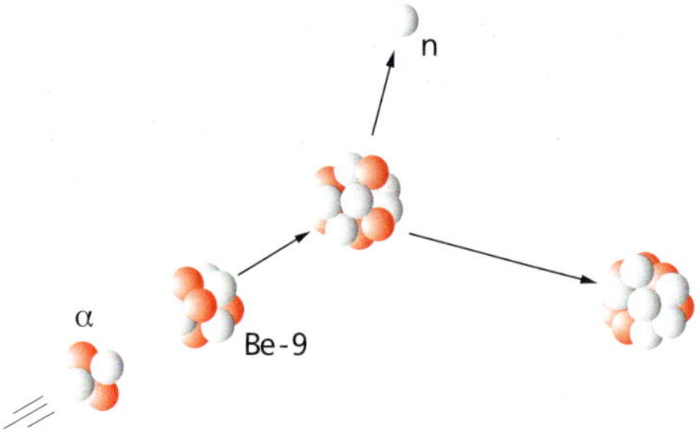

Stelle für diesen Prozess die Reaktionsgleichung auf.

4. Ablenkung im Magnetfeld
Radioaktive Strahlung wird jeweils durch ein Magnetfeld gelenkt (↗ Skizzen). Im Fall a) zeigt das Magnetfeld in die Blattebene hinein, im Fall b) aus ihr hinaus.

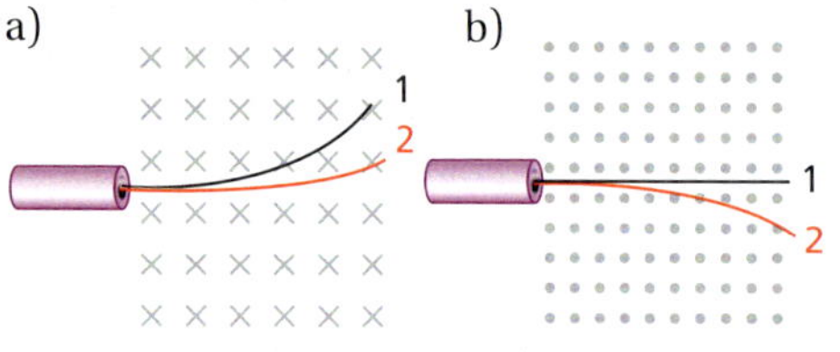

Um welche Art von Strahlung könnte es sich handeln? Begründe.

5. Eigenschaften – aber übersichtlich
Stelle in einer Übersicht die wichtigsten Eigenschaften von α-, β- und γ-Strahlung zusammen und vergleiche sie.

6. Strahlen wirken auf uns ein
Diskutiert, wovon die schädigende Wirkung ionisierender Strahlung abhängt. Geht dabei auch auf die Belastungen durch ionisierende Strahlung ein, denen der Mensch ständig ausgesetzt ist.

7. Strahlenschutz ist wichtig
Nenne einige wichtige Strahlenschutzmaßnahmen. Begründe sie.

8. Uran ist ein α-Strahler
Uran wird als Kernbrennstoff verwendet. In natürlichem Uran sind etwa 99,3 % U-238 und 0,7 % U-235 enthalten. Beide Uranisotope sind α-Strahler.

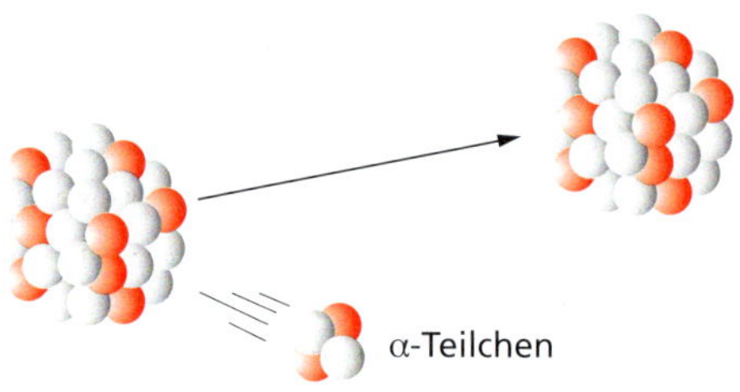

a) Erkunde, wie groß die Halbwertszeiten für die beiden Uranisotope sind.
b) Wie lauten für beide Isotope die Zerfallsgleichungen?

9. Kohlenstoff ist ein β-Strahler
Das für die Altersbestimmung organischer Materialien genutzte Kohlenstoffisotop C-14 ist ein β-Strahler.
a) Erkunde, was β-Strahlung ist und welche Eigenschaften sie hat. Skizziere, wie β-Strahlung in einem Magnetfeld abgelenkt wird.
b) Wie lautet für Kohlenstoff-14 die Zerfallsgleichung?

10. Blei schirmt ab

Es wurde experimentell untersucht, wie γ-Strahlung durch Bleiplatten unterschiedlicher Dicke abgeschirmt wird. Dazu wurden zwischen einen γ-Strahler und ein Zählrohr verschieden dicke Bleischichten gebracht. Das Diagramm zeigt die Ergebnisse:

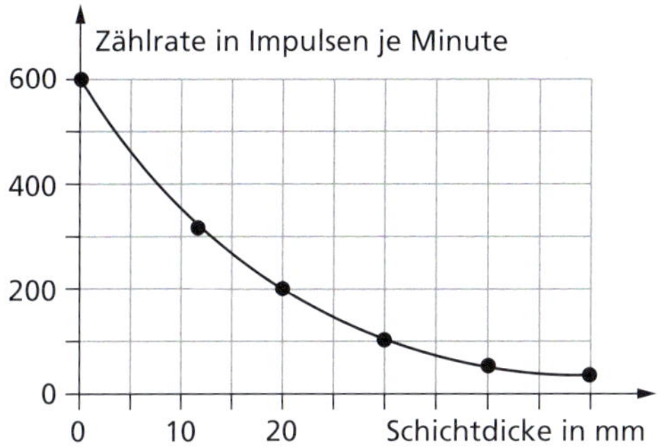

a) Interpretiere das Diagramm.
b) Bei welcher Schichtdicke wird die Hälfte der Strahlung absorbiert?
c) Wie dick muss die Schicht sein, damit 90 % der Strahlung absorbiert werden?

11. Eine Dosimeterplakette

Beschreibe den Aufbau und erkläre die Wirkungsweise einer Dosimeterplakette, wie sie von Personen getragen werden muss, die beruflich mit Strahlung in Berührung kommen. Das Foto zeigt eine geöffnete Dosimeterplakette. Der lichtdicht eingepackte Film wird monatlich kontrolliert.

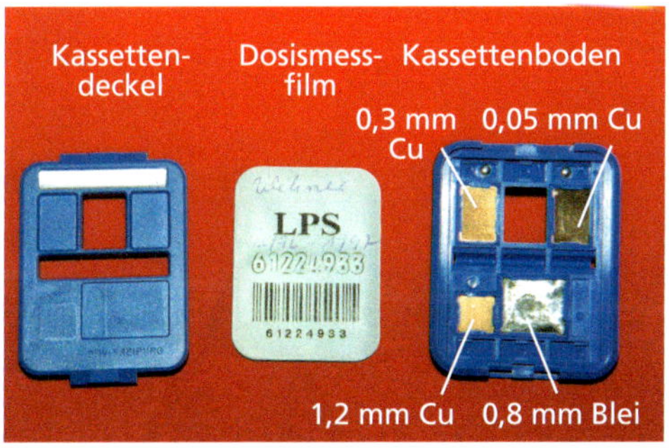

Welche Funktion haben die Fenster mit Kupfer bzw. mit Blei?

12. Halbe Zeit – halber Wert

Für ein Radionuklid gilt die im Diagramm dargestellte Zerfallskurve. Wie groß ist die Halbwertszeit für dieses Radionuklid?

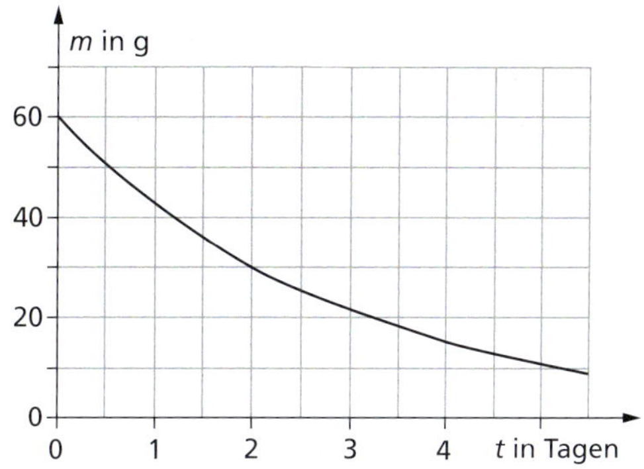

13. Halbwertszeit von Barium-142

Bei einem Barium-142-Präparat wurde mit einem Zählrohr in 30 s eine Anzahl von 2 070 Impulsen gemessen. Nach jeweils vier Minuten wurden die Messungen wiederholt. Dabei erhielt man folgende Ergebnisse:

Zeit in min	4	8	12	16	20
Anzahl der Impulse	1 488	1 173	949	762	621

a) Stelle die Messwerte grafisch dar.
b) Ermittle aus dem Diagramm die Halbwertszeit von Barium-142.

14. Mumien physikalisch untersucht

Das Alter von Mumien lässt sich mit der C-14-Methode abschätzen.

Bei einer Mumie wurde festgestellt, dass der C-14-Anteil nur noch 25 % des heutigen Anteils beträgt. Auf welches Alter der Mumie kann man daraus schließen?

15. Das Alter von Erz

Bei Messungen an Uranerzen hat man festgestellt, dass etwa 30 % der U-238-Kerne zerfallen sind.

Welches Mindestalter hat dieses Erz?

Atome, Atomkerne, radioaktive Strahlung

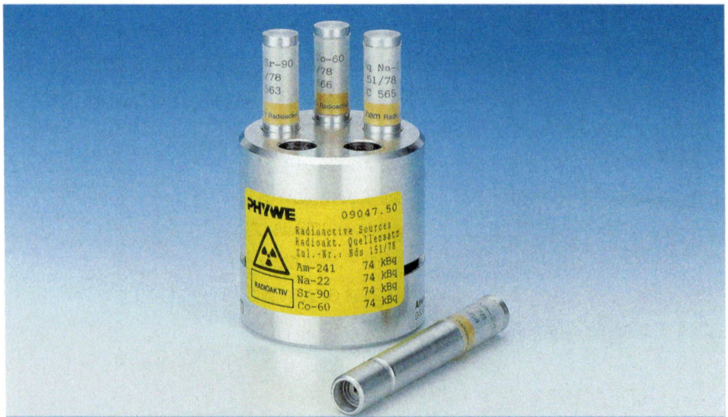

Radioaktive Strahlung entsteht durch Vorgänge im Atom.

Es gibt α-, β- und γ-Strahlung.

Radioaktive Strahlung hat folgende Eigenschaften:
- Sie besitzt Energie.
- Sie kann Stoffe ionisieren, Zellen schädigen und Filme schwärzen.
- Sie unterscheidet sich u. a. im Durchdringungsvermögen, in ihrer biologischen Wirksamkeit und in ihrer Ablenkbarkeit in magnetischen Feldern.

■ Ein Atom besteht aus einer negativ geladenen **Atomhülle** mit Elektronen sowie einem positiv geladenen **Atomkern** mit Protonen und Neutronen.

$^{235}_{92}U$ — Massenzahl A (oben), Kernladungszahl Z (unten)

$A = Z + N$

Neutronenzahl N: $N = A - Z$

■ Ein Atomkern ist eindeutig durch **Massenzahl** und **Kernladungszahl** gekennzeichnet. Ein solcher Atomkern wird als **Nuklid** bezeichnet. Die verschiedenen Nuklide ein- und desselben **Elements** nennt man auch **Isotope.**

■ Von den in der Natur vorkommenden Nukliden und den künstlich erzeugten Nukliden sind viele radioaktiv. Sie senden bei Kernumwandlungen radioaktive Strahlung aus.

α-Strahlung	β-Strahlung	γ-Strahlung
besteht aus doppelt positiv geladenen Heliumkernen.	besteht aus Elektronen (β^-) oder Positronen (β^+).	ist eine energiereiche elektromagnetische Strahlung.
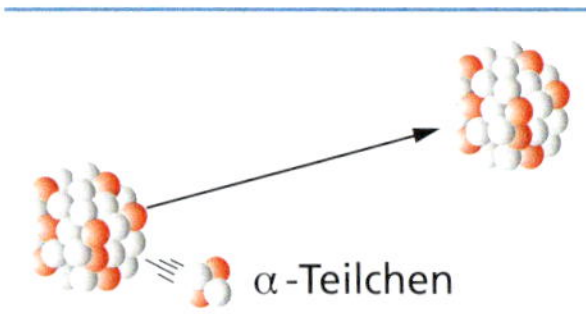	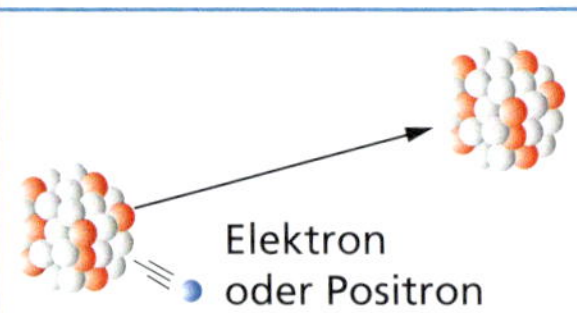	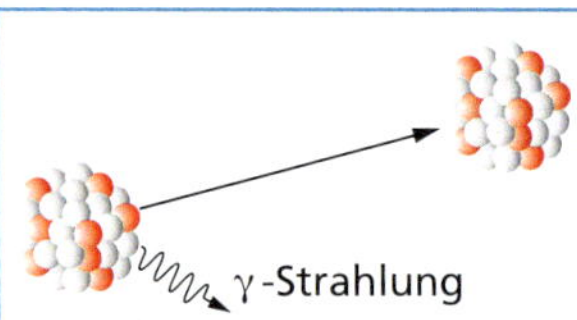

■ Da radioaktive Strahlung und auch Röntgenstrahlung Körperzellen schädigen können, gilt:

Die Strahlung, der man sich aussetzt, sollte so gering wie möglich sein.

Beim Kernzerfall gilt das **Zerfallsgesetz.** Eine wichtige Größe ist dabei die **Halbwertszeit.**

2.2 Kernumwandlungen und Kernenergie

1 Pro und Kontra Kernenergie

Die Gewinnung von elektrischer Energie in Kernkraftwerken galt viele Jahre lang als „saubere Alternative" zu Kohlekraftwerken. Nach den nuklearen Katastrophen von Tschernobyl (1986) und Fukushima (2011) hat sich das verändert. Erkunde, was in den Kernkraftwerken Tschernobyl und Fukushima geschehen ist. Was spricht für und was gegen die Nutzung von Kernenergie?

2 Wohin mit dem Müll?

Beim Betrieb von Kernkraftwerken, aber auch bei der Nutzung von Radionukliden in Technik und Medizin entsteht radioaktiver Abfall. Dieser Abfall muss viele Jahre lang sicher gelagert werden.
Recherchiere: Was geschieht gegenwärtig mit dem radioaktiven Abfall, der in Deutschland anfällt?

3 Leuchtende Sterne – woher stammt die Energie?

Ohne die Strahlung der Sonne würde kein Leben auf der Erde existieren. Die Sonne als unser Stern ist für uns die wichtigste Energiequelle. Neben der Sonne gibt es viele Millionen weiterer Sterne. Woher stammt die Energie, die ständig von allen diesen Sternen abgestrahlt wird?

Kernumwandlungen und Kernspaltung

Wir wissen bereits, dass sich Atomkerne von Radionukliden spontan umwandeln und dabei α-, β- und γ-Strahlung abgegeben wird. Solche **Kernzerfälle** treten bei allen natürlichen und künstlichen Radionukliden auf. Beispiele für Zerfallsgleichungen sind auf Seite 54 angegeben.

Kernumwandlungen kann man auch erreichen, wenn man Stoffe mit Neutronen beschießt. Die Erscheinung, dass schwere Atomkerne, z.B. die Atomkerne von Uran oder Plutonium, bei Beschuss mit Neutronen in zwei mittelschwere Kerne aufgespalten werden, wird als **Kernspaltung** bezeichnet. Dabei werden Neutronen frei und es wird Energie abgegeben.
Ein Beispiel für eine solche Kernspaltung ist in der Abbildung 1 dargestellt. Trifft ein Neutron mit bestimmter Geschwindigkeit auf das Nuklid Uran-235, so erfolgt eine Umwandlung in das Nuklid Uran-236. Dieses zerfällt in Bruchteilen von Sekunden in zwei mittelschwere Kerne, beispielsweise in Krypton (Kr) und Barium (Ba).

Durch Beschuss mit langsamen Neutronen können schwere Atomkerne in mittelschwere Atomkerne aufgespalten werden. Dabei werden Neutronen freigesetzt und es wird Energie abgegeben.

Diese Energie wird als **Kernenergie** oder auch als **Atomenergie** bezeichnet.

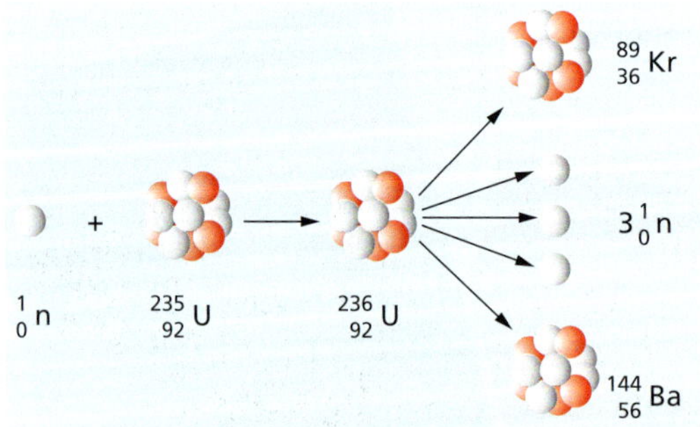

1 Spaltung von U-235 durch Neutronen: Es werden Neutronen und Energie freigesetzt.

Die Zerfallsgleichung lautet somit:

$$^{1}_{0}n + ^{235}_{92}U \longrightarrow ^{236}_{92}U \longrightarrow ^{89}_{36}Kr + ^{144}_{56}Ba + 3\,^{1}_{0}n$$

Bei der Aufspaltung von Uran ist nicht nur die in der Abbildung 1 dargestellte Reaktion möglich. Es können auch andere mittelschwere Kerne entstehen, z.B. Lanthan oder Caesium. Man kennt heute etwa 200 verschiedene Spaltprodukte von Uran.

Treffen die Neutronen auf spaltbares Material und haben sie die „richtige" Geschwindigkeit, so können sie weitere Kernspaltungen hervorrufen. Es kommt in sehr kurzer Zeit zu einer **Kettenreaktion** (Abb. 2), die **ungesteuert** verlaufen kann. Durch Begrenzung der Anzahl der Neutronen kann die Kettenreaktion **gesteuert** werden (↗ S. 74). Die Kernspaltung ist die physikalische Grundlage für Kernkraftwerke und Kernspaltungsbomben (Atombomben).

Gewusst · Gekonnt

1. Wiederhole die Zerfallsgleichungen für Kernzerfälle, bei denen α-, β- und γ-Strahlung abgegeben wird (↗ S. 54).
   a) Interpretiere die Gleichungen.
   b) Vergleiche sie mit der oben dargestellten Gleichung für die Spaltung von Uran.

2. Nenne Beispiele für schwere, mittelschwere und leichte Kerne.

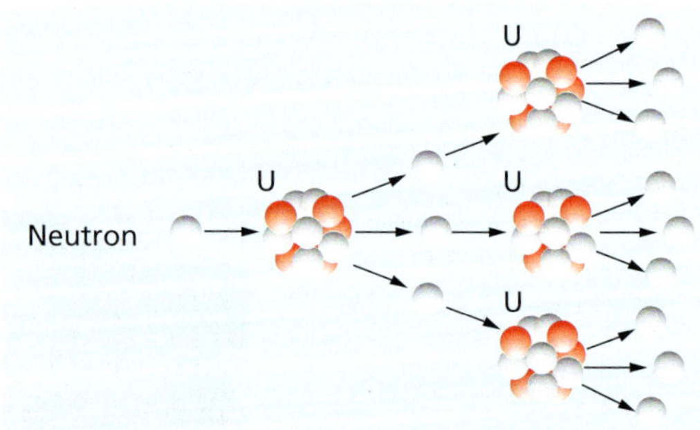

2 Bei einer ungesteuerten Kettenreaktion wächst die Zahl der Kernspaltungen lawinenartig an.

Interessantes aus der Geschichte

Die Entdeckung der Kernspaltung

In den 30er-Jahren des 20. Jahrhunderts beschäftigten sich viele Physiker und Chemiker mit radioaktiver Strahlung.
ENRICO FERMI (1901–1954) beschoss zahlreiche Elemente mit Neutronen und stellte fest, dass sich dadurch fast alle Stoffe umwandeln lassen. Er nannte die neu entstehenden Stoffe Transurane, weil er zunächst annahm, dass alle diese Stoffe im Periodensystem jenseits des Urans liegen, also eine Ordnungszahl von über 92 hätten. 1934 erhielt FERMI durch Beschuss von Platin mit Neutronen Gold. IRÈNE JOLIOT-CURIE (1897–1956), die Tochter von MARIE CURIE, und ihr Mann FRÉDÉRIC JOLIOT-CURIE (1900–1958) entdeckten 1934 die künstliche Radioaktivität. In Deutschland beschäftigten sich in Berlin OTTO HAHN, FRITZ STRASSMANN und LISE MEITNER, die im Jahr 1938 emigrierte, mit der Untersuchung von Transuranen. HAHN und STRASSMANN bestrahlten Uran mit Neutronen und untersuchten die dann entstandenen Nuklide. Dabei machten sie Ende 1938 eine Entdeckung, die ihnen selbst unwahrscheinlich vorkam. In der Zeitschrift „Naturwissenschaften" erschien am 6. Januar 1939 ein Artikel von ihnen, in dem es heißt:
„Nun müssen wir aber noch auf einige neuere Untersuchungen zu sprechen kommen, die wir der seltsamen Ergebnisse wegen nur zögernd veröffentlichen. ... Wir kommen zu dem Schluss: Unsere ‚Radiumisotope' haben die Eigenschaften des Bariums; als Chemiker müssten wir eigentlich sagen, bei den neuen Körpern handelt es sich nicht um Radium, sondern um Barium, denn andere Elemente als Barium und Radium kommen nicht infrage. ... Als der Physik in gewisser Weise nahestehende ‚Kernchemiker' können wir uns zu diesem, allen bisherigen Erfahrungen der Kernphysik widersprechenden Sprung noch nicht entschließen. ... Es könnte doch eine Reihe seltsamer Zufälle unsere Ergebnisse vorgetäuscht haben."

Wenig später gelang es, die Spaltprodukte eindeutig zu identifizieren. Durch Beschuss von Uran mit Neutronen waren Krypton und Barium entstanden. Zugleich wurden bei jeder Kernspaltung drei Neutronen und Energie freigesetzt.
Kurze Zeit später gelang der Nachweis weiterer Spaltprodukte von Uran, z. B. Strontium und Yttrium. Damit war die Kernspaltung entdeckt, für die OTTO HAHN im Jahre 1945, nach Ende des Zweiten Weltkriegs, den Nobelpreis für Chemie für das Jahr 1944 erhielt. Die Möglichkeit der Energiegewinnung aus Kernspaltung war bereits 1939 diskutiert worden. Mit Beginn des Zweiten Weltkriegs trat immer mehr die Frage in den Vordergrund, ob die Kernenergie auch militärisch nutzbar sei.

1 Arbeitstisch von Otto Hahn (Deutsches Museum München)

1942 begann in den USA die intensive Arbeit an Atomwaffen, die innerhalb von drei Jahren zum Bau von Kernspaltungsbomben (Atombomben) führte. Am 6. und am 9. August 1945 wurden durch US-Amerikaner Atombomben über den japanischen Städten Hiroshima und Nagasaki gezündet. Bei den Explosionen wurden gewaltige Mengen an radioaktiver Strahlung und Wärme frei. Es gab Hunderttausende von Toten. Noch heute sterben Menschen an den Folgen.

2 LISE MEITNER (1878–1968) und OTTO HAHN (1879 bis 1968) untersuchten 1938 Transurane.

Kernkraftwerke

Die gesteuerte Kettenreaktion wird heute in **Kernkraftwerken** zur Gewinnung von elektrischer Energie genutzt. Die ersten Kernkraftwerke wurden in den Fünfzigerjahren des letzten Jahrhunderts gebaut. Wie arbeitet ein Kernkraftwerk? Welcher Nutzen und welche Gefahren bestehen beim Einsatz von Kernreaktoren?

Für den Betrieb eines Kernkraftwerks (Abb. 1) muss gewährleistet sein, dass die Kernspaltung kontinuierlich und steuerbar abläuft. Dazu ist es erforderlich, dass

- genügend spaltbares Material vorhanden ist,
- Neutronen mit der für die Spaltung notwendigen Geschwindigkeit existieren,
- die Neutronenzahl reguliert werden kann.

Die notwendige Mindestmasse wird als **kritische Masse** bezeichnet.

Als **spaltbares Material** wird meist angereichertes Uran mit 3,5 % U-235 und 96,5 % U-238 verwendet. Im natürlichen Uran sind nur ca. 0,7 % spaltbares U-235 vorhanden. Natürliches Uran muss also angereichert werden. Das spaltbare Material wird meist in **Brennstoffstäben** in das Reaktorgefäß gebracht. Die für die Spaltung der Urankerne erforderlichen Neutronen entstehen bei der Kernreaktion selbst. Da bei jeder Kernspaltung 2 bis 3 Neutronen frei werden, wächst ihre Zahl lawinenartig an. Es kommt zu einer **Kettenreaktion.** Voraussetzung dafür ist allerdings, dass die Neutronen die „richtige" Geschwindigkeit haben. Um das zu erreichen, werden **Moderatoren** genutzt. Zumeist verwendet man dazu Wasser oder Grafit. **Moderatoren** bremsen die bei der Kernspaltung frei werdenden schnellen Neutronen so weit ab, dass sie weitere Kerne des Urans spalten können.

Die Kettenreaktion wird mit **Regelstäben** aus Bor oder Cadmium gesteuert. Beide Elemente absorbieren Neutronen. Durch mehr oder weniger tiefes Einfahren dieser Regelstäbe wird die Anzahl der Neutronen beeinflusst und damit die ablaufende Reaktion gesteuert. Eine ungeregelte Kettenreaktion würde zu einer starken Erhitzung und möglicherweise zur Zerstörung des Reaktors führen. Die freigesetzte Kernenergie wird auf Wasser übertragen. Ähnlich wie bei einem Wärmekraftwerk wird der entstehende Dampf genutzt, um Turbinen zu betreiben und mit Generatoren elektrische Energie zu gewinnen (Abb. 1).

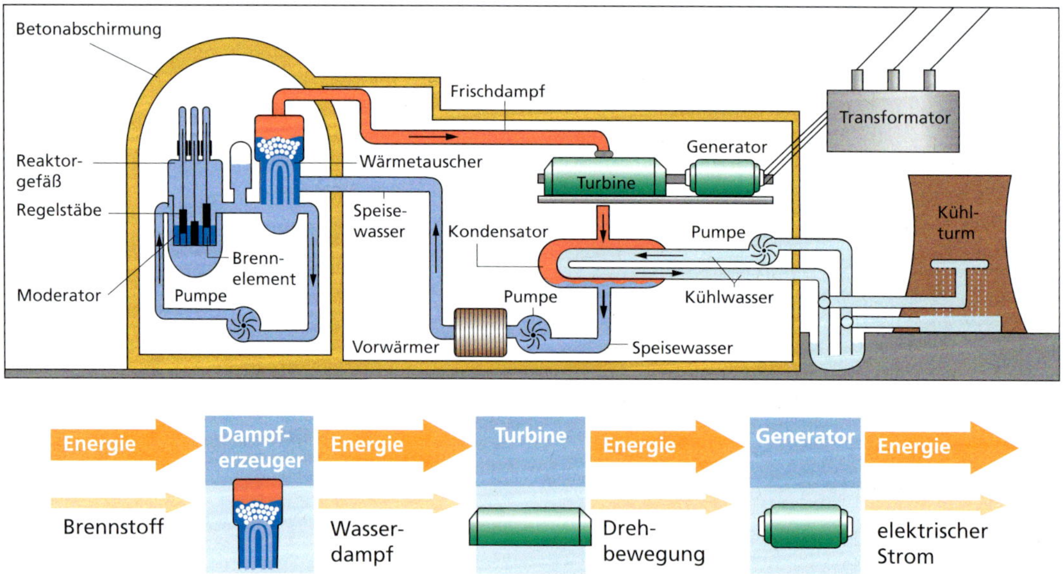

1 Aufbau eines Kernkraftwerks: In einem ersten Kreislauf befindet sich ein Wärmetauscher mit Dampferzeuger. In einem zweiten Kreislauf gelangt der Dampf zur Turbine.

Der **Nutzen von Kernkraftwerken** besteht vor allem darin, dass
- keine fossilen Brennstoffe wie Kohle oder Erdöl verbrannt werden müssen,
- der Schadstoffausstoß eines solchen Kraftwerks gering ist,
- mit relativ kleinen Mengen an Kernbrennstoff viel elektrische Energie gewonnen werden kann.

Weltweit existieren heute etwa 200 Kernkraftwerke, die ca. 13 % des Elektroenergiebedarfs decken.

Die **Gefahren von Kernkraftwerken** liegen u. a. darin, dass durch menschliches Versagen oder durch technische Pannen radioaktive Stoffe freigesetzt werden können. Trotz aller Sicherheitsmaßnahmen sind solche Unfälle nicht völlig auszuschließen. Sie würden in dicht besiedelten Gebieten katastrophale Folgen haben. Außerdem ist bis heute das Problem der dauerhaft sicheren Endlagerung von radioaktiven Abfällen, die in Kernkraftwerken entstehen, nicht gelöst. Solche beim Betrieb eines Kernkraftwerks entstehenden radioaktiven Abfälle müssen wegen ihrer Radioaktivität und der großen Halbwertszeiten über viele Jahrzehnte hinweg sicher gelagert werden. Eine Möglichkeit ist die unterirdische Lagerung in ehemaligen Salzbergwerken. Eine solche Lagerung erfolgt im Zwischenlager Gorleben in Niedersachsen sowie in Morsleben (Sachsen-Anhalt). Eine andere Möglichkeit besteht darin, abgebrannte Brennstoffstäbe wieder aufzubereiten (Abb. 2). Dabei entstehen allerdings radioaktive Abfälle, die ebenfalls sicher gelagert werden müssen. Allein in Deutschland beträgt die Gesamtmenge des radioaktiven Abfalls etwa 30 000 m^3 pro Jahr.

Gewusst · Gekonnt

1. Welcher Unterschied besteht zwischen einer gesteuerten und einer ungesteuerten Kettenreaktion?

2. Unter den Suchwörtern „Animation Kernreaktor“ oder „Animation Kernkraftwerk“ findest du im Internet Darstellungen zur Wirkungsweise von Kernkraftwerken. Suche Animationen. Probiere sie aus.

3. Diskutiert und bewertet den Nutzen und die Gefahren, die mit dem Betreiben von Kernkraftwerken verbunden sind.

1 Brennstäbe und andere hoch radioaktive Materialien werden in speziellen Behältern transportiert.

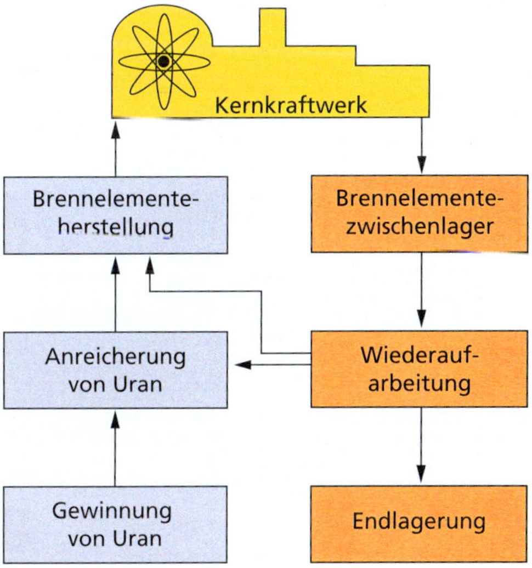

2 Vereinfachte Darstellung des Brennstoffkreislaufs bei Kernreaktoren

Kraftwerke im Vergleich

In Kraftwerken wird elektrische Energie gewonnen. Dabei werden unterschiedliche Energieträger eingesetzt: in Kernkraftwerken angereichertes Uran, in Kohlekraftwerken Steinkohle oder Braunkohle, in Gaskraftwerken Erdgas. Um eine Kilowattstunde (1 kWh) elektrische Energie zu gewinnen, müssen verschiedene Mengen an Energieträgern eingesetzt werden. In der Tabelle rechts sind Durchschnittswerte angegeben.
Wesentliche Kriterien zur Beurteilung von Kraftwerken sind neben dem Wirkungsgrad die Kosten, die Risiken, die Umweltbelastung und die Verfügbarkeit der Energieträger.
Eine Übersicht über die Wirkungsgrade gibt die Tabelle auf Seite 77. Die meisten Kraftwerke in Deutschland sind **Kohlekraftwerke** mit einem Wirkungsgrad von ca. 40 % (Abb. 1).
Durch die Nutzung der unvermeidlichen Abwärme für Heizzwecke (Kraft-Wärme-Kopplung) sind Wirkungsgrade bis 85 % möglich. Der Vorteil von Wärmekraftwerken besteht darin, dass einheimische Primärenergieträger genutzt werden können und diese Energieträger auch noch über Jahrzehnte hinweg verfügbar sind.

Energieträger	Aufwand für 1 kWh Elektroenergie
Braunkohle	1,1 kg
Steinkohle	0,3 kg
Erdgas	0,22 m^3
Uran (angereichert)	0,0045 g
Wasser	410 m^3 bei 1 m Fallhöhe
Heizöl	0,2 kg
Müll	1,5 kg ... 3,5 kg
Sonnenstrahlung	15 m^2 Solarzellen (1 h)

Entscheidender Nachteil sind die beim Verbrennen fossiler Brennstoffe auftretenden Umweltbelastungen. Dazu gehören die Belastung durch Staub, die bei der Verbrennung auftretenden Stickoxide (NO, NO_2) und Schwefeldioxid (SO_2) sowie Kohlenstoffdioxid (CO_2), das entscheidenden Einfluss auf den Klimawandel hat. Kraftwerke und Heizkraftwerke haben einen Anteil von ca. 40 % am CO_2-Ausstoß in Deutschland, der im Jahr 2010 etwa 830 Mio. Tonnen im Jahr betrug.

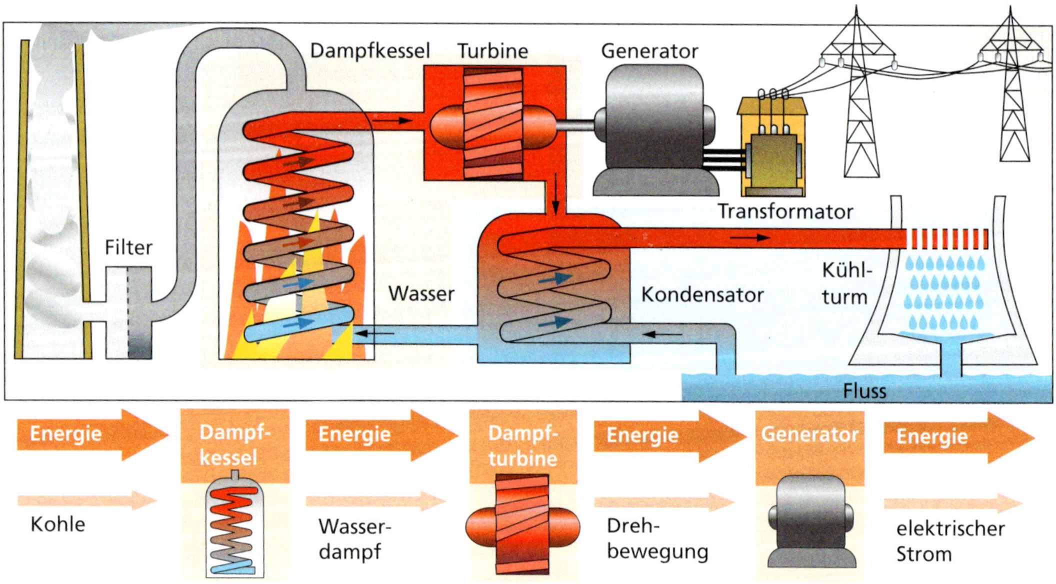

1 Die Energieumwandlungen sind in allen Arten von Wärmekraftwerken prinzipiell gleich. Sie unterscheiden sich in den genutzten Energieträgern.

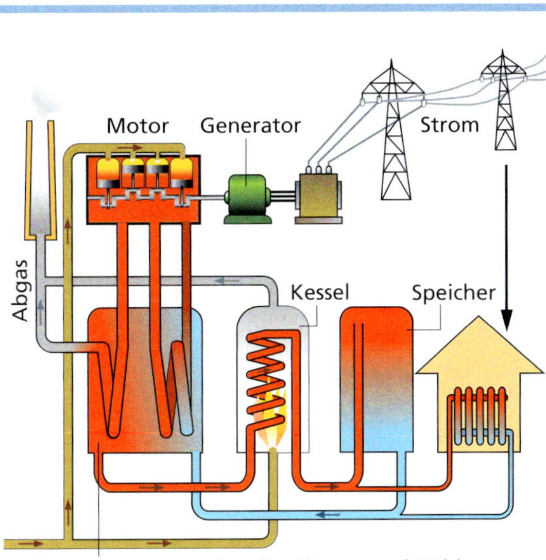

1 In einem Blockheizkraftwerk mit Kraft-Wärme-Kopplung wird die entstehende Abwärme genutzt.

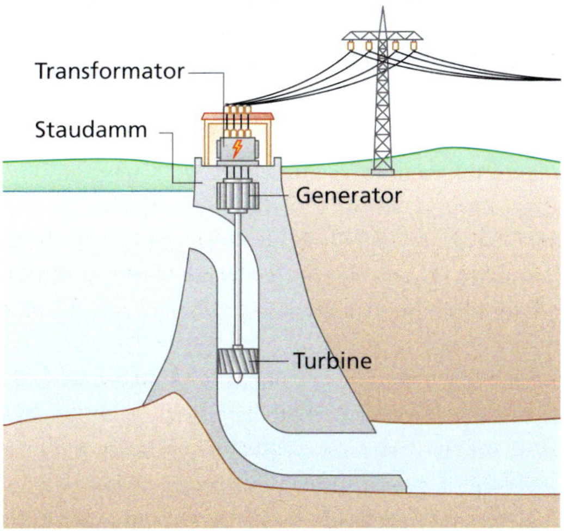

2 Wasserkraftwerke haben einen hohen Wirkungsgrad von 90 %.

Moderne Kohlekraftwerke sind mit vielen Zusatzanlagen ausgerüstet, die dazu dienen, die Umweltbelastungen zu verringern. Dazu gehören z.B. Anlagen zur Rauchgasentschwefelung, Elektrofilter zur Verringerung der Staubbelastung und Anlagen zur Entstickung. Der Ausstoß von CO_2 kann durch solche technischen Maßnahmen prinzipiell nicht verhindert werden. Es müssen deshalb andere Möglichkeiten der Reduzierung gesucht werden. Forschungen dazu werden seit geraumer Zeit betrieben.

Kernkraftwerke sind spezielle Wärmekraftwerke. Wie alle anderen Kraftwerke haben auch Kernkraftwerke Vorteile und Nachteile (↗ S. 74–75).

Art des Kraftwerks	Wirkungsgrad
Solarkraftwerk	15 %
Windkraftwerk	25 … 30 %
Kernkraftwerk	35 %
modernes Kohlekraftwerk	40 %
Gasturbinenkraftwerk	52 %
Pumpspeicherkraftwerk	75 %
Kraftwerk mit Kraft-Wärme-Kopplung	85 %
Wasserkraftwerk	90 %

Eine weitere Art von Wärmekraftwerken sind **Blockheizkraftwerke.** In ihnen wird Strom erzeugt und zugleich die entstehende Abwärme genutzt (Abb. 1). Kernstück solcher Anlagen sind Motoren, die meist mit Gas betrieben werden und über einen gekoppelten Generator elektrische Energie erzeugen. Parallel dazu wird dem Kühlwasser des Motors mit den Abgasen Wärme entzogen und über einen Wärmetauscher an Heizungsanlagen weitergegeben.
Das Prinzip wird als **Kraft-Wärme-Kopplung** bezeichnet. Solche Anordnungen haben einen Wirkungsgrad von bis zu 85 % und sind vor allem dort gut nutzbar, wo über das ganze Jahr hinweg ein hoher Strom- und Wärmebedarf besteht (Betriebe, Krankenhäuser).

Gewusst · Gekonnt

Vergleiche ein Kernkraftwerk mit den anderen hier dargestellten Arten von Wärmekraftwerken.
Stelle in einer Übersicht Gemeinsamkeiten und Unterschiede zusammen.
Bewerte die jeweiligen Vor- und Nachteile. Nutze dazu die Hinweise auf Seite 78 zum Bewerten.

Bewerten

Oftmals wirst du aufgefordert, einen Gegenstand oder Sachverhalt zu bewerten. Entweder sollst du den Wahrheitsgehalt einschätzen oder dir einen eigenen Standpunkt erarbeiten bzw. gegenteilige Argumente gegenüberstellen und abwägen. Immer ist deine persönliche Sicht gefordert. Auch wenn du deine eigene Meinung darlegst, sollte sie sachlich begründet sein.

Kernkraftwerke spielen heute eine wichtige Rolle für die Energieversorgung. Ihr Betrieb hat gegenüber anderen Arten von Kraftwerken Vorteile, ist aber auch mit Risiken verbunden. Bewerte den Nutzen und die Risiken von Kernkraftwerken im Vergleich zu anderen Arten von Kraftwerken.

Schritt 1

Präzisieren der Anforderung
Überlege dir, welcher Sachverhalt bewertet werden soll und welche fachlichen Inhalte davon berührt werden.

Es geht hier darum, Nutzen bzw. Vorteile von Kernkraftwerken den Risiken bzw. Nachteilen gegenüberzustellen, die mit ihrem Betrieb verbunden sind.

Schritt 2

Bereitstellen von Fachwissen/ Materialsammlung
Unterscheide zwischen Fachwissen, das du bereits erworben hast, und Fakten, die recherchiert werden müssen.

Eine fundierte Bewertung erfordert gründliches Fachwissen, das man z. B. in Lehrbüchern oder in Internetlexika (z. B. Wikipedia) findet. Sammle Fakten und Argumente, die für die Bewertung des Sachverhalts wichtig sind (z. B. positive und negative Aspekte; Argumente, die für oder gegen den Wahrheitsgehalt sprechen; Argumente die Pro und Kontra verdeutlichen).

Schritt 3

Finden geeigneter Bewertungskriterien
Die Wahl der Kriterien hängt von der Aufgabenstellung ab.

Bei Kernkraftwerken geht es um Nutzen bzw. Vorteile einerseits, Risiken bzw. Nachteile andererseits (↗ Übersicht unten).

Schritt 4

Ableiten der Bewertung
Wende Kriterien unter Nutzung des Fachwissens zur kritischen Prüfung des Sachverhalts an und formuliere ein begründetes Werturteil.

Nach den gewählten Kriterien werden die Fakten zusammengestellt. Einige Fakten sind in der Übersicht unten dargestellt. Die Übersicht ist aber keinesfalls vollständig.
Prüfe dabei immer:
- *Sind die Aussagen gesichert?*
- *Sind alle erforderlichen Aspekte bedacht?*

Wenn das der Fall ist, dann kannst du deinen Standpunkt formulieren und begründen.

Nutzen bzw. Vorteile:	Risiken bzw. Nachteile:
+ Die Kernspaltung ermöglicht Energiegewinnung mit geringerem CO_2-Ausstoß im Vergleich zur Verbrennung von Gas, Kohle, Öl ...	– Die Entsorgung, Lagerung, Aufbereitung von radioaktiv strahlendem Abfall ist noch nicht endgültig gelöst.
+ Für die Kernspaltung gibt es noch ausreichend Rohstoffe.	– Durch technische Probleme kann es zur Freisetzung von Radionukliden und zur Verseuchung großer Bereiche kommen.
...	...

Gewusst · Gekonnt

1. Uran unter Beschuss

Uran-235 wird durch Beschuss mit Neutronen in Uran-236 umgewandelt. Dieses Uranisotop existiert nur Bruchteile von Sekunden und zerfällt dann in verschiedene mittelschwere Kerne. Dabei werden zwei oder drei Neutronen frei. Nachfolgend sind jeweils ein Folgekern und die Anzahl der frei werdenden Neutronen angegeben. Stelle jeweils die vollständige Reaktionsgleichung auf:

a) Lanthan-147 und 2 Neutronen
b) Selen-85 und 3 Neutronen
c) Caesium-137 und 3 Neutronen
d) Antimon-133 und 2 Neutronen
e) Xenon-143 und 3 Neutronen

2. Gesteuert oder ungesteuert?

a) Stelle übersichtlich zusammen, unter welchen Bedingungen eine gesteuerte Kernspaltung möglich ist.
b) Wo wird die gesteuerte Kernspaltung genutzt? Nenne Beispiele.
c) Gibt es auch Anwendungen für eine ungesteuerte Kettenreaktion? Nenne Beispiele.
d) Erkunde, welche Auswirkungen eine ungesteuerte Kernreaktion haben kann.

3. CASTOR-Transporte

In der öffentlichen Diskussion steht CASTOR oft für Transportbehälter.

a) Erkunde, was die Abkürzung bedeutet.
b) Welche Funktion hat ein solcher CASTOR-Behälter?

4. Vorteile und Nachteile vergleichen

Sammle Material zu Vorteilen und Nachteilen der Nutzung von Kernenergie. Stelle dazu einen Vortrag zusammen. Nutze zur Vorbereitung das Internet.

5. Zukunft ohne Kernenergie?

In Deutschland soll langfristig auf die Gewinnung von Elektroenergie in Kernkraftwerken verzichtet werden. Nach den gegenwärtigen Planungen (Stand 2013) soll im Jahr 2022 das letzte deutsche Kernkraftwerk abgeschaltet werden. In anderen Ländern spielen auch perspektivisch Kernkraftwerke eine wichtige Rolle. So lag der Anteil der Kernenergie an der Elektroenergiegewinnung 2011 in verschiedenen Ländern bei folgenden Werten:

Frankreich	78 %
Belgien	54 %
Schweiz, Schweden	40 %
USA	19 %

Diskutiert: „Kernenergie kann in den nächsten Jahren durch andere Energien ersetzt werden." Welche Argumente sprechen dafür, welche dagegen?

6. Kein Reaktorunfall ohne Folgen

Reaktorunfälle mit katastrophalen Folgen haben sich 1986 in Tschernobyl (Ukraine) und 2011 in Fukushima (Japan) abgespielt. Informiere dich über einen dieser Unfälle genauer. Nutze dazu das Internet. Stelle einen Kurzvortrag zum Thema „Der Reaktorunfall in ... und seine Folgen" zusammen.

7. Eine Energiequelle wie die Sonne

Die Energie, die die Sonne und andere Sterne abstrahlen, wird nicht durch Kernspaltung gewonnen, sondern durch Kernfusion.

a) Erkunde, was man unter Kernfusion versteht.
b) Finde heraus: Wie viel Energie gibt die Sonne in jeder Sekunde ab?

Das Wichtigste im Überblick

Kernumwandlungen und Kernenergie

Kernumwandlungen können spontan erfolgen oder gezielt ausgelöst werden.

Bei spontanen Kernumwandlungen wird radioaktive Strahlung abgegeben. Diese Strahlung besitzt Energie.

Beim Beschuss von schweren Atomkernen mit Neutronen kann eine Aufspaltung in zwei mittelschwere Atomkerne erfolgen. Dabei werden Energie und Neutronen freigesetzt.

Die Kernspaltung wird in Kernkraftwerken genutzt.

Spontane Kernumwandlung	Kernspaltung durch Beschuss mit Neutronen
tritt bei allen Radionukliden auf. Es wird α-, β- oder γ-Strahlung abgegeben.	erfolgt durch Beschuss von schweren Atomkernen mit Neutronen.
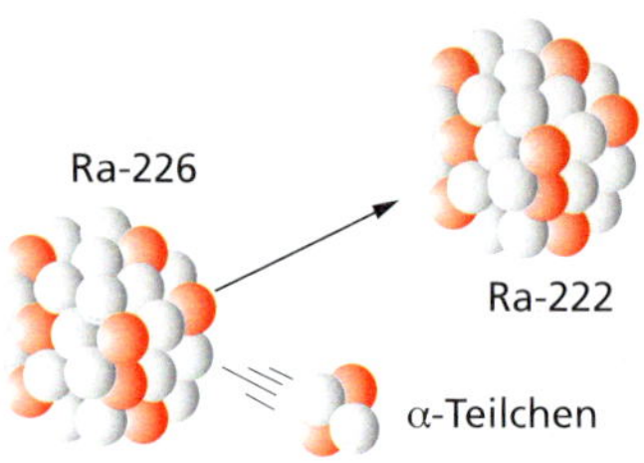	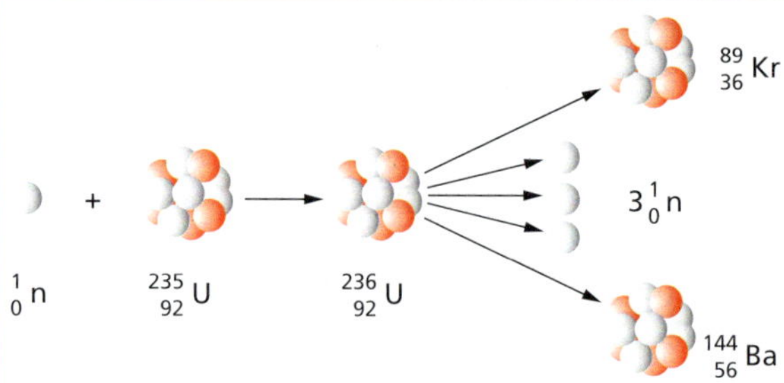

In **Kernkraftwerken** wird spaltbares Uran mit langsamen Neutronen beschossen. Bei jeder Kernspaltung entstehen neue (schnelle) Neutronen. Diese werden mit Moderatoren abgebremst, um in einer Kettenreaktion neue Spaltvorgänge auszulösen. Mithilfe von Regelstäben, die Neutronen absorbieren, kann man die Kettenreaktion steuern.

Vorteile von Kernkraftwerken:
Es entstehen keine Treibhausgase. Die wichtigen Rohstoffe Erdöl und Kohle werden geschont.

Nachteile und Risiken von Kernkraftwerken:
Es entsteht radioaktiver Abfall mit großen Halbwertszeiten, dessen Lagerung in Deutschland ungeklärt ist. Durch Unfälle könnten radioaktive Stoffe in die Umwelt gelangen.

Basiskonzepte erleichtern das Lernen, weil du mit ihrer Hilfe naturwissenschaftliche Inhalte systematisieren und strukturieren kannst.

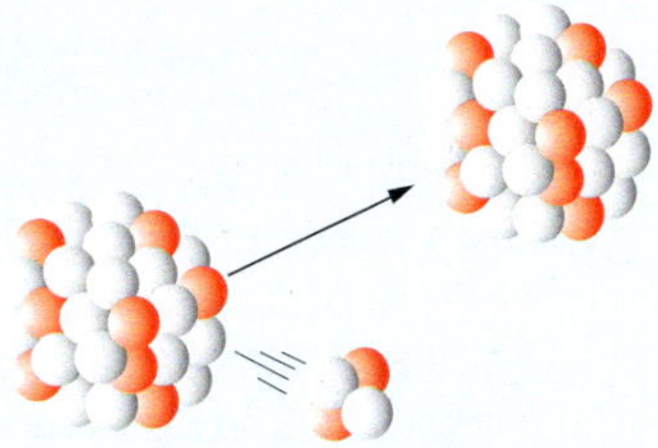

System

- Kernphysikalische Systeme sind Geräte und Anlagen für die Bestrahlung bzw. Durchstrahlung von Körpern sowie Kernkraftwerke, Fusionsreaktoren und Kernwaffen.
- Kernphysikalische Systeme müssen hohen Sicherheitsanforderungen genügen.

Radioaktivität und Umwelt

Wechselwirkung

- Radioaktive Strahlung kann über ihre Wirkungen nachgewiesen werden (Zählrohr, Filmdosimeter).
- Radioaktive Strahlung wird in Medizin und Technik genutzt.
- Radioaktive Strahlung kann Veränderungen in Zellen hervorrufen. Je größer die Energieaufnahme des bestrahlten Objekts ist, desto größer ist die biologische Wirkung.
- Wegen ihrer biologischen Wirkungen sollte die Strahlung, der man sich aussetzt, so gering wie möglich sein.
- Regeln für den Strahlenschutz sind unbedingt einzuhalten.

Struktur der Materie

- In einem Atom befinden sich negativ geladene Elektronen in der Atomhülle.
- Der Atomkern besteht aus positiv geladenen Protonen und nicht geladenen Neutronen.
- Radioaktive Strahlung entsteht durch Vorgänge im Atomkern. Dabei vollziehen sich Kernumwandlungen.
- Kernumwandlungen können spontan erfolgen oder künstlich ausgelöst werden.

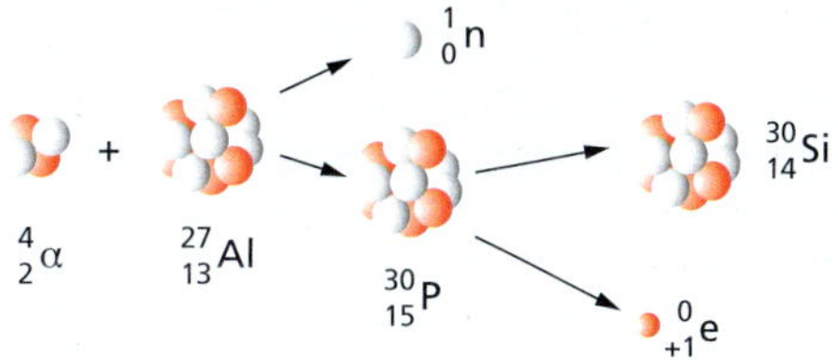

Energie

- Radioaktive Strahlung besitzt Energie und kann damit Stoffe beeinflussen.
- Bei der Spaltung von schweren Atomkernen durch Beschuss mit Neutronen (Kernspaltung) wird Energie freigesetzt.
- Die Freisetzung von Energie durch Kernspaltung und Kernfusion wird technisch genutzt. Sie tritt auch in der Natur auf.

Erfasst und vernetzt

Mit Fachwissen umgehen

1. Beurteile die Richtigkeit der folgenden Aussagen. Korrigiere Fehler.
   - Atome sind massive Kugeln.
   - Caesium-137 hat eine Halbwertszeit von etwa 30 Jahren. Das bedeutet, dass nach 15 Jahren nur noch die Hälfte der Caesiumkerne vorhanden ist.
   - Je geringer die Durchdringungsfähigkeit ionisierender Strahlung ist, desto kleiner ist auch ihre Reichweite.
   - In Deutschland liegt die mittlere Strahlenbelastung unter 2 mSv im Jahr.
   - Bei kleinen Mengen von Uran kann keine Kettenreaktion entstehen.

2. Bei dem schweren Reaktorunfall im Kernkraftwerk Tschernobyl (Ukraine) im Jahr 1986 wurden große Mengen an radioaktivem Iod-131 ausgestoßen. Dies wirkte sich auch in Deutschland aus. Kurze Zeit nach dem Unfall wurde in Milch eine relativ hohe Iodaktivität und eine geringe Caesiumaktivität gemessen. Nach einigen Wochen waren aber die Caesiumwerte höher als die des Iods.
   Wie ist das zu erklären?

3. Beim Beschuss von Uran mit Neutronen sind folgende Reaktionen möglich:

   (I) $^{235}_{92}\text{U} + ^{1}_{0}\text{n} \longrightarrow {}_{54}\text{Xe} + ^{90}\text{Sr} + 3\,^{1}_{0}\text{n}$

   (II) $^{235}_{92}\text{U} + ^{1}_{0}\text{n} \longrightarrow ^{103}_{42}\text{Mo} + ^{131}\text{Sn} + ?\,^{1}_{0}\text{n}$

   a) Ergänze im Heft die fehlenden Angaben.
   b) Erläutere an diesen beiden Beispielen, welche physikalischen Größen bei einer solchen Kernumwandlung vor und nach der Kernreaktion gleich sind.

4. Erläutere das Bestrahlungsverfahren, das Durchstrahlungsverfahren und das Markierungsverfahren.
   Nenne je ein Beispiel und stelle dar, welche Eigenschaften und Wirkungen radioaktiver Strahlung dabei jeweils genutzt werden.

Methoden der Physik nutzen

5. Es wird experimentell untersucht, wie die Strahlung eines radioaktiven Präparats durch Aluminiumfolie absorbiert wird. Dazu wird zunächst der Nulleffekt mit 20 Impulsen je Minute ermittelt. Anschließend werden die Messungen mit dem radioaktiven Präparat und Aluminiumfolie zwischen Präparat und Zählrohr durchgeführt. Dabei erhält man folgendes Ergebnis:

Dicke der Alufolie in mm	0	1	2	3	4
Zählrate in Impulsen je Minute	650	305	210	185	170

   Erhöht man die Schichtdicke des Aluminiums weiter, so verändert sich die Zählrate nicht.
   a) Stelle den Zusammenhang zwischen Zählrate und Dicke der Aluminiumschicht in einem Diagramm dar.
      Interpretiere das Diagramm.
   b) Wie ist es zu erklären, dass sich die Zählrate bei Erhöhung der Schichtdicke nicht verändert?

6. Ein Radionuklid gibt Strahlung ab, welcher Art, ist nicht bekannt. Plane ein Experiment, mit dem man die Art der Strahlung eindeutig ermitteln kann.

7. Zwei gleiche biologische Objekte A und B haben die gleiche Masse. A wird mit β-Strahlen und B mit α-Strahlen so lange bestrahlt, bis beide Objekte gleich viel Energie absorbiert haben. Vergleiche die biologische Wirkung in den beiden Objekten.

8. Radioaktive Strahlung ist für uns nicht wahrnehmbar. Beschreibe eine Möglichkeit, wie man diese Strahlung nachweisen kann.
   Welche Wirkungen der Strahlung werden dabei genutzt?

Informationen erschließen und austauschen

9. Die Strahlenbelastung des menschlichen Körpers von innen wird im Wesentlichen durch das mit der Nahrung aufgenommene radioaktive Kalium-40 hervorgerufen.
Kalium-40 ist ein β-Strahler mit einer Halbwertszeit von $1{,}27 \cdot 10^9$ Jahren.
   a) Erkunde, wie groß die durchschnittliche Strahlenbelastung durch Kalium-40 ist.
   b) Diskutiere die folgende Meinung: Es ist sehr sinnvoll, sich besonders kaliumarm zu ernähren, weil man auf diese Weise die Strahlenbelastung des eigenen Körpers gering halten kann.

10. Es ist wenig bekannt, dass 90 % der Lungenkrebserkrankungen auf das Rauchen und davon wiederum etwa 50 % auf die Strahlenbelastung durch den Zigarettenrauch zurückzuführen sind.
Erkundet, wie groß die Strahlenbelastung durch Rauchen ist und wie sie zustande kommt. Diskutiert unter diesem Aspekt euer eigenes Verhalten und die Gefahren durch passives Rauchen.

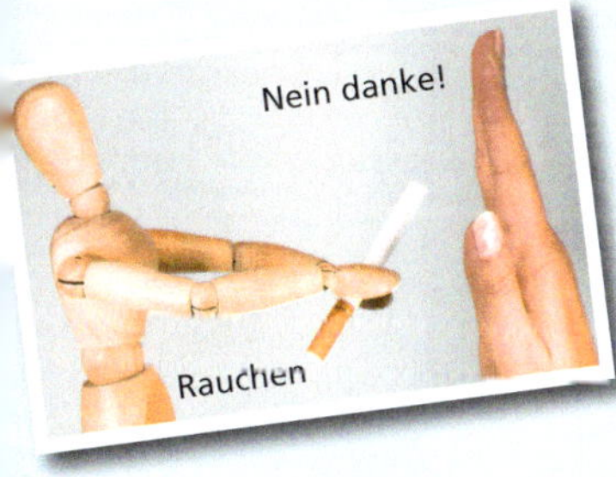

11. Das Bundesamt für Strahlenschutz untersucht z. B. die Konzentration an Radon in den verschiedenen Gebieten Deutschlands. Unter **www.bfs.de** findest du mit den Suchwörtern „Radon“ oder „Radonkarte“ eine Übersicht über die Radonkonzentration in Deutschland.
   a) Informiere dich über das Edelgas Radon. Tauscht eure Informationen dazu aus.
   b) Vergleicht die Radonkonzentration in Mecklenburg-Vorpommern mit der in anderen Bundesländern. Was kann man daraus ableiten?

Sachverhalte erkennen und bewerten

12. Moderne Passagierflugzeuge fliegen in Höhen bis zu 12 000 m. Bewerte folgende Aussagen: Flugpassagiere sind einer erhöhten Strahlenbelastung ausgesetzt. Deshalb sollte man nicht fliegen.

13. Marie Curie war in vieler Hinsicht eine außergewöhnliche Wissenschaftlerin. Sie wurde als erste Frau Professorin für Physik und erhielt als einzige Frau in der Geschichte zweimal einen Nobelpreis. Fertigt eine Präsentation zu ihrem Leben und Wirken an.

14. Erkunde, in welchen Bereichen von Medizin, Technik und Biologie radioaktive Nuklide angewendet werden. Nutze dazu das Internet. Bewerte die Nutzung unter dem Aspekt „Strahlenbelastung“.

15. Radioaktive Strahlung hat unterschiedliche Eigenschaften und Wirkungen.
   a) Stelle in einer Übersicht die Wirkungen von Alpha-, Beta- und Gammastrahlung zusammen.
   b) Leite daraus wichtige Strahlenschutzmaßnahmen ab.

16. Pro und Kontra Kernenergie! Argumentiere sachlich in Bezug auf folgende Aussagen, die in der öffentlichen Diskussion auftreten:
   a) Kernkraftwerke belasten die Umwelt stärker als Kohlekraftwerke.
   b) Radioaktiver Müll der Kernkraftwerke kann noch in Tausenden von Jahren gefährlich werden.
   c) Elektrische Energie aus Kernkraftwerken ist teurer als die aus Windkraftanlagen.
   d) Wasser aus Kernkraftwerken verseucht das Flusswasser und erwärmt es auch.

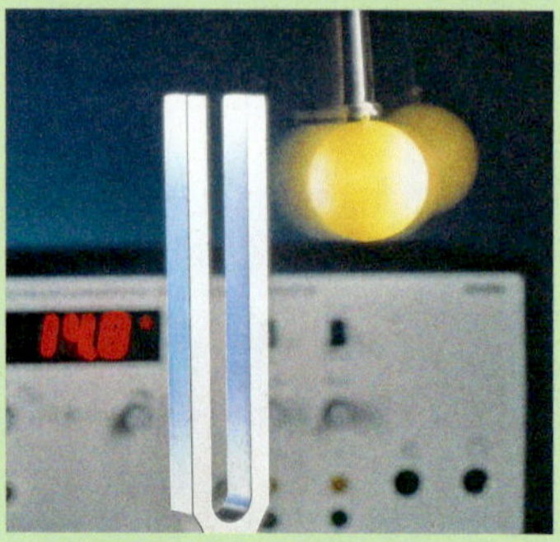

3 Mechanische Schwingungen und Wellen

Töne, Klänge, Geräusche
Mit Musikinstrumenten können unterschiedliche Arten von Schall erzeugt werden. Wie kommen Töne bzw. Klänge bei den dargestellten Instrumenten zustande?

Das Zusammenspiel macht's
Bei einem Konzert kommt es darauf an, dass die verschiedenen Instrumente gut zusammenwirken. Der akustische Eindruck wird auch erheblich durch die Qualität der Verstärkeranlagen und die Positionen der Lautsprecher bestimmt.

Stabile Brücken
Solche riesigen Brücken wie die Öresundbrücke zwischen Dänemark und Schweden dürfen weder durch die Fahrzeuge noch durch Wind oder Wellen in größere Schwingungen geraten. Und trotzdem müssen sie hinreichend elastisch sein. Das erfordert einen hohen technischen Aufwand.

3.1 Mechanische Schwingungen

1 Schwingende Saiten

Beim Spielen einer Gitarre muss man jeweils die richtige Saite anzupfen oder anschlagen. Darüber hinaus muss durch Greifen dafür gesorgt werden, dass die Saite die richtige Länge hat.
Wovon sind Tonhöhe und Lautstärke bei einer Gitarre abhängig?

2 Schwingende Lasten

Kranführer müssen beim Heben und Schwenken von Lasten sehr vorsichtig und geschickt vorgehen, weil es sonst zu gefährlichen Schwingungen der Lasten kommen kann.
Wie entstehen diese Schwingungen? Warum können sie gefährlich werden?

3 Schwingungen erfasst

Mithilfe eines Mikrofons und eines Oszillografen lassen sich die Schwingungen, die wir mit den Stimmbändern erzeugen, sichtbar machen. Wie kann man eine Schwingung genauer beschreiben? Welches sind wichtige Kenngrößen einer Schwingung?

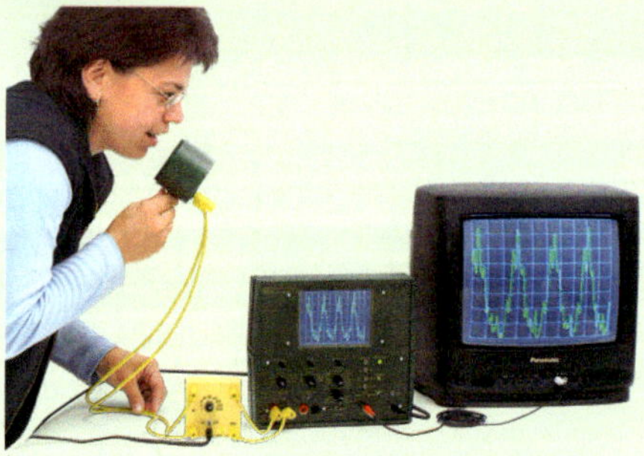

4 Schwankende Schiffe

Bei Booten und Schiffen ist ein Hin- und Herschwanken nicht ungefährlich. Wie kann man es verhindern oder verringern?

Entstehung mechanischer Schwingungen

In unserer Umwelt gibt es viele Vorgänge, bei denen sich ein Zustand nach einer bestimmten Zeit wiederholt. Man nennt solche Vorgänge **periodische Vorgänge.**

Die Kreisbewegung eines Riesenrads, das Hin- und Herschwingen der Saite einer Gitarre oder die Bewegung einer Schaukel (Abb. 2) sind solche periodischen Vorgänge.

Bei einer Reihe von periodischen Vorgängen, z. B. bei einer Schaukel (Abb. 2), bewegt sich ein Körper zeitlich periodisch um eine **Ruhelage,** manchmal auch Nulllage oder Gleichgewichtslage genannt. Dabei ändern sich verschiedene physikalische Größen periodisch, z. B. der Abstand des Körpers von der Ruhelage, seine Geschwindigkeit, seine Beschleunigung, seine potenzielle bzw. kinetische Energie. Solche Vorgänge nennt man **mechanische Schwingungen.**

Eine mechanische Schwingung ist eine zeitlich periodische Bewegung eines Körpers um seine Ruhelage.

Stimmgabeln, die Flügel eines Vogels oder Federgabeln an Fahrrädern (Abb. 1) können mechanische Schwingungen ausführen. Das gilt ebenso für die Last an einem Kranseil oder die Luftsäule in einer Orgelpfeife.

Damit ein Körper überhaupt Schwingungen vollführen kann, müssen bestimmte Voraussetzungen erfüllt sein.

2 Die Kinder auf der Schaukel pendeln zwischen zwei Umkehrpunkten hin und her.

Voraussetzungen für das Entstehen mechanischer Schwingungen sind:

- das Vorhandensein schwingungsfähiger Körper, wobei jeder Körper träge ist,
- die Auslenkung dieser Körper aus der Ruhelage (Energiezufuhr),
- das Vorhandensein rücktreibender Kräfte.

Es gibt auch Schwingungen, bei denen sich z. B. die elektrische Spannung oder die elektrische Stromstärke zeitlich periodisch ändern. In diesem Fall spricht man von elektromagnetischen Schwingungen.

Allgemein gilt die Festlegung:

Eine Schwingung ist eine zeitlich periodische Änderung einer physikalischen Größe bzw. eines physikalischen Zustands.

1a Ein Vogel führt mit seinen Flügeln Schwingungen um eine mittlere Lage aus.

1b Nach einem Stoß schwingt die Federgabel eines Fahrrads um eine Ruhelage.

1c Eine angeschlagene Stimmgabel führt Schwingungen um eine Ruhelage aus.

Beschreibung mechanischer Schwingungen

Da sich bei mechanischen Schwingungen mechanische Größen zeitlich periodisch ändern, kann man diese Größen zur Beschreibung von Schwingungen nutzen.

Zur Verdeutlichung der Zusammenhänge können die Schwingungen aufgezeichnet (Abb. 1) oder mithilfe eines Oszillografen sichtbar gemacht werden. Damit erhält man Darstellungen vom zeitlichen Verlauf der Schwingung. Eine solche Darstellung kann auch in einem Diagramm erfolgen (Abb. 2), wenn man die zeitliche Änderung der jeweiligen Auslenkung y (Abstand des schwingenden Körpers von der Ruhelage) darstellt. Zur Beschreibung mechanischer Schwingungen werden unterschiedliche physikalische Größen genutzt.

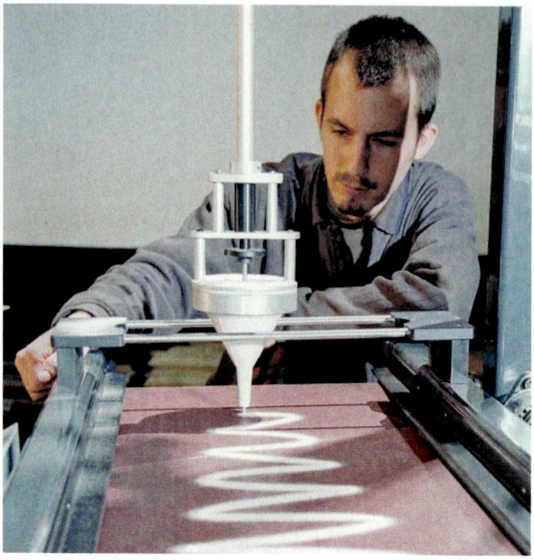

1 Aufzeichnung einer Pendelschwingung mithilfe eines Sandpendels

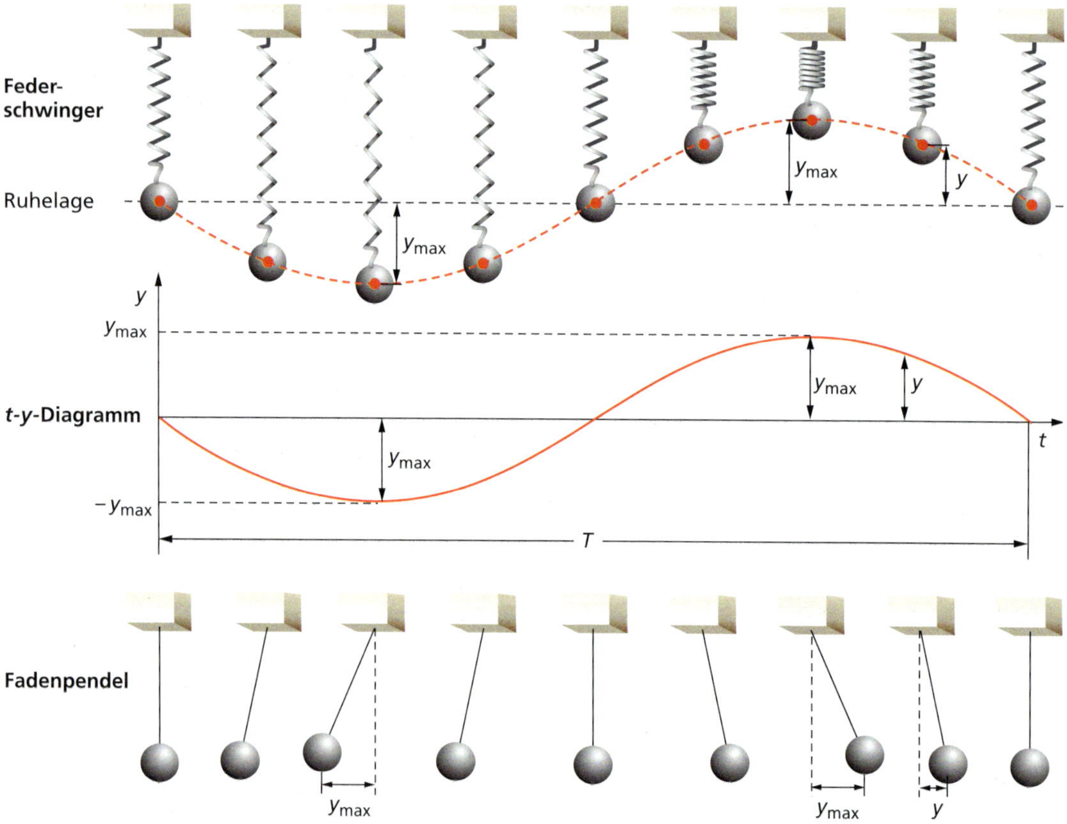

2 Federschwinger, Fadenpendel und Diagramm einer mechanischen Schwingung

Die Auslenkung (Elongation) gibt den Abstand des schwingenden Körpers von der Ruhelage an.

Formelzeichen: y
Einheit: ein Meter (1 m)

Schwingende Körper bewegen sich zwischen zwei Umkehrpunkten hin und her. Diese Punkte haben den größten Abstand von der Ruhelage. Man nennt ihn **Amplitude** (Abb. 1).

Die Amplitude einer Schwingung ist der maximale Abstand des schwingenden Körpers von der Ruhelage.

Formelzeichen: y_{max}
Einheit: ein Meter (1 m)

Ein schwingender Körper benötigt eine bestimmte Zeit für ein Hin- und Herschwingen. Eine vollständige Schwingung bezeichnet man auch als eine Periode. Die Zeit für eine solche vollständige Schwingung nennt man **Periodendauer** oder **Schwingungsdauer.**

Die Schwingungsdauer gibt die Zeit für eine vollständige Hin- und Herbewegung an.

Formelzeichen: T
Einheit: eine Sekunde (1 s)

Je nachdem, wie groß die Schwingungsdauer ist, können unterschiedlich viele Schwingungen in einer bestimmten Zeit ablaufen. Das wird durch die **Frequenz** erfasst.

Die Frequenz gibt an, wie viele Schwingungen in jeder Sekunde ablaufen.

Formelzeichen: f
Einheit: ein Hertz (1 Hz)

$1\ \text{Hz} = \frac{1}{\text{s}}$

Die Einheit 1 Hz ist nach dem deutschen Physiker HEINRICH HERTZ (1857–1894) bezeichnet worden, der auch die hertzschen Wellen entdeckte.

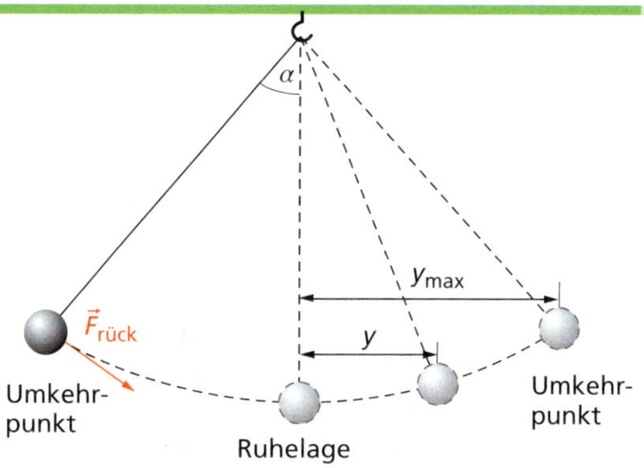

1 Kenngrößen einer Schwingung am Beispiel eines Fadenpendels

Er untersuchte deren Eigenschaften und schuf damit eine wichtige Grundlage für die drahtlose Nachrichtenübertragung.
Vielfache der Einheit 1 Hz sind ein Kilohertz (1 kHz) und ein Megahertz (1 MHz):

1 kHz = 1 000 Hz
1 MHz = 1 000 kHz = 1 000 000 Hz

Die Frequenz einer Schwingung kann berechnet werden mit der Gleichung:

$f = \frac{1}{T}$ **oder** $f = \frac{n}{t}$

T **Schwingungsdauer**
n **Anzahl der Schwingungen**
t **Zeit für n Schwingungen**

Wenn beispielsweise eine Schaukel in 10 Sekunden 6-mal hin- und herschwingt, so beträgt ihre Frequenz: $f = \frac{6}{10\ \text{s}} = 0{,}6\ \text{Hz}$

Frequenzen in Natur und Technik

1 m langes Fadenpendel	0,5 Hz
durchschnittliche Frequenz des Herzschlags beim Menschen	1,3 Hz
tiefste vom Menschen hörbare Frequenz	16 Hz
Flügel einer Hummel	200 Hz
Kammerton a	440 Hz
Frequenzen beim Sprechen	100 Hz … 1 000 Hz
höchste von jungen Menschen hörbare Frequenz	20 000 Hz
Ultraschall	über 20 000 Hz

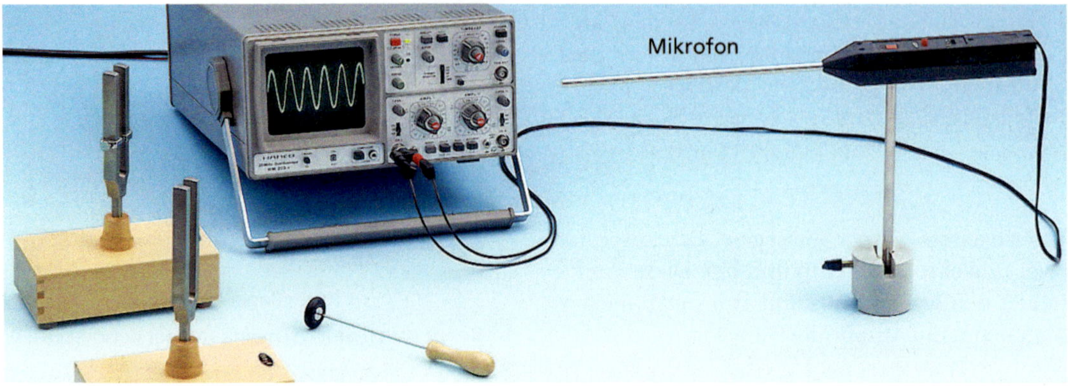

1 Der von einer Stimmgabel ausgehende Schall wird von einem Mikrofon aufgenommen und zu einem Oszillografen geleitet. Die Kurve verläuft sinusförmig.

Mathematische Beschreibung harmonischer Schwingungen

Die zeitlich periodische Bewegung von Oszillatoren bei einer Schwingung kann sehr unterschiedlich erfolgen. Zeichnet man die Schwingungen eines Federschwingers oder eines Fadenpendels auf (↗ S. 88), so erhält man eine sinusförmige Kurve. Eine ebensolche Kurve erhält man bei der Aufzeichnung von Tönen (Abb. 1).

> **Schwingungen, die sinusförmig verlaufen, nennt man harmonische oder sinusförmige Schwingungen.**

Eine harmonische Schwingung lässt sich mithilfe der Sinusfunktion beschreiben. Den Graphen $y(t)$ in Abb. 2 erhält man, wenn man einen Massepunkt gleichförmig eine Kreisbahn durchlaufen lässt und die Ordinate in Abhängigkeit von der Zeit aufträgt.

Beim Vergleich von gleichförmiger Kreisbewegung und Schwingung gilt (Abb. 2):
- Der Radius r entspricht der Amplitude y_{max}.
- Die Umlaufzeit T der Kreisbewegung entspricht der Schwingungsdauer T eines Oszillators.
- Ein vollständiger Umlauf des Massepunkts auf der Kreisbahn entspricht einer vollständigen Schwingung.

Für die jeweilige Auslenkung y gilt:

$$y = y_{max} \cdot \sin \varphi \qquad (1)$$

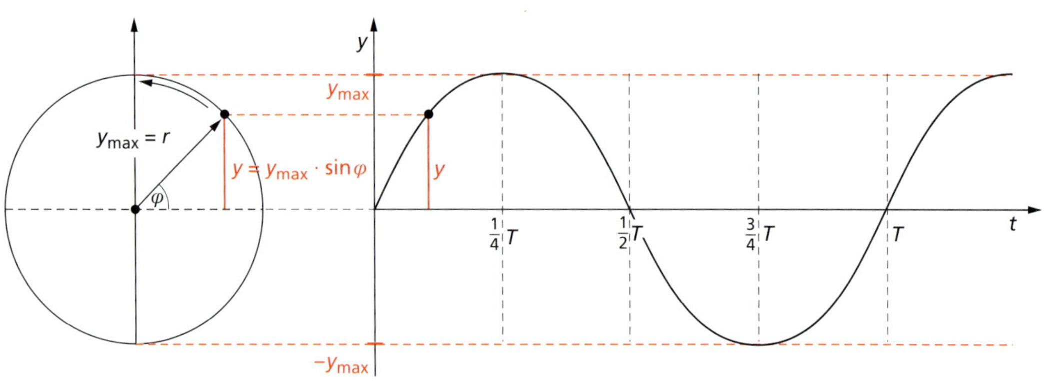

2 Die Projektion einer gleichförmigen Kreisbewegung ergibt eine sinusförmige (harmonische) Schwingung.

Dabei ist φ der Winkel zwischen der horizontalen Achse und dem jeweiligen Radius r. Er kann Werte zwischen 0° und 360° annehmen. Im Bogenmaß entspricht das Werten zwischen 0 und 2π.

In der Zeit t wird der Winkel überstrichen, in der Umlaufzeit bzw. Schwingungsdauer T der Winkel 2π. Demzufolge gilt:

$$\frac{\varphi}{t} = \frac{2\pi}{T} \quad \text{oder} \quad \varphi = \frac{2\pi}{T} \cdot t \qquad (2)$$

Setzt man diesen Winkel (2) in die Gleichung (1) auf Seite 90 ein, so erhält man die Gleichung für eine harmonische Schwingung.

Die Gleichung für eine harmonische Schwingung lautet:

$$y(t) = y_{max} \cdot \sin\left(\frac{2\pi}{T} \cdot t\right)$$

y	**Auslenkung**	T	**Schwingungsdauer**
y_{max}	**Amplitude**	t	**Zeit**

Beachte bei Berechnungen: Bei der Gleichung ist der Winkel in Bogenmaß angegeben. Du musst demzufolge bei deinem Taschenrechner die Einstellung „rad" statt „deg" wählen.

Viele Schwingungen verlaufen nicht harmonisch. Beispiele sind in Abb. 1 dargestellt. Für solche Schwingungen ist die genannte Gleichung nicht anwendbar.

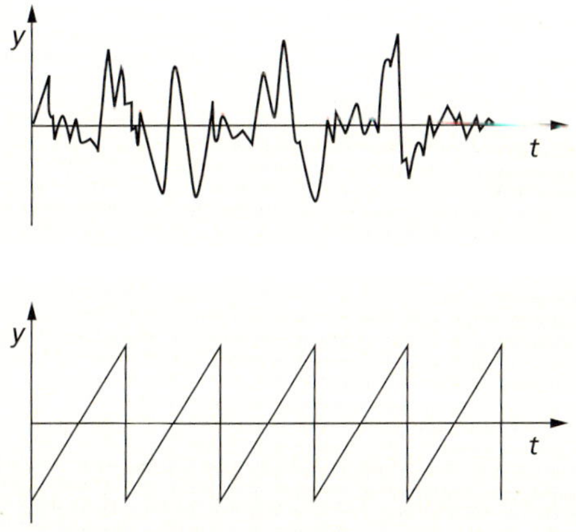

1 Beispiele für nicht harmonische Schwingungen

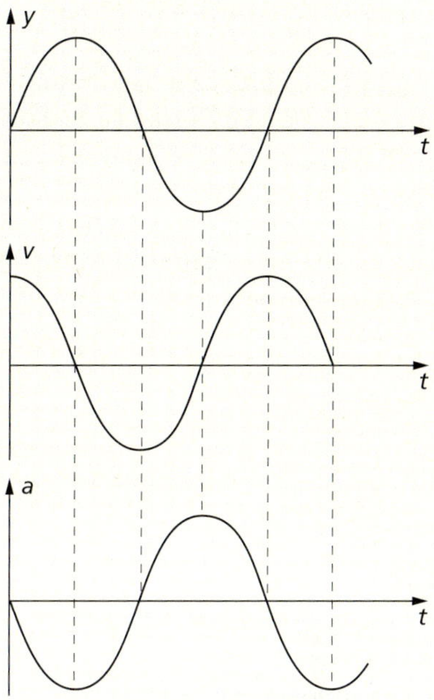

2 Verlauf von Auslenkung y, Geschwindigkeit v und Beschleunigung a bei einem Oszillator

Untersucht man experimentell die Bewegung eines schwingenden Körpers, dann ergibt sich:

- Die Geschwindigkeit und die Beschleunigung eines Körpers verlaufen bei einer harmonischen Schwingung ebenfalls sinusförmig (Abb. 2).
- Beim Durchgang durch die Gleichgewichtslage ($y = 0$) hat die Geschwindigkeit den Maximalwert und die Beschleunigung ist 0.

Gewusst · Gekonnt

1. Erkunde Beispiele für harmonische und nicht harmonische Schwingungen.

2. Die Membran eines Lautsprechers führt harmonische Schwingungen mit einer Frequenz von 650 Hz aus und wird dabei um maximal 2,5 mm aus der Gleichgewichtslage ausgelenkt. Wie lautet die Schwingungsgleichung?

3. Interpretiere die Diagramme in Abb. 2.

So kannst du vorgehen

Die experimentelle Methode

Eine wichtige Methode zur Gewinnung neuer Erkenntnisse ist die experimentelle Methode. Bei ihr werden theoretische Überlegungen mit experimentellen Untersuchungen verbunden.
Ausgangspunkt kann eine interessante Beobachtung sein, die du in der Natur, im Alltag oder bei einem Versuch gemacht hast. Es kann auch einfach eine bisher nicht geklärte „Frage an die Natur“ sein.

Das typische Herangehen ist in Abb. 1 dargestellt und wird nachfolgend an einem Beispiel verdeutlicht.

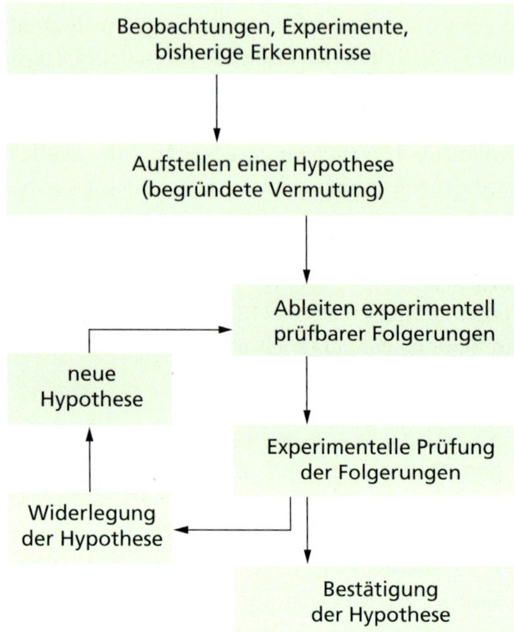

1 Die experimentelle Methode im Überblick

Schritt 1

Formulieren einer Frage
Welche Frage ergibt sich aus deinen Erfahrungen, Beobachtungen oder aus der Beschäftigung mit einem Problem?
Ein einfaches Fadenpendel (↗ S. 93) scheint eine harmonische Schwingung auszuführen. Hängt seine Schwingungsdauer davon ab, wie weit man das Fadenpendel aus seiner Gleichgewichtslage auslenkt?

Schritt 2

Aufstellen einer begründeten Vermutung (Hypothese)
Es wird eine Vermutung formuliert die sich aus den bisherigen Erkenntnissen und Erfahrungen ergibt.

Die begründete Vermutung (Hypothese) könnte lauten: Da der Pendelkörper bei größerer Auslenkung einen größeren Weg zurücklegen muss, vergrößert sich die Schwingungsdauer mit zunehmender Auslenkung.

Schritt 3

Ableiten experimentell prüfbarer Folgerungen
Wie kannst du die Hypothese experimentell überprüfen?

Es wird die Schwingungsdauer bei unterschiedlicher Auslenkung gemessen. Die Länge des Fadenpendels und die Masse des Pendelkörpers dürfen dabei nicht verändert werden.

Schritt 4

Planen und Durchführen des Experiments
Arbeite nach deinem Plan. Halte die Ergebnisse in einem Protokoll fest.

Schritt 5

Vergleichen der Versuchsergebnisse mit der Hypothese
Stimmen die Vermutung und die Ergebnisse des Experiments überein, dann ist der Wahrheitsgehalt der Hypothese groß (↗ Experiment S. 93). Durch weitere Experimente kann die Hypothese bestätigt werden. Hat das Ergebnis des Experiments deine Hypothese widerlegt, muss eine neue Hypothese formuliert werden.

Schwingungsdauer eines Fadenpendels

In der Geschichte der Zeitmessung spielen Pendel mit ihren regelmäßig ablaufenden Bewegungen eine wichtige Rolle (↗ S. 96). Bei Pendeluhren sind sie heute noch zu finden (Abb. 2). Für die Konstruktion von Uhren ist es wichtig zu wissen, wovon die Schwingungsdauer eines Pendels abhängig ist.

Aufgabe:
Untersuche, wovon die Schwingungsdauer eines Fadenpendels abhängt.

Vorbereitung:

1. Die Schwingungsdauer eines Fadenpendels könnte von der Länge l des Pendels, von der Masse m des Pendelkörpers und von seiner Auslenkung y abhängen. Formuliere für jede der drei Abhängigkeiten eine begründete Vermutung (Hypothese).
2. Bereite für jede der drei Abhängigkeiten eine Messwertetabelle für jeweils mindestens fünf Messungen nach folgendem Muster vor.

Messung Nr.	l in cm	Zeit für 10 Schwingungen	T in s
1	15	...	...
2	25	...	...
3		...	...

Durchführung:

1. Bestimme für 5 verschiedene Pendellängen die Schwingungsdauer (Abb. 1).

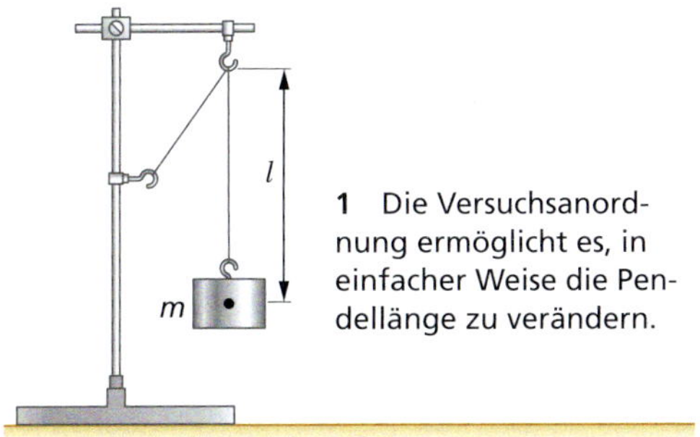

1 Die Versuchsanordnung ermöglicht es, in einfacher Weise die Pendellänge zu verändern.

2 Durch das Pendel wird der Gang der Uhr gesteuert.

Beachte bei der Durchführung der Messungen:
- Die Pendellänge ist der Abstand zwischen Aufhängepunkt und Schwerpunkt des Pendelkörpers, wobei die Lage des Schwerpunkts abgeschätzt werden muss.
- Die Schwingungsdauer für eine Schwingung ergibt sich als Mittelwert aus 10 Schwingungen.
- Bei der Untersuchung des Zusammenhangs zwischen zwei Größen müssen alle übrigen Größen und Bedingungen konstant gehalten werden.

2. Untersuche in analoger Weise den Zusammenhang zwischen Schwingungsdauer und Masse des Pendelkörpers sowie zwischen Schwingungsdauer und Auslenkung.

Auswertung:

1. Formuliere die Ergebnisse der drei Teilexperimente. Vergleiche die Ergebnisse mit deinen Hypothesen.
2. Stelle den Zusammenhang zwischen der Länge l des Pendels und der Schwingungsdauer T in einem $T(l)$-Diagramm dar. Interpretiere das Diagramm.

Darstellen und Auswerten von Messungen

Bei vielen Experimenten wird der Zusammenhang zwischen zwei Größen untersucht. Dabei müssen alle anderen Größen und Bedingungen konstant gehalten werden. Wir betrachten als Beispiel die Abhängigkeit der Schwingungsdauer eines Fadenpendels von seiner Länge.

In einem Experiment ergaben sich folgende Messwerte:

Länge *l* in cm	Schwingungsdauer *T* in s
10	0,63
20	0,90
40	1,25
60	1,55
80	1,81
100	2,01

Welcher Zusammenhang besteht zwischen der Länge des Pendels und der Schwingungsdauer? Aus den Zahlenwerten ist kein einfacher Zusammenhang erkennbar. Daher ist es sinnvoll, die Messwerte in einem Diagramm darzustellen.

Schritt 1

Anfertigen eines Diagramms

Es wird ein Koordinatensystem gezeichnet, die Achsen werden beschriftet und die Messwerte in das Diagramm eingezeichnet.

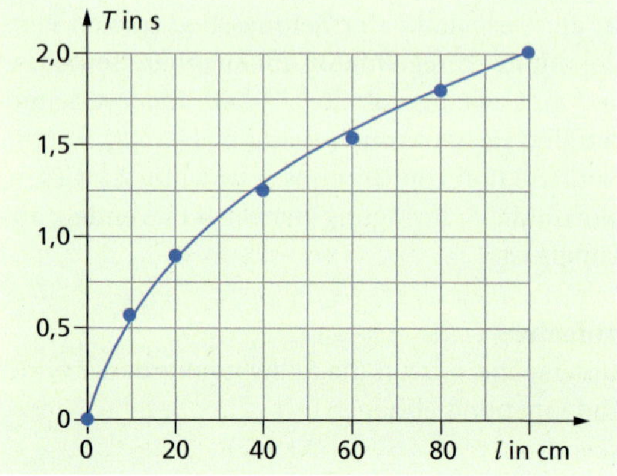

Schritt 2

Auswerten des Diagramms

Beschreibe den Zusammenhang zwischen den beiden physikalischen Größen. Welcher mathematische Zusammenhang könnte bestehen?

Je größer die Länge l des Pendels ist, desto größer ist auch die Schwingungsdauer. Es besteht aber keine direkte Proportionalität. Ein Vergleich mit den Diagrammen unten ergibt, dass folgender Zusammenhang existieren könnte:

$$T \sim \sqrt{l} \quad \text{oder} \quad \frac{T}{\sqrt{l}} = \text{konstant}$$

Prüfe das für die genannten Messwerte und auch für deine Messwerte (↗ S. 93).

Für die Physik typische Zusammenhänge zwischen zwei Größen *a* und *b*

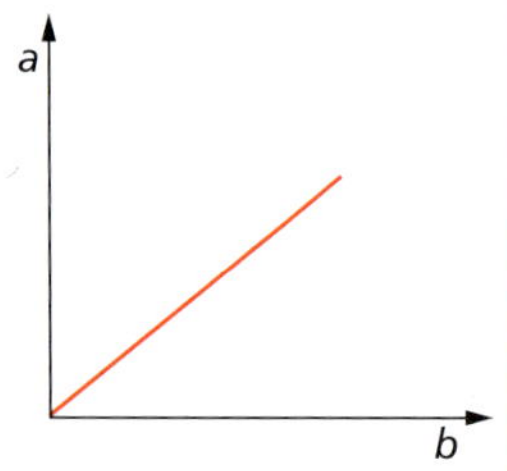	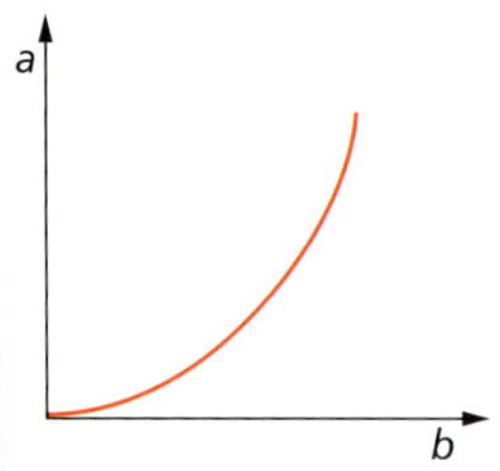	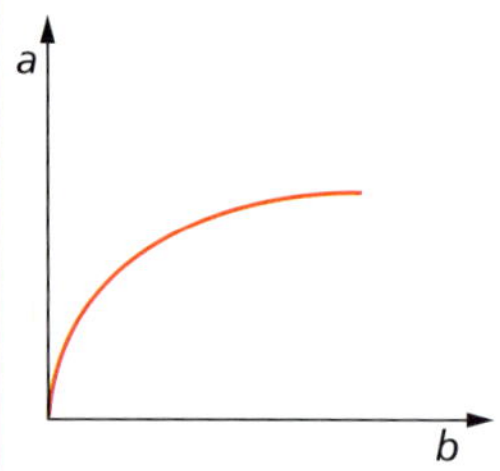	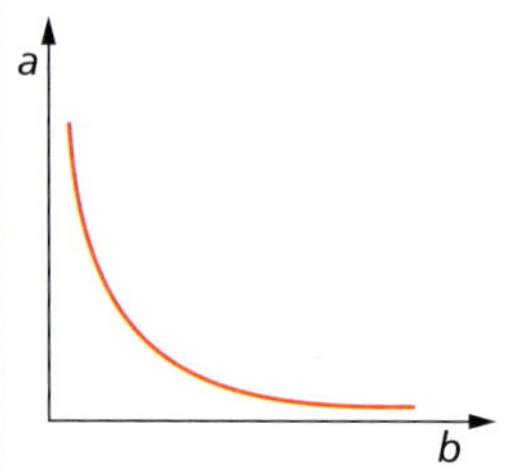
$a \sim b$	$a \sim b^2$	$a \sim \sqrt{b}$	$a \sim \frac{1}{b}$
$\frac{a}{b}$ = konstant	$\frac{a}{b^2}$ = konstant	$\frac{a}{\sqrt{b}}$ = konstant	$a \cdot b$ = konstant

Fadenpendel und Federschwinger

Körper, die sich in einer stabilen Gleichgewichtslage befinden, können mechanische Schwingungen ausführen, wenn sie aus der Ruhelage ausgelenkt werden und auf sie eine rücktreibende Kraft wirkt.
Einfache mechanische Schwinger sind das **Fadenpendel** und der **Federschwinger.** Mit ihnen kann man eine Reihe von mechanischen Schwingern vereinfacht darstellen. Beispiele für schwingende Körper, die man vereinfacht als Fadenpendel betrachten kann, sind eine Kinderschaukel, das Pendel einer Uhr oder Artisten am Trapez.

Für die Schwingungsdauer eines Fadenpendels gilt unter der Bedingung kleiner Auslenkungen an einem bestimmten Ort:

$$T = 2\pi\sqrt{\frac{l}{g}}$$

l **Länge des Fadenpendels**
g **Fallbeschleunigung** $\left(g = 9{,}81\ \frac{\text{m}}{\text{s}^2}\right)$

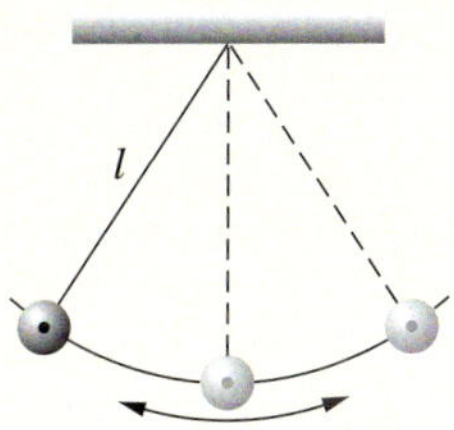

Die Schwingungsdauer eines Fadenpendels ist nur von der Pendellänge und von der Fallbeschleunigung abhängig, die am jeweiligen Ort herrscht. Die Masse des Pendelkörpers hat keinen Einfluss auf die Schwingungsdauer.

Alle elastischen Körper können Schwingungen ausführen, wenn sie verformt und anschließend sich selbst überlassen werden. Ein Federschwinger ist ein einfacher elastischer Körper, der aus einer Feder und einem schwingenden Körper der Masse m besteht. Als rücktreibende Kraft wirkt die Gewichtskraft oder die Federkraft.
Die Schwingungsdauer eines solchen Federschwingers ist von der Masse des schwingenden Körpers und von den Eigenschaften der Feder abhängig. Die Eigenschaften einer Feder werden mit der **Federkonstanten** D beschrieben. Die Federkonstante ist umso größer, je größer die Kraft F ist, die man zum Dehnen der Feder um eine bestimmte Länge Δs braucht.

Für die Schwingungsdauer eines vertikalen Federschwingers gilt:

$$T = 2\pi\sqrt{\frac{m}{D}}$$

m **Masse des schwingenden Körpers**
D **Federkonstante**

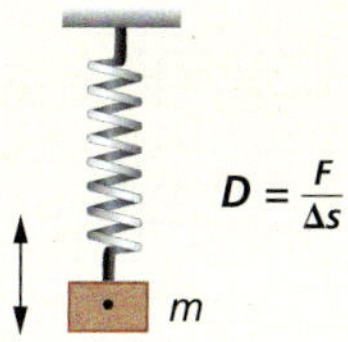

Wird beispielsweise durch eine Kraft von 10 N eine Feder um 4,0 cm gedehnt, so hat die Federkonstante D einen Wert von:

$$D = \frac{F}{\Delta s} = \frac{10\ \text{N}}{4{,}0\ \text{cm}} = 2{,}5\ \frac{\text{N}}{\text{cm}}$$

Schwingungsfähige elastische Anordnungen sind z. B. die Federungen von Autos und Motorrädern, ein Kranseil mit angehängter Last, eine Stimmgabel oder ein Trampolin mit Springer.
Auch die Fundamente von Maschinen können schwingen, wenn sie elastisch verformbar sind. In grober Näherung können solche elastischen Anordnungen vereinfacht als Federschwinger betrachtet werden.

Gewusst · Gekonnt

1. Interpretiere die Gleichung für die Schwingungsdauer eines Fadenpendels. Orientiere dich dabei an den Schritten, die auf S. 142 genannt sind.

2. Ein Pendel, das für eine halbe Schwingung genau eine Sekunde benötigt, wird als Sekundenpendel bezeichnet.
   a) Berechne die Länge eines solchen Sekundenpendels.
   b) Überprüfe experimentell das Ergebnis deiner Berechnung.

3. Wie verändert sich die Schwingungsdauer eines Federschwingers, wenn die Masse des Pendelkörpers
   a) vervierfacht wird,
   b) verdoppelt wird,
   c) halbiert wird?

Interessantes aus der Geschichte

Entwicklung der Zeitmessung

Die ältesten bekannten Uhren zur Zeitmessung sind **Sonnenuhren.** Man findet sie heute in den verschiedensten Varianten an Gebäuden. Viele Jahrhunderte hindurch wurden auch **Wasser-** oder **Sanduhren** benutzt, bei denen man eine fließende Wasser- oder Sandmenge für die Zeitmessung verwendet.
Die ersten mechanischen Uhren aus dem 14. Jahrhundert besaßen Räderwerke, die durch große Gewichte angetrieben wurden.

Im 16. Jahrhundert wurden die ersten tragbaren Taschenuhren entwickelt. So baute um 1512 der Nürnberger Schlosser PETER HENLEIN (1479–1542) Taschenuhren, die als „Nürnberger Eier" bekannt wurden. Als Antrieb für diese Taschenuhren wurden kleine Spiralfedern genutzt. Die verschiedenen Uhren hatten bis zu dieser Zeit den Nachteil, dass sie alle noch sehr ungenau waren. Die Schifffahrt und die astronomische Forschung in der damaligen Zeit verlangten aber nach genaueren Uhren. Einer, der wesentlich zur Verbesserung der Uhren beigetragen hat, war der holländische Forscher CHRISTIAAN HUYGENS (1629–1695).

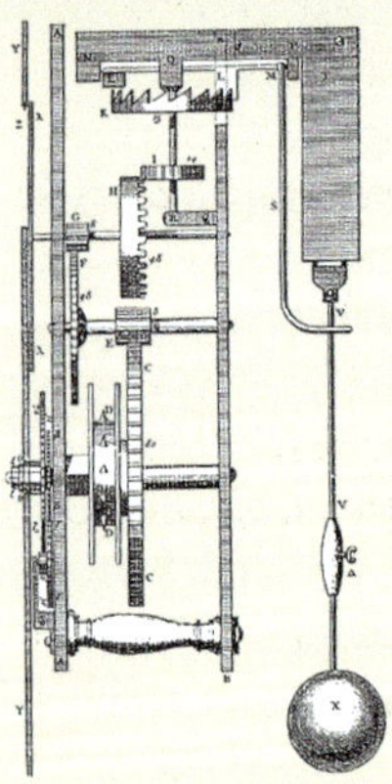

HUYGENS nutzte für seine Uhren die von ihm untersuchten Gesetze der Pendelbewegung und konstruierte 1656 eine Pendeluhr, in der er das bekannte Räderuhrwerk mit einem Pendel koppelte (↗ Abb.). 1657 erhielt er für diese geniale Idee ein Patent. 1674 konstruierte er unabhängig vom Engländer ROBERT HOOKE (1635 bis 1703) eine Taschenuhr mit einer Spiralfeder als Unruh, die ebenfalls mechanische Schwingungen ausführte.
Diese mechanischen Uhren wurden in vielfältigen Formen und Größen gebaut, ihre Mechanik wurde ständig weiterentwickelt.
Auch die Genauigkeit der mechanischen Uhren wurde in den folgenden Jahrzehnten immer weiter verbessert. Die physikalischen Prinzipien aber, auf denen diese Uhren beruhten, die mechanischen Schwingungen, blieben gleich.

1 Uhr mit Unruh: Zur Steuerung werden mechanische Schwingungen genutzt.

Erst im 20. Jahrhundert wurden elektrische Uhren konstruiert, die elektromagnetische Schwingungen zur Steuerung der Zeiger nutzen. 1929 wurde in den USA die erste **Quarzuhr** gebaut. Eine noch größere Genauigkeit als Quarzuhren weisen **Atomuhren** auf, bei denen der Gang von Schwingungen in Atomen gesteuert wird. Die erste Atomuhr wurde 1948 für das National Bureau of Standards, das nationale amerikanische Normungsinstitut, gebaut. Eine der genauesten Atomuhren befindet sich heute in der Physikalisch-Technischen Bundesanstalt in Braunschweig (Abb. 2). Bei ihr tritt in 200 000 Jahren eine Abweichung von weniger als einer Sekunde auf.

2 Atomuhr in der Physikalisch-Technischen Bundesanstalt in Braunschweig

Energieumwandlungen bei Schwingungen

Bei mechanischen Schwingungen wird potenzielle Energie in kinetische Energie umgewandelt und umgekehrt.
Für ein Fadenpendel sind die Energieumwandlungen in Abb. 2 dargestellt. Die Werte für die kinetische bzw. potenzielle Energie schwanken zwischen null und einem Maximalwert. Dieser Maximalwert ist von der Masse des schwingenden Körpers und von der maximalen Auslenkung bzw. der Geschwindigkeit abhängig.
Lässt man ein solches Pendel längere Zeit hin- und herschwingen, dann zeigt sich: Die Amplitude der Schwingungen wird kleiner. Ursache dafür ist: Durch Reibung an der Aufhängung und durch den Luftwiderstand des schwingenden Körpers wird ein Teil der mechanischen Energie in thermische Energie umgewandelt und als Wärme an die Umgebung abgegeben. Dadurch verringert sich die mechanische Energie des schwingenden Körpers und damit die Amplitude. Allmählich kommt die Schwingung zum Erliegen. Eine solche Schwingung wird als **gedämpfte Schwingung** bezeichnet (Abb. 1). Für eine gedämpfte mechanische Schwingung gilt:

$$E_{pot} + E_{kin} + E_{therm} = \text{konstant}$$

Dabei verkleinert sich ständig der Anteil der mechanischen Energie. Die thermische Energie, die in Form von Wärme an die Umgebung abgegeben wird, vergrößert sich.
Beispiele für solche gedämpften Schwingungen sind das Hin- und Herschwingen eines Autos nach dem Durchfahren einer Bodenwelle oder die Schwingung einer Gitarrensaite.

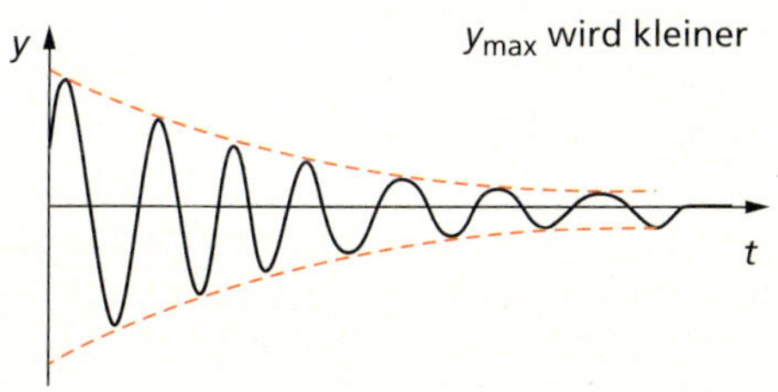

1 $y(t)$-Diagramm einer gedämpften Schwingung

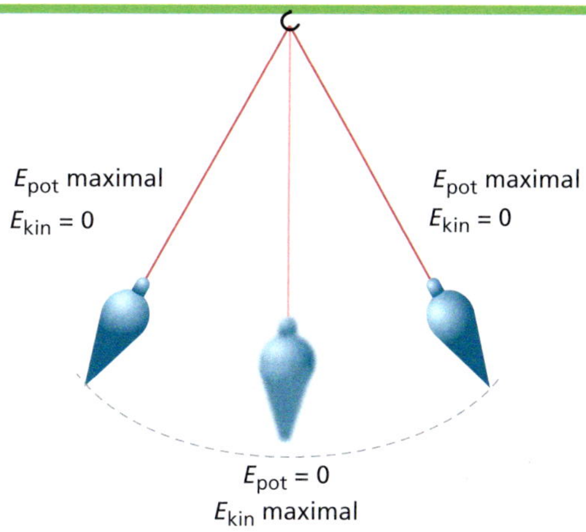

2 Energieumwandlung an einem Fadenpendel

Bei einer gedämpften Schwingung ändern sich die Form der Schwingungskurve und die Schwingungsdauer in vielen Fällen nicht, wohl aber die Amplitude der Schwingung. Sie wird immer kleiner und letztendlich null.

Führt man einem Schwinger die Energie, die ihm durch Reibung verloren geht, ständig wieder zu oder sieht man im Idealfall von der Reibung ab, so bleibt die Amplitude der Schwingung konstant (Abb. 3). In einem solchen Fall spricht man von einer **ungedämpften Schwingung.**
Für eine ungedämpfte mechanische Schwingung gilt der Energieerhaltungssatz der Mechanik:

$$E_{pot} + E_{kin} = \text{konstant}$$

Da überall Reibung auftritt, kommt eine ungedämpfte Schwingung nur zustande, wenn ständig genau die Energie zugeführt wird, die durch Reibung „verloren" geht.
Beispiele dafür sind die Pendel von Pendeluhren oder ein Metronom.

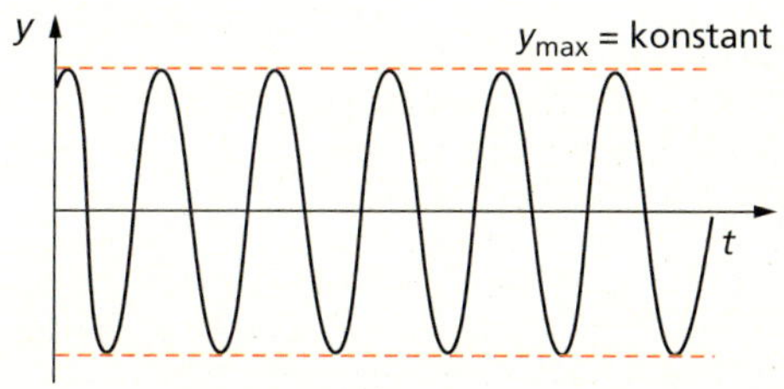

3 $y(t)$-Diagramm einer ungedämpften Schwingung

Eigenschwingungen, erzwungene Schwingungen und Resonanz

Körper, die einmalig aus ihrer Ruhelage ausgelenkt werden und dann ohne jede Beeinflussung von außen hin- und herschwingen, führen **freie Schwingungen** bzw. **Eigenschwingungen** aus. Dem schwingenden Körper wird nur einmalig Energie zugeführt. So führt z. B. eine Stimmgabel nach einem einmaligen Anschlagen Eigenschwingungen aus. Das gilt auch für die Saite einer Gitarre, die einmal gezupft wird. Ein solcher frei schwingender Körper schwingt mit einer bestimmten Frequenz, die nur von seinen Eigenschaften abhängig ist, seiner **Eigenfrequenz** f_0. Die Eigenfrequenz eines Fadenpendels hängt z. B. von seiner Länge ab, die eines Federschwingers von der Masse des schwingenden Körpers.

Ein Körper, dem ständig periodisch Energie von außen zugeführt wird, führt **erzwungene Schwingungen** aus. Wird z. B. ein Kind auf einer Schaukel periodisch von außen angestoßen, so treten erzwungene Schwingungen auf. Eine Maschine kann das Fundament, auf dem sie steht, zu erzwungenen Schwingungen anregen.
Die Energiezufuhr erfolgt von außen, z. B. durch Kopplung verschiedener Schwinger (Abb. 1).
Der „Energielieferant" wird **Erreger,** seine Frequenz **Erregerfrequenz** f_E genannt (Abb. 1). Der Schwinger führt jetzt eine erzwungene Schwingung aus. Er ist ständig mit dem Erreger verbunden und wird von diesem beeinflusst.

Ein Körper kann Eigenschwingungen oder erzwungene Schwingungen ausführen.

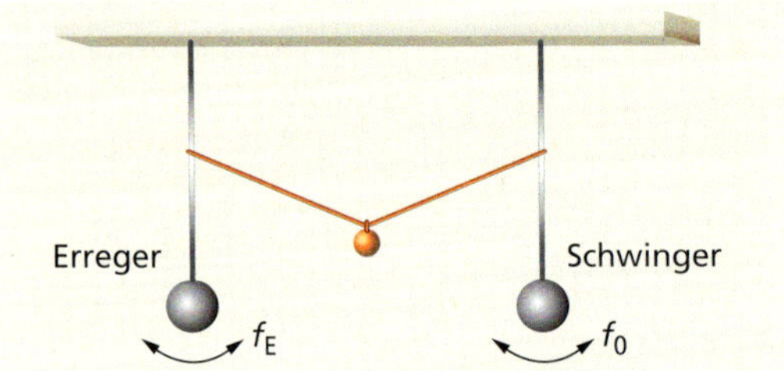

1 Kopplung zweier Fadenpendel

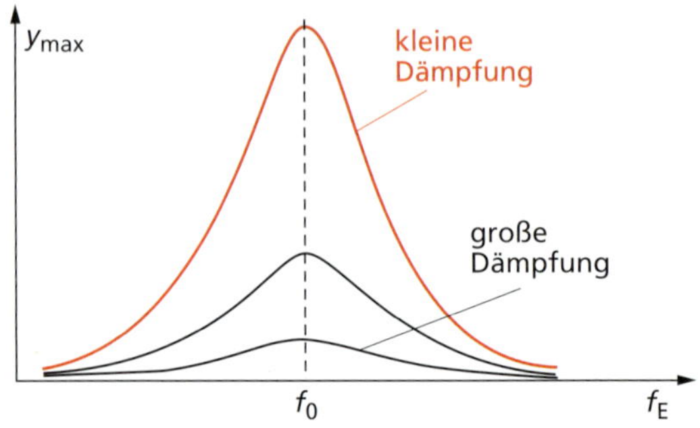

2 Abhängigkeit der Amplitude bei erzwungenen Schwingungen von der Erregerfrequenz und der Dämpfung

Liegt die Erregerfrequenz in der Nähe der Eigenfrequenz, so vergrößert sich die Amplitude des Schwingers. Ein Maximum wird erreicht, wenn die Erregerfrequenz gleich der Eigenfrequenz ist. Dieser Fall wird als **Resonanz** bezeichnet.

Resonanz tritt bei erzwungenen Schwingungen unter folgender Bedingung auf:

$f_E = f_0$ — f_E **Erregerfrequenz**, f_0 **Eigenfrequenz**

Wie stark sich die Amplitude des Schwingers im Resonanzfall vergrößert, hängt von der Dämpfung des Schwingers ab (Abb. 2). Bei geringer Dämpfung kann die Amplitude sehr groß werden. Dieses starke Mitschwingen kann auch zur Zerstörung des Schwingers führen. In diesem Fall spricht man von einer **Resonanzkatastrophe.**
Das Mitschwingen eines Körpers durch Resonanz kann erwünscht oder auch unerwünscht sein. Erwünscht ist z. B. das Mitschwingen des Resonanzkörpers von Musikinstrumenten bei möglichst vielen Frequenzen.
Fundamente, Fußböden, Brücken und Mauerwerke von Gebäuden sind elastische Körper, die zu Schwingungen angeregt werden können. Dabei ist Resonanz unerwünscht, weil Schwingungen zu Schäden führen können. Das bekannteste Beispiel dafür ist die Tacoma-Hängebrücke in den USA (1940, ↗ Abb. S. 101). Die Brücke wurde durch Windböen in so starke Schwingungen versetzt, dass sie einstürzte.

Physik in Natur und Technik

Der Schwingungsdämpfer

Schwingungsdämpfer (Abb. 1) findet man heutzutage nicht nur bei Lkws, Pkws und Motorrädern, sondern teilweise auch bei Fahrrädern. Sie werden dort als Federgabeln bezeichnet.
Welche Aufgaben haben Schwingungsdämpfer bei Fahrzeugen? Wie kann man die Funktionstüchtigkeit von Schwingungsdämpfern prüfen?

Schwingungsdämpfer bei Fahrzeugen, insbesondere bei Pkws, haben verschiedene Aufgaben.
Eine erste Aufgabe besteht darin, den Fahrkomfort zu verbessern. Unebenheiten der Fahrbahn werden über die Räder auf das Fahrzeug übertragen und führen zu Schwingungen. Ohne Schwingungsdämpfer würden diese Schwingungen auch auf die Personen im Fahrzeug übertragen, was auf Dauer sehr unangenehm wäre.
Schwingungsdämpfer verhindern, dass die aufgrund von Fahrbahnunebenheiten entstehenden Schwingungen auf die Personen im Fahrzeug übertragen werden.
Eine zweite Aufgabe von Schwingungdämpfern ist die Verbesserung der Verkehrssicherheit des betreffenden Fahrzeugs. Durch Schwingungsdämpfer wird vermieden, dass Räder aufgrund von Unebenheiten der Fahrbahn die Verbindung zur Fahrbahn verlieren. Damit wird die Gefahr des Rutschens oder Schleuderns, insbesondere in Kurven, wesentlich verringert. Das ist wegen der bei Kurvenfahrten auftretenden Kräfte besonders wichtig.

2 Prüfung von Schwingungsdämpfern: Dazu werden die Räder in vertikale Schwingungen versetzt.

Defekte Schwingungsdämpfer verringern die Verkehrssicherheit. Sie sollten deshalb umgehend erneuert werden.
Zur Prüfung der Funktionstüchtigkeit von Schwingungsdämpfern werden spezielle Anordnungen genutzt (Abb. 2). Die Räder des Autos werden mit einer „Rüttelmaschine" in vertikale Schwingungen versetzt. Das erfolgt getrennt für jedes einzelne Rad und damit für jeden Schwingungsdämpfer. Die Frequenz dieser Schwingungen und auch ihre Amplituden können verändert werden. Die erzwungenen Schwingungen des Autos werden mit einem Schwingungsschreiber aufgezeichnet und anschließend ausgewertet (Abb. 3).
Aus der Form der aufgezeichneten Schwingungen ist für den Fachmann erkennbar, ob ein Schwingungsdämpfer noch voll funktionstüchtig ist oder ob er ersetzt werden muss. Das sollte so schnell wie möglich geschehen.

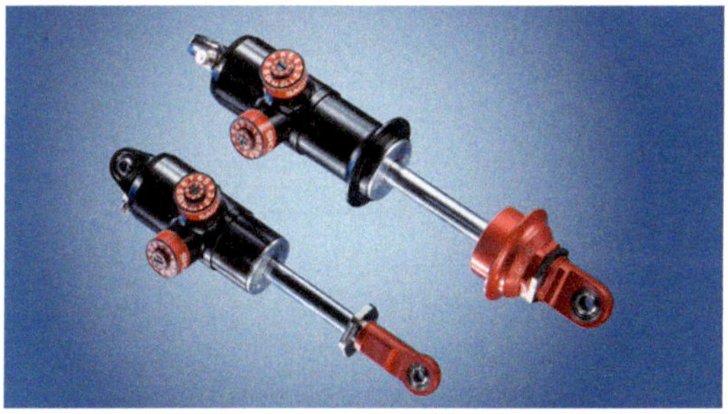

1 Für Fahrzeuge werden Schwingungsdämpfer unterschiedlicher Bauart verwendet.

3 Aufzeichnung der Schwingungen eines Schwingungsdämpfers

Gewusst · Gekonnt

1. Schwingungen oder nicht?
Die folgenden Abbildungen zeigen periodische Vorgänge.

Bei welchen dieser Vorgänge handelt es sich um mechanische Schwingungen, bei welchen nicht? Begründe deine Aussagen.

2. Beispiele für Schwingungen
In Natur und Technik gibt es zahlreiche periodische Vorgänge. Nenne Beispiele für solche periodischen Vorgänge in Natur und Technik. Begründe, bei welchen dieser Vorgänge es sich um mechanische Schwingungen handelt und bei welchen nicht.

3. Der Pulsschlag und seine Frequenz
Der Pulsschlag ist ein periodischer Vorgang.
a) Bestimme mithilfe des Pulsschlags die Frequenz deines Herzschlags. Miss dazu die Zeit für 10 Pulsschläge und ermittle daraus die Frequenz.
Um einen genaueren Wert zu erhalten, führe mehrere Messungen durch und bilde einen Mittelwert. Vergleicht die Werte.
b) Diskutiert die Genauigkeit des Pulsschlags als Grundlage für eine Zeitmessung.

4. Die Unruh einer Uhr
Die Unruh eines mechanischen Weckers führt 120 Schwingungen in der Minute aus.
a) Wie groß ist die Frequenz dieser Schwingung?
b) Wie viele Schwingungen vergehen, bis der Sekundenzeiger um eine Sekunde weiterrückt?

5. Aufzeichnung von Schwingungen
Mit einer einfachen Anordnung (↗ Skizze) kann man Schwingungen aufzeichnen.

a) Probiere das mit einem Partner selbst aus. Der Partner zieht das Papier gleichmäßig unter dem Lineal hindurch, während der andere Partner den Bleistift an der Linealkante hin- und herbewegt.
b) Führt den Versuch mehrmals durch. Verändert die Bedingungen.

6. Schwingungen einer Stimmgabel
Die Schwingungen einer Stimmgabel wurden aufgezeichnet. Dabei ergab sich folgendes Schwingungsbild:

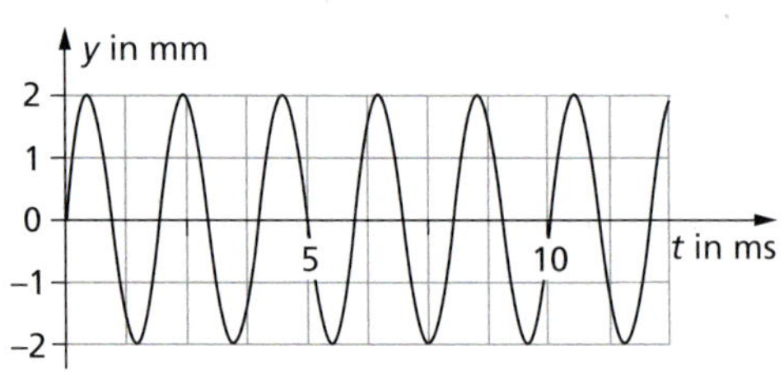

Ermittle aus dem $t(y)$-Diagramm Amplitude, Schwingungsdauer und Frequenz. Wie lautet die Schwingungsgleichung?

7. Schwingungsdauer eines Federschwingers

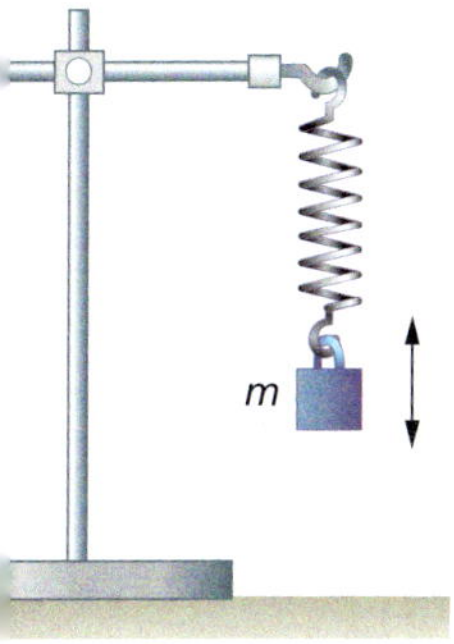

Mit der dargestellten Experimentieranordnung lässt sich der Zusammenhang zwischen der Schwingungsdauer T und der Masse m ermitteln.
Entwickle dazu eine Messwertetabelle. Führe die Messungen für fünf verschiedene Massen durch.
Zeichne das Masse-Schwingungsdauer-Diagramm.
Interpretiere dieses Diagramm.

8. Ergebnisse eines Experiments
Bei einer experimentellen Untersuchung zur Schwingungsdauer eines Federschwingers erhält man bei Nutzung einer bestimmten Feder folgende Ergebnisse:

m in g	*T* in s
20	1,62
50	2,56
70	3,04
100	3,63
150	4,44
170	4,73
200	5,13

Weise nach, dass für diese Feder der Zusammenhang $T \sim \sqrt{m}$ gilt.

9. Schwingungen erwünscht?
Schwingungen können erwünscht oder unerwünscht sein. Stelle dafür Beispiele aus Natur, Technik und Alltag zusammen.

10. Energieumwandlungen
Beschreibe die Energieumwandlungen
a) bei einem Fadenpendel,
b) bei einem Federschwinger.

11. Resonanz unerwünscht
Warum sollte eine Gruppe von Personen nicht im Gleichschritt über eine Brücke marschieren?

12. Schwingungsdämpfer
Die Abbildungen zeigen den Aufbau eines Schwingungsdämpfers (Stoßdämpfers), so wie er beim Pkw verwendet wird.

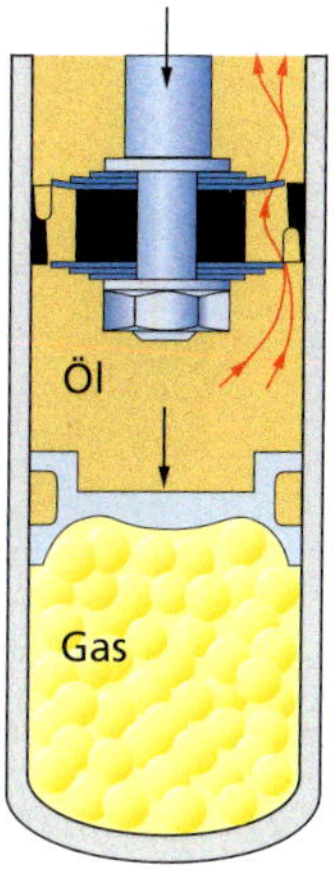

Beschreibe den Aufbau und erkläre die Wirkungsweise eines solchen Schwingungsdämpfers.

13. Eine Resonanzkatastrophe
Im Jahr 1940 stürzte die gerade erst neu erbaute, ein Kilometer lange Tacoma-Hängebrücke (↗ Abb.) in den USA ein, obwohl nur eine relativ geringe Windstärke herrschte. Der Wind wehte allerdings nicht gleichmäßig, sondern böig. Erkläre, wie es trotz der geringen Windstärke zum Einsturz dieser großen Brücke kommen konnte.

Das Wichtigste im Überblick

Mechanische Schwingungen

Mechanische Schwingungen

- treten in vielen Bereichen von Natur, Technik und Alltag auf.
- lassen sich mithilfe von Diagrammen und physikalischen Größen beschreiben.
- sind immer verbunden mit der periodischen Änderung physikalischer Größen.
- sind mit Energieumwandlungen verbunden.

■ Eine **Schwingung** ist die zeitlich periodische Änderung einer physikalischen Größe (z. B. Auslenkung, Druck, Geschwindigkeit, Beschleunigung).

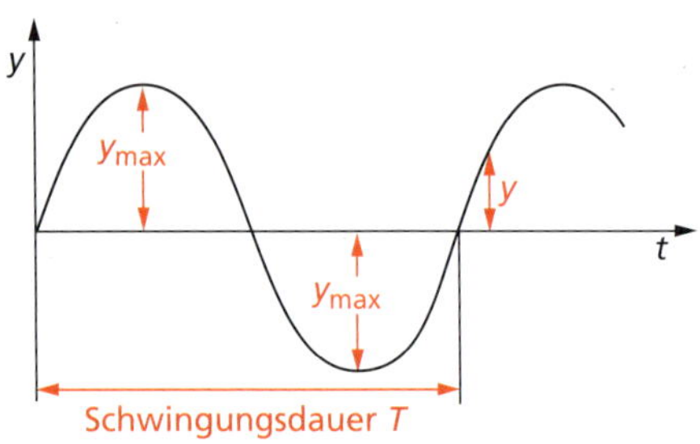

$$y(t) = y_{max} \cdot \sin\left(\frac{2\pi}{T} \cdot t\right)$$

Wichtige Größen zur Beschreibung von Schwingungen sind:

y	Auslenkung
y_{max}	Amplitude (maximale Auslenkung)
T	Schwingungsdauer
f	Frequenz

$$T = \frac{1}{f}$$

$$f = \frac{1}{T}$$

Einheit: $1\ \text{Hz} = \frac{1}{\text{s}}$

■ Viele mechanische Schwingungen verlaufen sinusförmig. Das gilt auch für die Schwingungen eines Fadenpendels bei kleiner Auslenkung und für die Schwingungen eines Federschwingers.

Fadenpendel

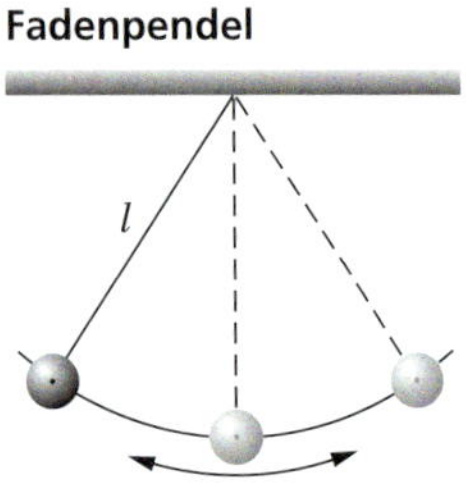

$$T = 2\pi\sqrt{\frac{l}{g}}$$

(für kleine Auslenkungen)

Federschwinger

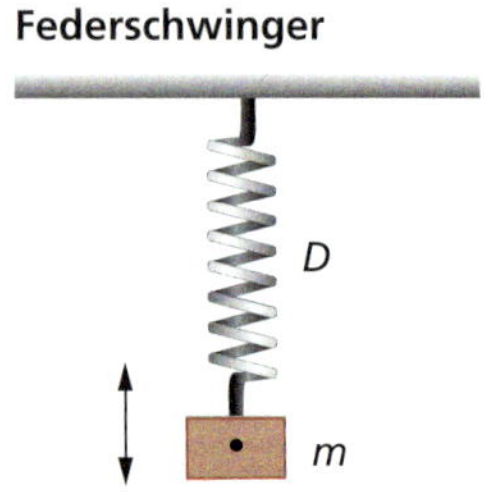

$$T = 2\pi\sqrt{\frac{m}{D}}$$

3.2 Mechanische Wellen

1 Ein schneller Eurofighter

Fluglärm kann sehr unangenehm sein. Bei schnell fliegenden Flugzeugen tritt häufig folgender Effekt auf: Man sieht das Flugzeug nicht dort, von wo man sein Geräusch hört. Und von dort, wo man es sieht, kommt kein Geräusch.

Warum kann man ein schnell fliegendes Flugzeug in der Regel nicht dort sehen, wo man es hört?

2 Wasser in Bewegung

Wasserwellen sind eine spezielle Art von mechanischen Wellen. Sie können sehr unterschiedliche Größe und Form haben.

Welche anderen Arten von mechanischen Wellen gibt es? Welche Eigenschaften haben solche Wellen?

3 Gefährliche Erdbeben

Durch Erdbeben können Gebäude zerstört oder Tsunamis ausgelöst werden. Selbst in erheblicher Entfernung vom Erdbebenzentrum kann es zu großen Schäden kommen.

Erkunde, ob auch in Deutschland Erdbeben möglich sind.

Wieso können Schäden in größerer Entfernung vom Erdbebenzentrum auftreten?

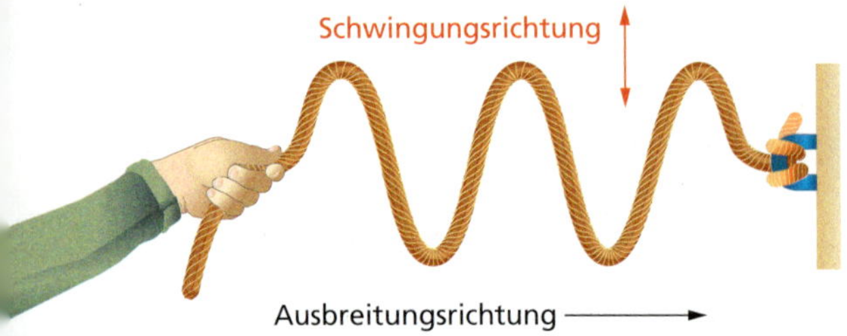

1 Schwingungsrichtung und Ausbreitungsrichtung der Welle stehen senkrecht zueinander.

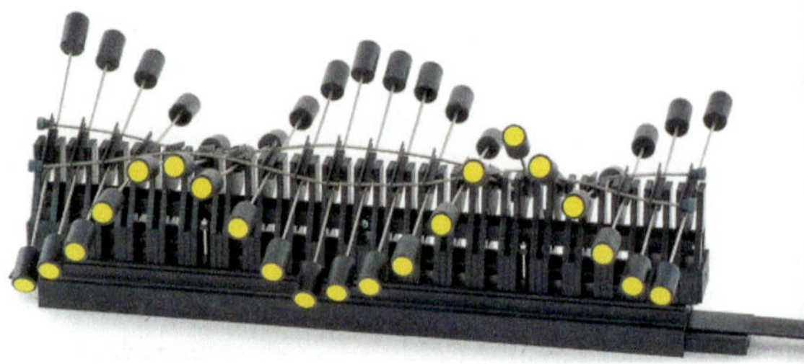

3 Wellenmaschine zur Demonstration der Ausbreitung von Schwingungen im Raum

Entstehung mechanischer Wellen

Durch Kopplung können schwingungsfähige Körper bzw. Teilchen von einem anderen Schwinger Energie erhalten und so selbst zu Schwingungen angeregt werden. Dadurch kann sich die Schwingung eines Körpers von Schwinger zu Schwinger in einem Raum ausbreiten (Abb. 1, 3). Solche Vorgänge nennt man in der Physik **mechanische Wellen.**

> **Eine mechanische Welle ist die Ausbreitung einer mechanischen Schwingung im Raum.**

Voraussetzungen für ihr Entstehen sind:
- das Vorhandensein schwingungsfähiger Teilchen,
- eine Kopplung zwischen den Teilchen,
- eine Anregung von Teilchen (Energiezufuhr).

Je nachdem, ob die einzelnen Schwinger längs oder quer zur Ausbreitungsrichtung der Wellen schwingen, unterscheidet man zwischen **Längs-** und **Querwellen.**

Schallwellen sind Längswellen (Longitudinalwellen). Schallschwingungen eines Erregers führen zu Druckschwankungen in der Luft, die als Welle weitergeleitet werden. Das wird am Beispiel eines Tamburins deutlich (Abb. 2). Man kann sich Schallwellen vereinfacht wie die Ausbreitung einer Erregung längs einer Schraubenfeder vorstellen.

Im Unterschied zu Schallwellen sind Wasserwellen (Abb. 4) oder Seilwellen (Abb. 1) Querwellen oder Transversalwellen. Wie bei gekoppelten Federschwingern (↗ S. 105, Abb. 1) schwingen die Teilchen dabei quer zur Ausbreitungsrichtung der Welle. Solche Querwellen lassen sich z. B. mithilfe einer Wellenmaschine (Abb. 3) demonstrieren.
Ausbreitungsrichtung und Schwingungsrichtung sind bei Querwellen stets senkrecht zueinander.
Schall- oder Wasserwellen sind mechanische Wellen, da sich bei ihnen mechanische Größen wie die Auslenkung oder die Geschwindigkeit periodisch ändern.

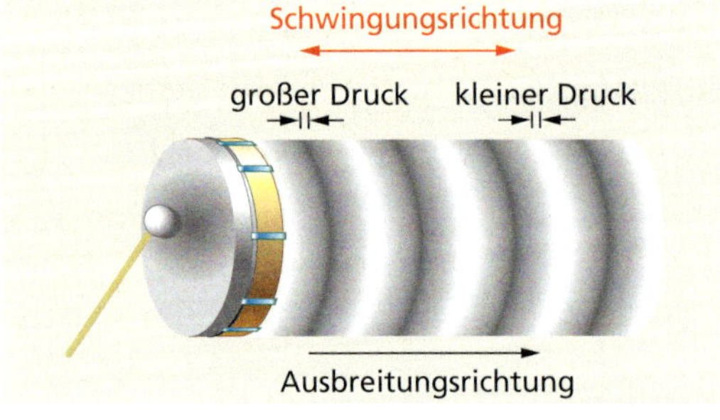

2 Ausbreitung einer Längswelle: Ausbreitungsrichtung und Schwingungsrichtung sind gleich.

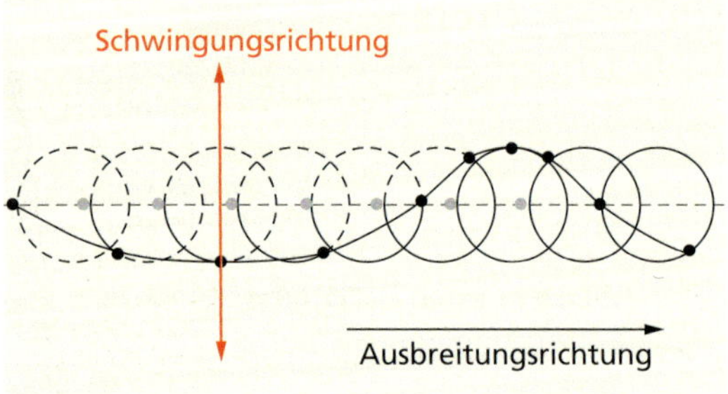

4 Ausbreitung einer Wasserwelle: Die Wasserteilchen bewegen sich kreisförmig.

Im Raum können sich aber nicht nur mechanische, sondern auch nicht mechanische Schwingungen ausbreiten. Dabei ändern sich nicht mechanische Größen zeitlich und räumlich periodisch.
Das ist z. B. bei den elektromagnetischen Wellen der Fall, die für Rundfunk und Fernsehen genutzt werden. Bei ihnen ändert sich u. a. die Stärke des magnetischen Felds. Man spricht auch dann von Wellen, z. B. von elektromagnetischen Wellen oder von hertzschen Wellen.
Allgemein gilt die Festlegung:

Eine Welle ist eine zeitlich und räumlich periodische Änderung einer physikalischen Größe bzw. eines physikalischen Zustands.

Mit einer Welle wird Energie, aber kein Stoff transportiert. Dieser Energietransport kommt durch die Kopplung der Schwinger zustande, wie sie z. B. in elastischen Stoffen (Luft, Wasser) besteht. So gelangt Schallenergie vom Lautsprecher eines Radios durch die Luft an unsere Ohren.
Durch Wasserwellen wird ebenfalls Energie transportiert, die z. B. am Ufer zu Abtragungen und Zerstörungen führen kann.

Selbst erforscht

Gekoppelte Pendel

Untersuche das Verhalten gekoppelter Pendel.

a) Kopple zwei Fadenpendel und zwei Federschwinger wie in der Abbildung.

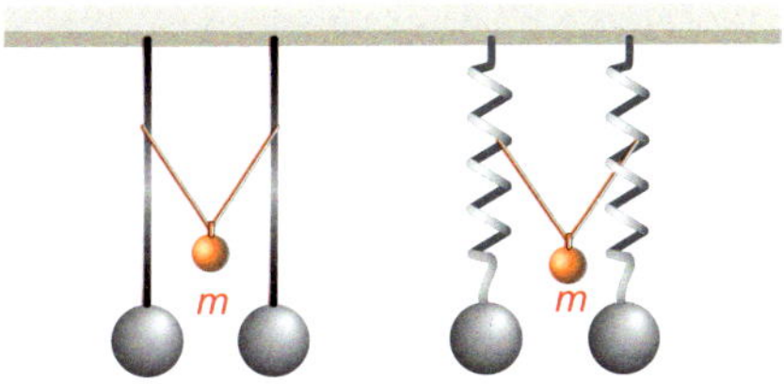

b) Bringe ein Pendel zum Schwingen und beschreibe deine Beobachtungen.
c) Verändere die Masse *m*, indem du nacheinander einen Körper mit größerer bzw. kleinerer Masse für die Kopplung nutzt. Beschreibe deine Beobachtungen.
d) Beschreibe die Energieumwandlungen und -übertragungen bei den Pendeln bzw. Federschwingern.

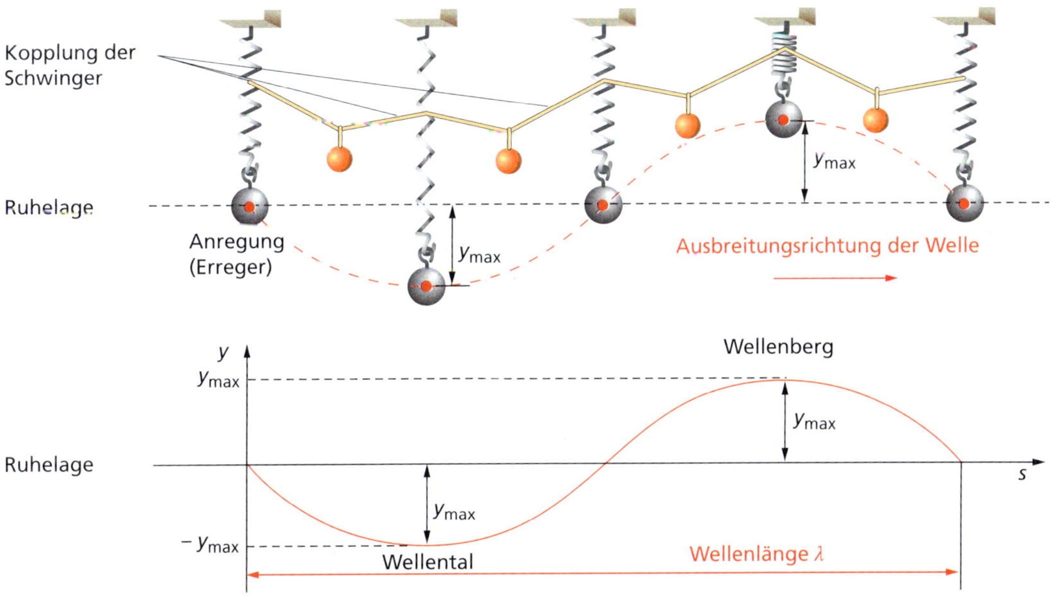

1 Gekoppelte Federschwinger und $y(s)$-Diagramm einer mechanischen Welle: Der Verlauf der Welle ist sinusförmig. Man spricht von einer harmonischen Welle.

Beschreibung mechanischer Wellen

Da bei einer Welle jeder einzelne Körper bzw. jedes Teilchen mechanische Schwingungen ausführt, können solche Schwingungsgrößen wie **Auslenkung, Amplitude, Schwingungsdauer** und **Frequenz** (↗ S. 89) zur Beschreibung genutzt werden.

Die Bewegung eines einzelnen Schwingers kann wie bei Schwingungen mit einem $y(t)$-Diagramm beschrieben werden (↗ Übersicht unten links). Die Ausbreitung der Schwingung im Raum wird darüber hinaus mit den Größen **Wellenlänge** und **Ausbreitungsgeschwindigkeit** beschrieben. Dazu kann die Ausbreitung einer Schwingung als Welle in einem $y(s)$-Diagramm dargestellt werden (↗ Übersicht unten rechts).

Die Wellenlänge gibt den Abstand zweier benachbarter Schwinger an, die sich im gleichen Schwingungszustand befinden.

Formelzeichen: λ
Einheit: **ein Meter (1 m)**

Die Wellenlänge ist der Abstand zwischen zwei benachbarten Wellenbergen bzw. Wellentälern. Bei mechanischen Wellen können die Wellenlängen sehr unterschiedlich sein (↗ Übersicht rechts oben). Die für uns hörbaren Schallwellen haben in Luft Wellenlängen zwischen 7,5 cm und 90 m.

Wellenlängen in Natur und Technik	
Ultraschallwellen in der Medizin (1–15 MHz)	1,5 mm bis 0,1 mm
Schallwellen bei 20 °C und 1 000 Hz in Luft in Wasser	 34 cm 148 cm
Wasserwellen in flachem Wasser im Meer bei Sturm	 einige cm >10 m

Selbst erforscht

Abschätzung der Wellenlänge

Wenn man z. B. einen Stein ins Wasser wirft, breiten sich die Wellen kreisförmig vom Erregerzentrum aus (↗ Abb.).

a) Probiere es aus.

b) Beschreibe eine Möglichkeit, wie man die Wellenlänge dieser Wasserwellen abschätzen könnte. Führe eine solche Abschätzung durch.

$y(t)$-Diagramm

Für einen bestimmten Ort (s = konstant) wird dargestellt, wie sich der einzelne Schwinger in Abhängigkeit von der Zeit bewegt.

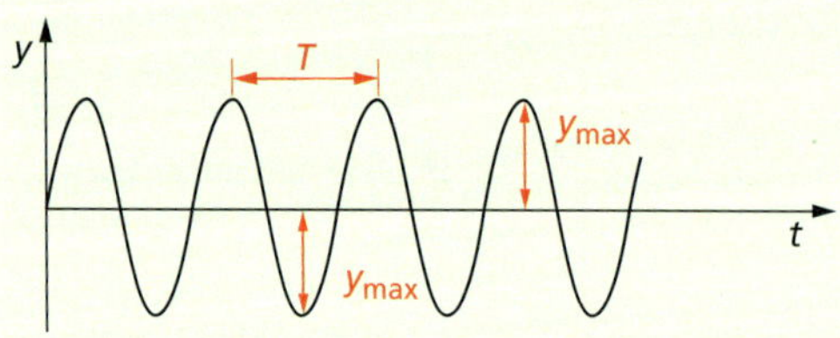

Aus dem Diagramm können die Schwingungsdauer T und die Amplitude y_{max} abgelesen werden.

$y(s)$-Diagramm

Für einen bestimmten Zeitpunkt (t = konstant) wird dargestellt, welche Auslenkungen die verschiedenen Schwinger besitzen.

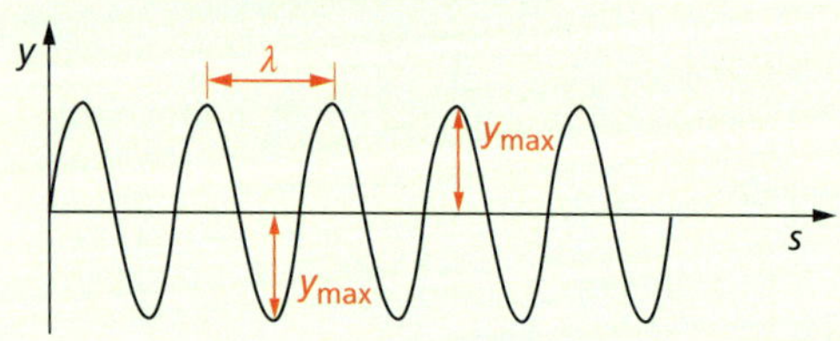

Aus dem Diagramm können die Wellenlänge λ und die Amplitude y_{max} abgelesen werden.

Ausbreitung mechanischer Wellen

Wellen können sich in festen Körpern, Flüssigkeiten und Gasen ausbreiten. Die Ausbreitung kann dabei linear (z. B. in Stäben), in einer Ebene (z. B. an der Wasseroberfläche) oder in einem Raum (z. B. von einem Lautsprecher aus) erfolgen.

Die Geschwindigkeit, mit der sich Wellen ausbreiten, wird in der Physik **Ausbreitungsgeschwindigkeit** genannt.

Die Ausbreitungsgeschwindigkeit einer Welle ist die Geschwindigkeit, mit der sich ein Schwingungszustand im Raum ausbreitet.

Formelzeichen: v
Einheit: **ein Meter je Sekunde** ($1\ \frac{m}{s}$)

Als Schwingungszustand kann z. B. ein Wellenberg oder ein Wellental angesehen werden.
Die unterschiedlichen Ausbreitungsgeschwindigkeiten mechanischer Wellen in verschiedenen Stoffen hängen mit den unterschiedlich starken Kopplungskräften zwischen den Teilchen der Stoffe zusammen. Die Ausbreitungsgeschwindigkeit ist umso größer, je stärker die Kopplungskräfte zwischen den Teilchen sind. Sie ist in der Regel auch umso größer, je höher die Temperatur des betreffenden Stoffs ist (↗ Tabelle).
Die Ausbreitungsgeschwindigkeit von Schallwellen nennt man **Schallgeschwindigkeit.**

Untersuchungen zur Ausbreitung von Wellen zeigen:
- In einem Medium konstanter Temperatur breiten sich Wellen gleichförmig aus.
- Innerhalb einer Schwingungsdauer T legt die Welle eine Strecke zurück, die gleich der Wellenlänge λ ist. Demzufolge erhält man

aus $v = \frac{s}{t}$ mit $s = \lambda$ und $t = T$:

$$v = \frac{\lambda}{T}$$

Mit $\frac{1}{T} = f$ ergibt sich: $v = \lambda \cdot f$

Dieser Zusammenhang gilt für beliebige mechanische und andere Wellen.

Bei allen Wellen gilt für die Ausbreitungsgeschwindigkeit v:

$v = \lambda \cdot f$ λ **Wellenlänge**, f **Frequenz**

Bei der Anwendung dieses Gesetzes ist zu beachten, dass die Frequenz einer Welle nur davon abhängig ist, wie sie zustande gekommen ist. Bei der Ausbreitung von Wellen ändert sich die Frequenz nicht. Das gilt auch dann, wenn mechanische Wellen von einem Stoff in einen anderen übergehen. Dagegen ist die Ausbreitungsgeschwindigkeit und damit die Wellenlänge vom Stoff abhängig, in dem sich eine Welle ausbreitet.

Schallgeschwindigkeiten in verschiedenen Stoffen		
Stahl	bei 20 °C	$4900\ \frac{m}{s}$
Beton	bei 20 °C	$3800\ \frac{m}{s}$
Ziegelstein	bei 20 °C	$3600\ \frac{m}{s}$
Holz (Eiche)	bei 20 °C	$3400\ \frac{m}{s}$
Eis	bei −4 °C	$3250\ \frac{m}{s}$
Wasser	bei 0 °C	$1404\ \frac{m}{s}$
	bei 20 °C	$1484\ \frac{m}{s}$
Luft	bei −20 °C	$320\ \frac{m}{s}$
	bei 0 °C	$332\ \frac{m}{s}$
	bei +20 °C	$344\ \frac{m}{s}$
Gummi	bei 20 °C	$50\ \frac{m}{s}$

Gewusst · Gekonnt

1. Interpretiere die Gleichung für die Ausbreitungsgeschwindigkeit. Orientiere dich dabei an den auf S. 142 genannten Schritten.

2. Eine Schallwelle, die von einer Stimmgabel ausgeht, hat eine Frequenz von 440 Hz (Kammerton a). Berechne ihre Wellenlänge bei 20 °C in Luft und in Wasser.

Schallwellen

Mit unseren Ohren nehmen wir Töne, Geräusche, Musik oder Sprache wahr. Unsere Ohren sind **Schallempfänger.** Körper, die durch ihre Schwingungen Schall erzeugen, werden als **Schallquellen** bezeichnet.

Bei Schallquellen können unterschiedliche Teile schwingen:
- Bei Zupf- und Streichinstrumenten wie Gitarre, Klavier oder Violine werden Saiten in Schwingungen versetzt.
- Bei Blasinstrumenten wie Trompete, Saxofon, Flöte oder Orgel schwingen Luftsäulen.
- Bei der menschlichen Stimme schwingen die Stimmbänder, wenn Luft aus der Lunge kommt und durch die Stimmritze hindurchtritt.
- Die typischen Geräusche bei Mücken oder Fliegen kommen durch schnelles Hin- und Herschwingen der Flügel zustande.
- Quelle der Geräusche aus einem Lautsprecher ist die hin- und herschwingende Lautsprechermembran.

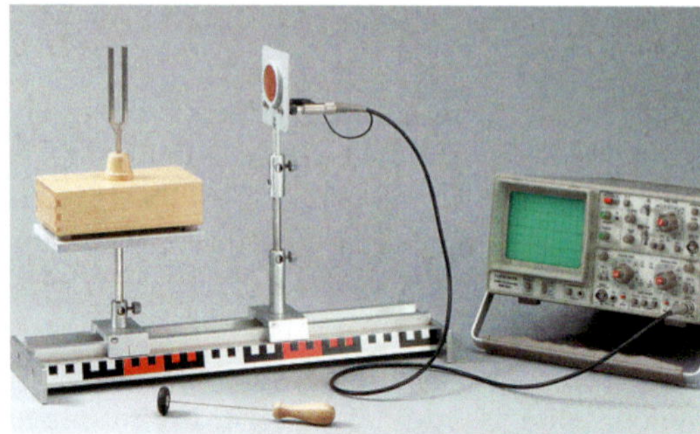

1 Mit einem Oszillografen kann man schnell verlaufende Schwingungen darstellen.

Von einer Schallquelle breitet sich Schall in Form von Schallwellen aus. Der Schall, den wir wahrnehmen, kann sehr unterschiedlich sein. Beim Anschlagen einer Stimmgabel hören wir einen **Ton.** Das Anschlagen einer Gitarrensaite liefert einen **Klang.** Den Schall, den ein fahrendes Auto abgibt, nennt man **Geräusch.** Bei einer Explosion entsteht ein mehr oder minder lauter **Knall.** Ursache für die unterschiedlichen Wahrnehmungen sind die verschiedenen Schwingungen bei den Schallquellen (↗ Übersicht unten).

Ton	Klang	Geräusch	Knall
Die Schwingung verläuft sinusförmig.	Die Schwingung ist periodisch, aber nicht sinusförmig.	Die Schwingung ist unregelmäßig.	Die Schwingung hat einen großen Ausschlag und nimmt schnell ab.
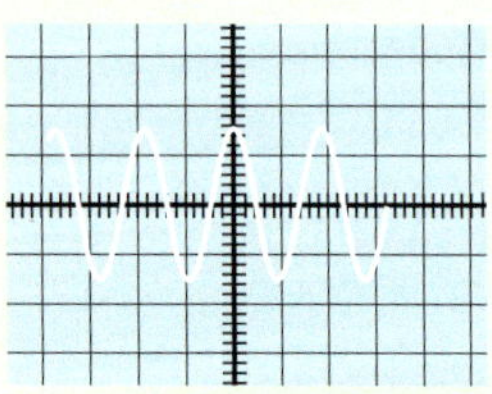	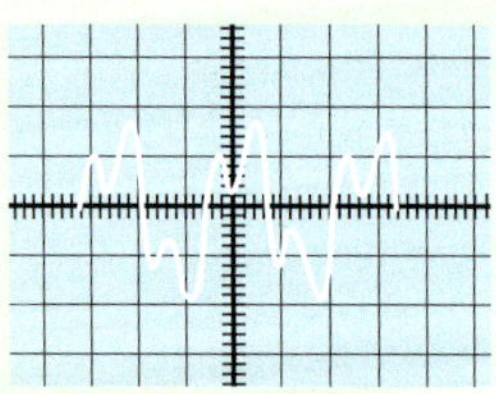	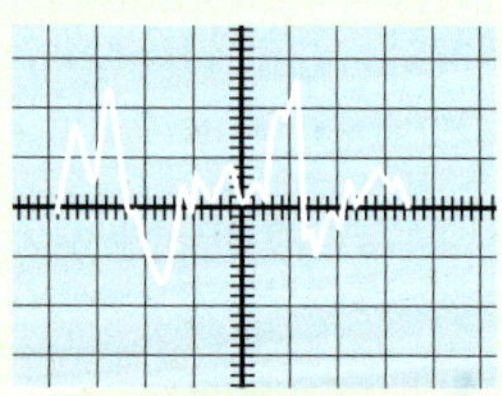	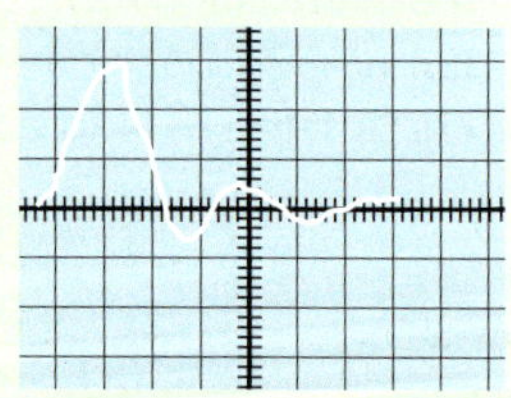
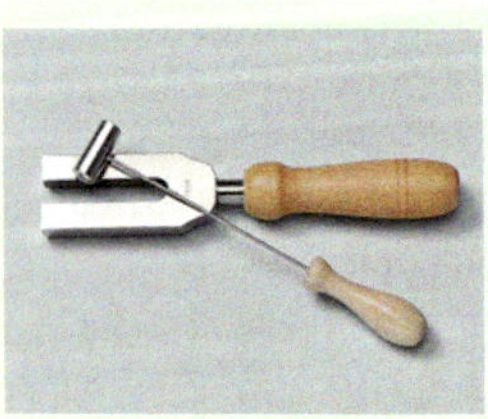			
Eine angeschlagene Stimmgabel erzeugt einen ganz klaren Ton.	Mit Musikinstrumenten kann man verschiedene Klänge erzeugen.	Geräusche entstehen z. B. bei Fahrzeugen und Maschinen.	Beim Explodieren eines Feuerwerkskörpers entsteht ein Knall.

Sinnliche Wahrnehmung des Schalls

Der Mensch nimmt Schall wie Sprache, Musik und Geräusche mit seinen Ohren wahr (Abb. 1). Durch die Ohrmuschel wird der Schall aufgenommen und durch den Gehörgang an das Trommelfell weitergeleitet.

Die Ohrmuschel und der Gehörgang wirken wie ein Trichter, an dessen Innenwänden der Schall reflektiert wird.

Durch die Verdichtungen und Verdünnungen der Luft im Gehörgang wird das Trommelfell zum Mitschwingen angeregt. Diese Schwingungen werden durch die Gehörknöchelchen auf die Schnecke mit den Sinneszellen übertragen. Die Sinneszellen in der Schnecke nehmen die Schwingungen als Reize wahr und leiten diese Reize zum Gehirn weiter. Dort werden die Wahrnehmungen zu akustischen Eindrücken verarbeitet. Das bedeutet: Schall wird subjektiv unterschiedlich wahrgenommen.

Darüber hinaus nimmt der Mensch Schall aber nur unter bestimmten Bedingungen wahr:
- Das menschliche Ohr registriert nur Schall mit Frequenzen zwischen 16 und 20 000 Hz, wobei die obere Grenze mit dem Alter stark abnimmt. Ein 35-Jähriger hört noch bis etwa 15 000 Hz, ein 50-Jähriger nur noch bis etwa 13 000 Hz.

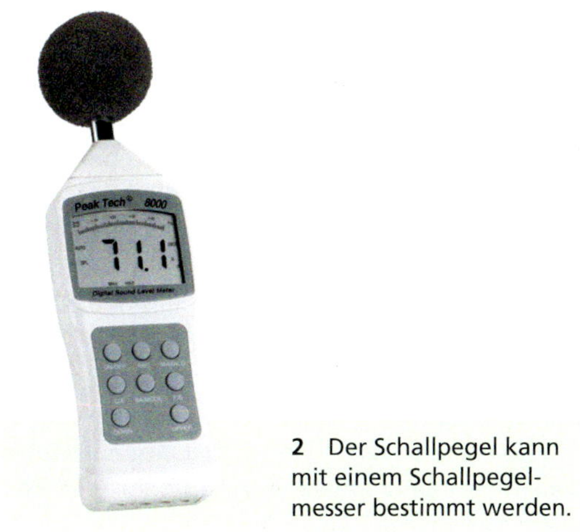

2 Der Schallpegel kann mit einem Schallpegelmesser bestimmt werden.

- Töne mit einer Frequenz von mehr als 20 kHz (Ultraschall) und Töne mit einer Frequenz von weniger als 16 Hz (Infraschall) sind für den Menschen nicht wahrnehmbar, können aber trotzdem sein Wohlbefinden beeinflussen. Das gilt insbesondere für Infraschall.

Schall wird vom Menschen nur dann wahrgenommen, wenn die Lautstärke nicht zu gering und nicht zu groß ist. Töne unterhalb der **Hörschwelle** und oberhalb der **Schmerzschwelle** hören wir nicht.

Den Bereich, in dem der Mensch Schall wahrnimmt, bezeichnet man als **Hörbereich** oder **Hörfläche** (Abb. 3).

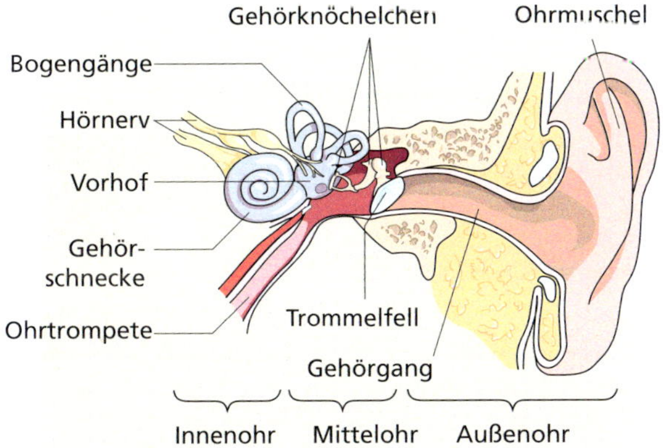

1 Aufbau des menschlichen Ohrs

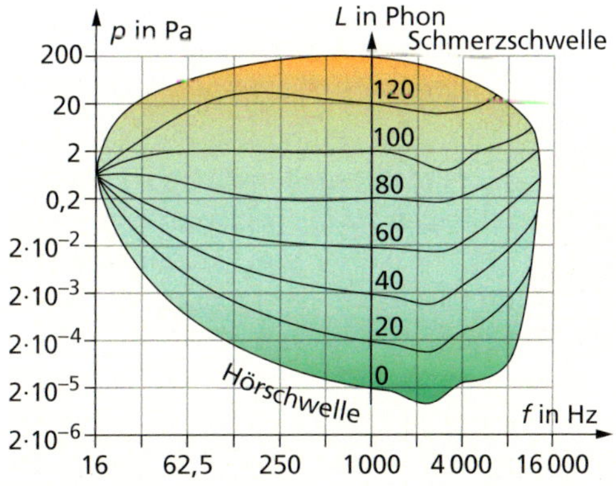

3 Hörbereich eines Menschen (farbig markiert)

Für die **Lautstärke,** mit der wir Schall hören, wurde eine Einheit eingeführt, die an die Besonderheiten der akustischen Wahrnehmung des Menschen gekoppelt ist: das Phon. Es ist eine Größe, die beschreibt, wie laut wir etwas empfinden. Es ist also eine physiologische Größe.
Die Stärke des Schalls lässt sich aber auch messen. Das erfolgt mit Schallpegelmessern (↗ S. 109, Abb. 2). Die Einheit der physikalischen Größe **Schallpegel** ist das Dezibel (Abkürzung: dB).

Die Festlegungen für die von uns wahrgenommene Lautstärke und die physikalische Größe Schallpegel sind so getroffen, dass für eine Frequenz von 1 000 Hz gilt:

1 Phon = 1 dB

Die Hörschwelle liegt bei 0 Phon oder 0 dB, die Schmerzschwelle bei 130 Phon oder 130 dB. Ständige akustische Einwirkungen von über 85 dB können zu gesundheitlichen Schäden führen. Solche unangenehmen akustischen Einwirkungen werden als Lärm bezeichnet (↗ S. 118 f.).

Die Stärke des Schalls wird in Phon oder Dezibel (dB) angegeben. Der Hörbereich des Menschen liegt zwischen 0 und 130 Phon bzw. 0 und 130 dB.

Unser Ohr weist folgende Besonderheit auf: Wenn wir z. B. ein Motorrad mit 70 dB hören, dann hören wir zwei Motorräder nicht mit der doppelten Lautstärke von 80 dB, sondern mit ca. 73 dB. Erst zehn Motorräder würden wir mit der doppelten Lautstärke, also mit 80 dB hören.

Eine Reihe von Tieren hört nicht nur viel leisere Töne als der Mensch, sondern kann auch Schall in anderen Frequenzbereichen wahrnehmen. So hören z. B. Hunde, Katzen und Fledermäuse Töne von über 20 000 Hz, die der Mensch nicht mehr wahrnehmen kann. Das wird z. B. bei speziellen Hundepfeifen genutzt.
Ähnlich große Unterschiede gibt es in dem Bereich, in dem ein Lebewesen Schall erzeugen kann. Der Sprachbereich des Menschen liegt meist zwischen 85 und 1 100 Hz.

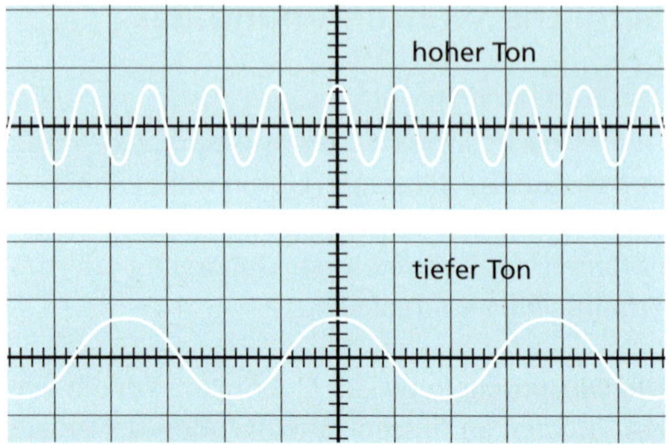

1 Abhängigkeit der Tonhöhe von der Frequenz der Schwingungen (bei gleicher Amplitude)

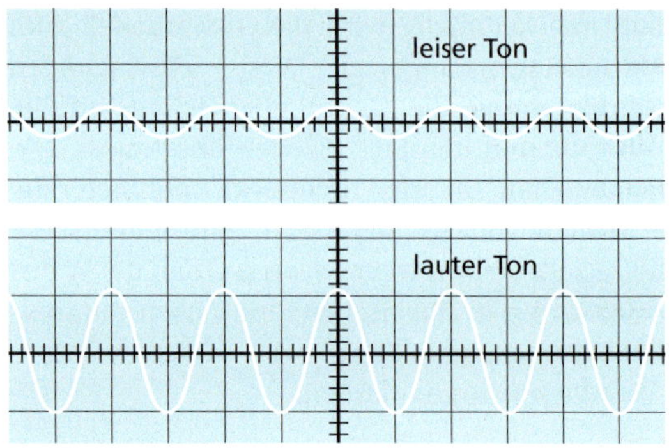

2 Abhängigkeit der Lautstärke von der Amplitude (bei gleicher Frequenz)

Die von uns wahrgenommene **Tonhöhe** wird durch die Frequenz der Schallwellen bestimmt. Es gilt (Abb. 1):

Je größer die Frequenz der Schallwellen ist, desto höher wird der Ton wahrgenommen.

Die von uns wahrgenommene **Lautstärke** wird durch die Amplitude der Schallwellen bestimmt. Es gilt (Abb. 2):

Je größer die Amplitude der Schallwellen ist, desto lauter wird der Ton wahrgenommen.

Diese Zusammenhänge kannst du leicht bei einer Gitarrensaite verdeutlichen: Eine schneller schwingende (kürzere) Saite führt zu einem höheren Ton, eine stärker angeschlagene Saite zu einem lauteren Ton.

Bau einfacher Musikinstrumente

Musik kann man nicht nur mit teuren **Musikinstrumenten,** sondern auch mit einfachen Anordnungen machen. Baut euch verschiedene Musikinstrumente und versucht, mit jedem hohe und tiefe Töne, laute und leise Töne zu erzeugen. Wer schafft es, eine einfache Melodie zu spielen? Eine Möglichkeit besteht darin, Flaschen unterschiedlich hoch mit Wasser zu füllen. Bläst man kräftig über die Öffnung, so entstehen je nach Füllung der Flaschen unterschiedlich hohe Töne.

Aufgabe 1
Baut aus Flaschen ein Instrument (Abb. 1). Versucht, damit eine einfache Melodie zu spielen.

Auch mit gleichartigen Gläsern, die unterschiedlich hoch mit Wasser gefüllt sind, kann man Töne erzeugen.

Aufgabe 2
Baut ein Instrument aus Gläsern und probiert die Anordnung aus.

Eine weitere Möglichkeit besteht darin, Klangstäbe zu verwenden (Abb. 2). Die Tonhöhe ist bei einem bestimmten Material von der Länge des Stabs abhängig. Durch geschickte Wahl der Länge erhält man alle Töne einer Tonleiter. Die Stäbe werden durch Anschlagen zum Klingen gebracht.

1 Aus Flaschen kann man ein „Instrument" bauen. Wodurch werden die Töne erzeugt?

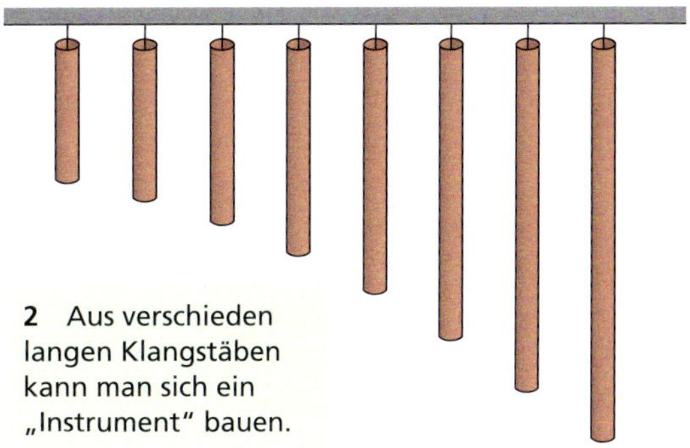

2 Aus verschieden langen Klangstäben kann man sich ein „Instrument" bauen.

Aufgabe 3
Baut mithilfe von Klangstäben ein Instrument und probiert es aus.

Ihr könnt euch selbst ein einfaches Saiteninstrument, ein Monochord, bauen.

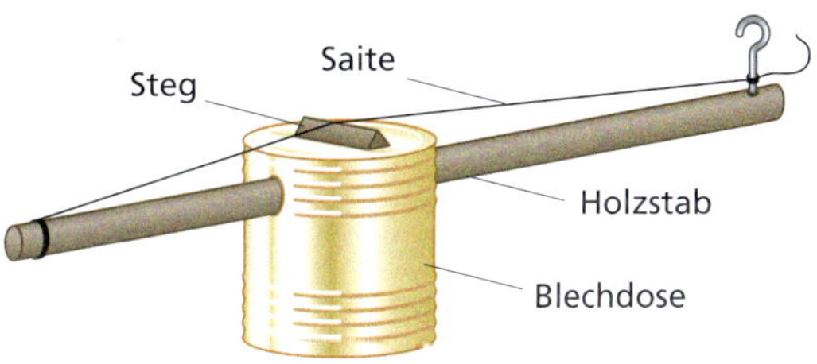

Zum Bau benötigt ihr eine größere Blechdose von 10–15 cm Durchmesser, einen stabilen Stab (z. B. Teil eines Besenstiels) sowie Holzschrauben, einen Steg aus Holz und dünnen Stahldraht.

Aufgabe 4
Baut ein Monochord und probiert es aus.

a) Untersucht, wie ihr Tonhöhe und Lautstärke ändern könnt.
b) Erforscht eine einfache Möglichkeit, wie man auf einem Monochord verschieden hohe Töne spielen kann.

Aufgabe 5
Erkundet, welche Möglichkeiten es noch gibt, einfache Instrumente selber zu bauen. Baut solche Instrumente und versucht, damit eine einfache Melodie zu spielen.

Reflexion und Brechung von Wellen

Aus der Optik weißt du bereits:
- Trifft Licht auf Flächen, so wird es teilweise reflektiert. Dabei gilt das Reflexionsgesetz: Einfallswinkel α und Reflexionswinkel α' sind gleich groß (Abb. 1, links).
- Tritt Licht schräg von einem Stoff in einen anderen über, so kann es gebrochen werden. Einfallswinkel α und Brechungswinkel β sind unterschiedlich (Abb. 1, rechts).

Analoge Erscheinungen treten auch bei mechanischen Wellen auf. Das kann man gut bei Schallwellen oder Wasserwellen beobachten.
Wir beschreiben nachfolgend die Ausbreitung von mechanischen Wellen, indem wir Wellenberge und deren Ausbreitungsrichtung darstellen. In der Physik spricht man von Wellenfronten und Wellennormalen (Abb. 2). Der Abstand zweier Wellenfronten ist gleich der Wellenlänge λ.

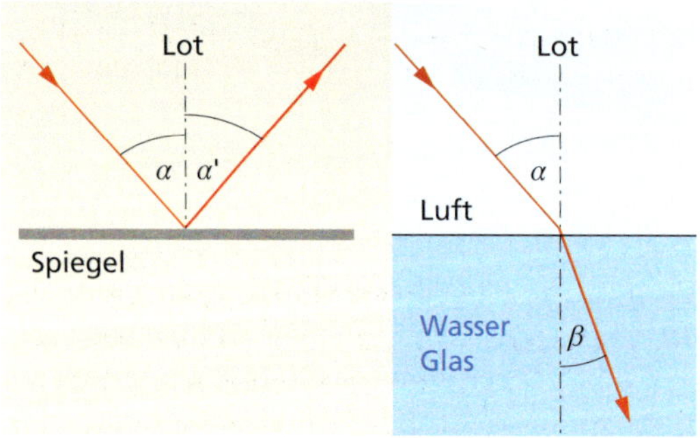

1 Reflexion und Brechung von Licht

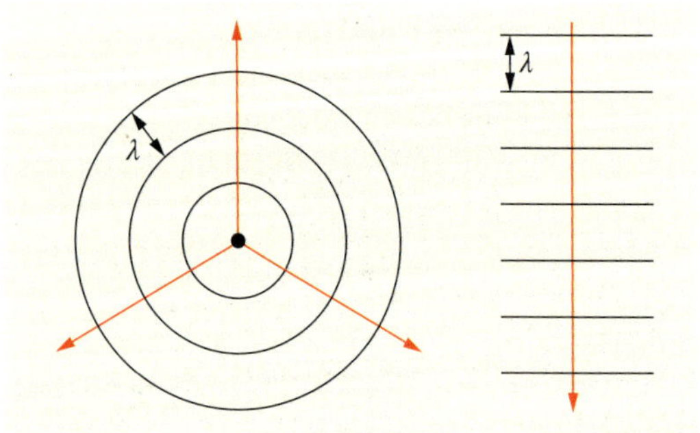

2 Wellenfronten (Wellenberge, schwarz) und ihre Ausbreitungsrichtung (rot)

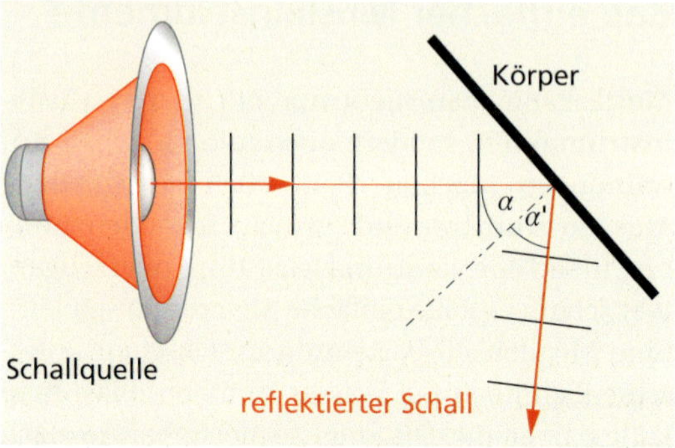

3 Schall wird an Körpern reflektiert. Dabei sind Einfallswinkel und Reflexionswinkel gleich groß.

Treffen Schallwellen auf ein Hindernis, so werden sie reflektiert (Abb. 3). Ist das Hindernis eben, dann gilt für die Reflexion das aus der Optik bekannte Reflexionsgesetz:

$$\text{Einfallswinkel} = \text{Reflexionswinkel}$$
$$\alpha = \alpha'$$

Dieses Gesetz gilt auch für alle anderen mechanischen Wellen.

Treffen Schallwellen schräg auf eine Grenzfläche von zwei Stoffen, in denen sie sich unterschiedlich schnell ausbreiten, so werden sie gebrochen (Abb. 4). Das gilt auch für beliebige andere mechanische Wellen.

Mechanische Wellen werden beim Auftreffen auf Hindernisse reflektiert und beim schrägen Übergang von einem Stoff in einem anderen gebrochen.

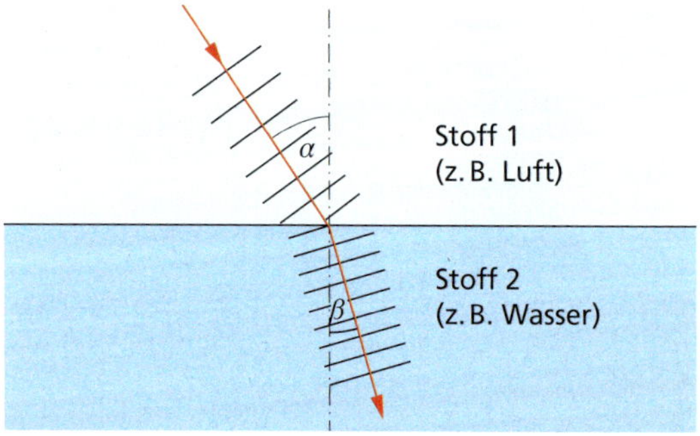

4 Mechanische Wellen werden beim Übergang in einen anderen Stoff gebrochen.

Physik im Alltag

Das Echo und seine Anwendung

Eine Eigenschaft von Schallwellen besteht darin, dass sie an Flächen reflektiert werden. Diese Reflexion von Schall kann man mit folgendem Versuch nachweisen:
In einem Standzylinder liegt eine tickende Uhr. Aus ca. 1 m Entfernung hört man sie nicht. Hält man aber eine Glasplatte schräg über den Standzylinder, so ist das Ticken der Uhr deutlich zu hören (Abb. 1).
Reflektiert wird auch Schall, der von Schallquellen ausgesendet wird, die mehr als 20 000 Schwingungen in der Sekunde ausführen. Dieser Schall ist für das menschliche Gehör nicht mehr wahrnehmbar und wird als **Ultraschall** bezeichnet.
Wie wird diese Eigenschaft des Schalls in Natur und Technik genutzt?

Fledermäuse orientieren sich z. B. mithilfe von Ultraschall (Abb. 2). Während ihres Flugs stoßen sie ständig für uns nicht hörbare Ultraschallschreie aus. Treffen diese auf ein Hindernis, so werden sie reflektiert und der reflektierte Schall wird von der Fledermaus wieder aufgenommen. Die Fledermaus kann dann dem Hindernis ausweichen oder Beutetiere fangen.
Eine Methode zur Bestimmung der Tiefe von Gewässern, zum Aufspüren von Fischschwärmen oder von U-Booten ist das **Echolotverfahren** (Abb. 3). Dabei werden von einem Sender Ultraschallimpulse gerichtet abgestrahlt. Der Schall

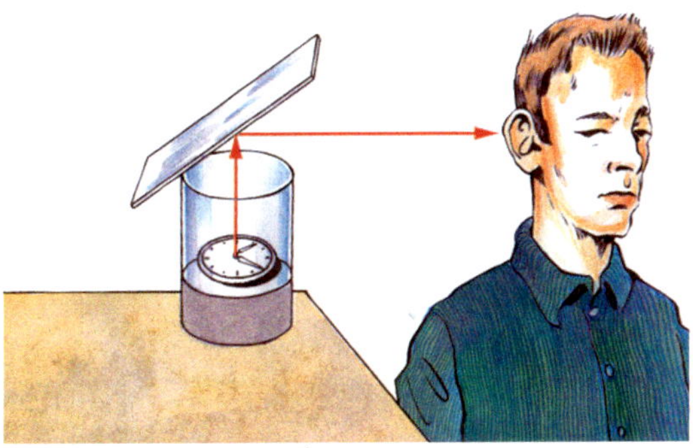

1 Schall wird an Flächen reflektiert. Es gilt das Reflexionsgesetz $\alpha = \alpha'$.

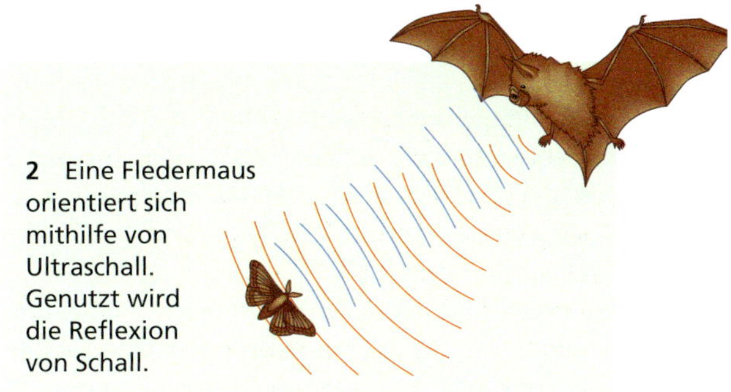

2 Eine Fledermaus orientiert sich mithilfe von Ultraschall. Genutzt wird die Reflexion von Schall.

wird am Meeresboden oder an Hindernissen (Fischschwarm, U-Boot) reflektiert und von einem Empfänger aufgenommen. Aus der gemessenen Laufzeit der Schallimpulse kann man die Tiefe des Fischschwarms ermitteln.

Aus der Medizin kennst du Ultraschalluntersuchungen. Der Ultraschall wird an den Grenzflächen der verschiedenen Organe des Körpers unterschiedlich stark reflektiert. Aus dem reflektierten Schall lassen sich deshalb die Lage und die Größe dieser Organe auf einem Bildschirm darstellen (↗ S. 115).

Gewusst · Gekonnt

Wie tief ist ein Gewässer bei 20 °C, wenn der Ultraschallimpuls eines Senders nach einer halben Sekunde vom Empfänger wahrgenommen wird? Benutze auch Informationen von der Seite 107.

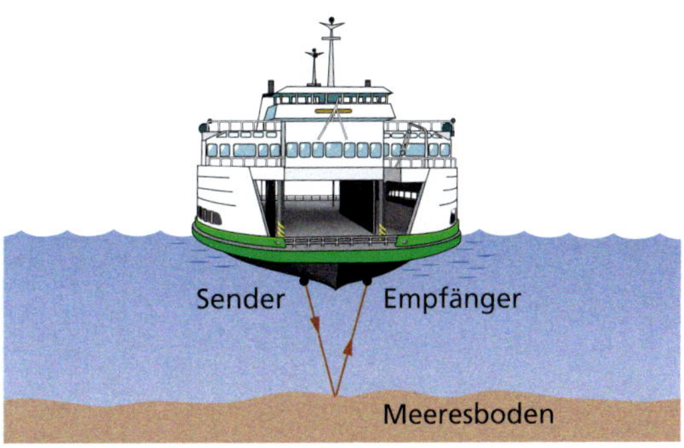

3 Mit dem Echolotverfahren kann man die Meerestiefe bestimmen oder Fischschwärme orten.

Fortschreitende und stehende Wellen

In der Regel breiten sich Wellen, die von einem Erreger ausgehen, in der Ebene oder im Raum aus. Solche Wellen werden als **fortschreitende Wellen** bezeichnet.

Wellen können aber an Hindernissen reflektiert werden (↗ S. 112 ff.). Betrachten wir dazu als Beispiel ein Seil, das auf einer Seite befestigt ist (Abb. 2). Bei einmaliger Anregung läuft die Welle nach rechts, wird am Befestigungspunkt (Hindernis) reflektiert und läuft in entgegengesetzter Richtung zurück. Dabei tritt an der Befestigung (festes Ende) ein Phasensprung von π auf.
Regt man das eine Seilende ständig an, so überlagern sich hin- und rücklaufende Welle.

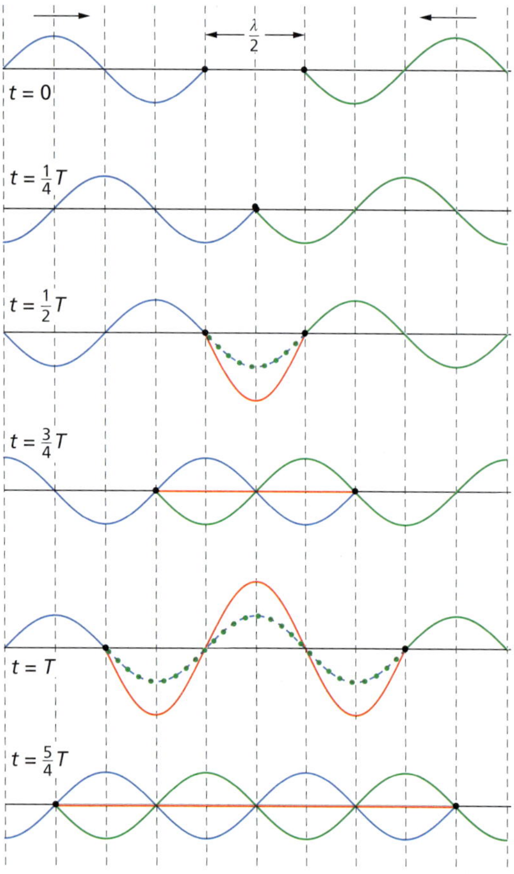

1 Entstehung einer stehenden Welle

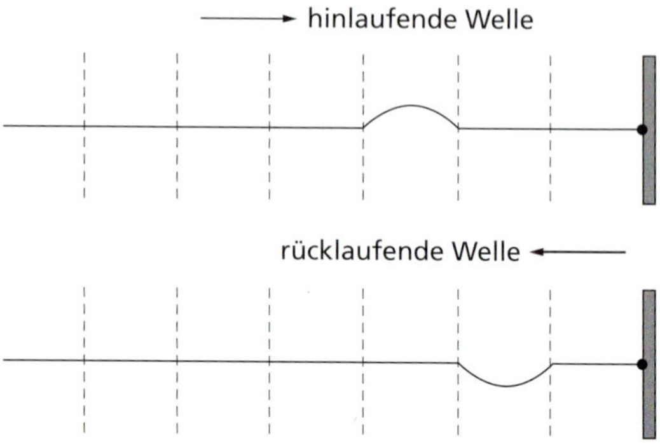

2 Hin- und rücklaufende Seilwelle

Für einige Zeitpunkte ist der Vorgang in Abb. 1 dargestellt. Es ist erkennbar:
- Im Überlagerungsbereich addieren sich die Auslenkungen.
- Es bilden sich ortsfeste Stellen heraus, die nicht schwingen (Schwingungsknoten), und solche, die maximal schwingen (Schwingungsbäuche).

Zusammenfassend ergibt sich:

Zwei Wellen mit entgegengesetzter Richtung und gleicher Frequenz überlagern sich so, dass sich ortsfeste Schwingungsbäuche und Schwingungsknoten ergeben. Es bildet sich eine stehende Welle heraus.

Stehende Wellen können z. B. genutzt werden, um die Wellenlänge zu bestimmen.

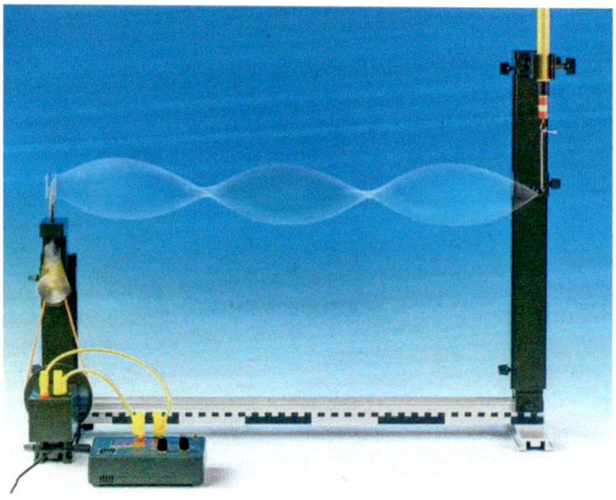

3 Experimentell erzeugte stehende Welle

Interessantes aus Medizin und Technik

Ultraschall und seine Anwendung

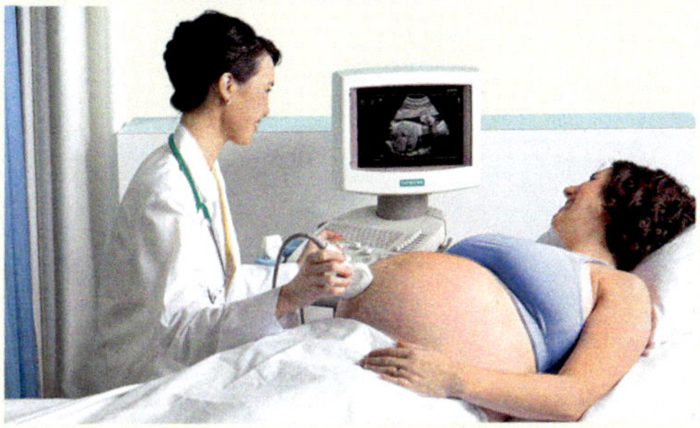

Schall mit einer Frequenz von über 20 kHz bezeichnet man als Ultraschall. Der Frequenzumfang des Ultraschalls reicht bis 1 GHz. Bei technischen Anwendungen arbeitet man in der Regel in einem Bereich von einigen MHz.

Die **Erzeugung von Ultraschall** erfolgt mithilfe von Schallgebern. Dabei werden verschiedene Effekte genutzt. Eine Möglichkeit besteht darin, einen speziellen Kristall (Piezokristall) durch hochfrequente elektromagnetische Schwingungen zum Schwingen anzuregen (Abb. 1). Er strahlt dann Ultraschall ab. Bei anderen Schallgebern wird der 1847 von J. P. JOULE gefundene Effekt genutzt, dass ferromagnetische Stoffe bei der Magnetisierung ihre Länge ändern.

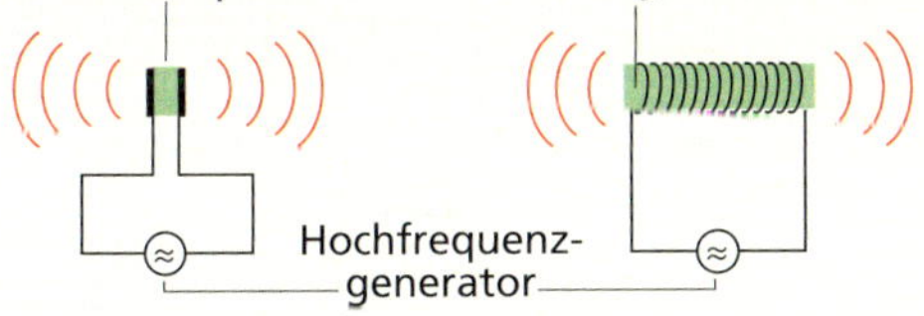

1 Erzeugung von Ultraschall

Die **Ausbreitungsgeschwindigkeit von Ultraschall** hängt vom jeweiligen Stoff und seiner Temperatur ab (↗ Übersicht rechts oben).

An Grenzflächen zwischen verschiedenen Stoffen wird ein Teil des Ultraschalls reflektiert und kann von einem Empfänger aufgenommen werden. Sender und Empfänger sind zumeist in einem **Ultraschallkopf** vereinigt, wobei man bei Anwendungen oft mit Ultraschallimpulsen mit einer Impulsdauer von 1–2 ms und einer Impulsfolge in einem Bereich von 0,3–10 kHz arbeitet.

Stoff	ϑ in °C	v in $\frac{m}{s}$
Luft	0 +20 +30	332 344 350
Wasser	5 25	1400 1457
Muskel Fettgewebe Knochen	37 37 37	1570 1470 3600

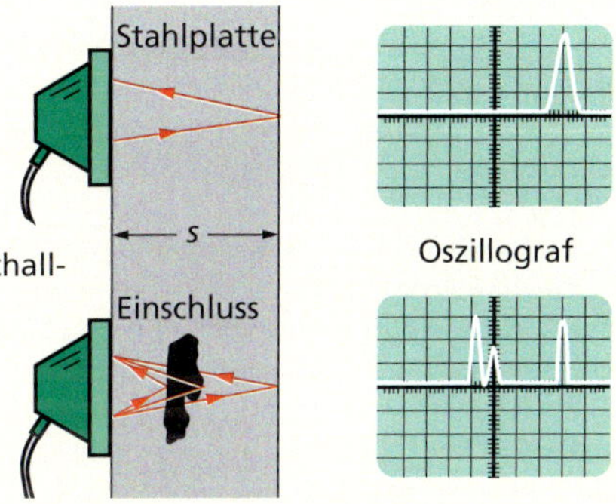

2 Werkstoffprüfung mit Ultraschall

Die **Anwendungen von Ultraschall** sind überaus vielfältig. Das **Echolotverfahren** (A-scope, A von Amplitude) wird nicht nur genutzt, um die Wassertiefe unter Schiffen zu bestimmen oder Fischschwärme zu orten, sondern auch, um massive Werkstücke oder Schweißnähte zu prüfen (Abb. 2). An den unterschiedlichen Reflexionen kann man erkennen, ob Einschlüsse vorhanden sind.
Bei Augenuntersuchungen mit Ultraschall kann man z. B. feststellen, ob eine Netzhautablösung vorliegt.

Um ein zweidimensionales Schnittbild einer Körperebene zu erhalten, wendet man das B-scope (B von engl. *brightness* = Helligkeit) an. Dabei wird der Schallkopf über die Körperoberfläche geführt. Die empfangenen Echoimpulse werden als mehr oder weniger helle Punkte dargestellt. Damit erhält man ein zweidimensionales Bild aus dem Körperinnern (↗ Abb. links oben).

Interessantes aus der Natur

Wenn die Erde bebt

Erdbeben sind natürliche Erschütterungen der Erdkruste bzw. des oberen Erdmantels. In jedem Jahr werden mehrere Tausend kleinerer und größerer Beben registriert. Etwa 90 % aller Beben entstehen dadurch, dass sich Teile der Erdkruste gegeneinander verschieben, sich dadurch gewaltige Spannungen aufbauen und plötzlich entladen. Kleinere Erdbeben können auch im Zusammenhang mit vulkanischen Aktivitäten oder beim Einsturz von Hohlräumen (Höhlen, Bergwerken) entstehen.

Erdbeben treten vor allem in tektonisch aktiven Zonen auf. Das ist der Bereich um den Pazifik und die eurasischen Faltengebirge. Etwa 75 % aller Beben treten im Bereich um den Pazifik herum auf, etwa 17 % im Bereich der eurasischen Faltengebirge.

Das Erdbebenzentrum liegt meist 60 bis 700 km unter der Erdoberfläche, die senkrecht darüberliegende Stelle der Erdoberfläche wird als Epizentrum bezeichnet. Vom Bebenzentrum breiten sich Erdbebenwellen als Längs- und Querwellen teilweise an der Erdoberfläche und teilweise im Erdmantel aus (Abb. 1). Diese Erdbebenwellen können zur Zerstörung von Gebäuden, Brücken und Dämmen sowie zu Erdrutschen führen.

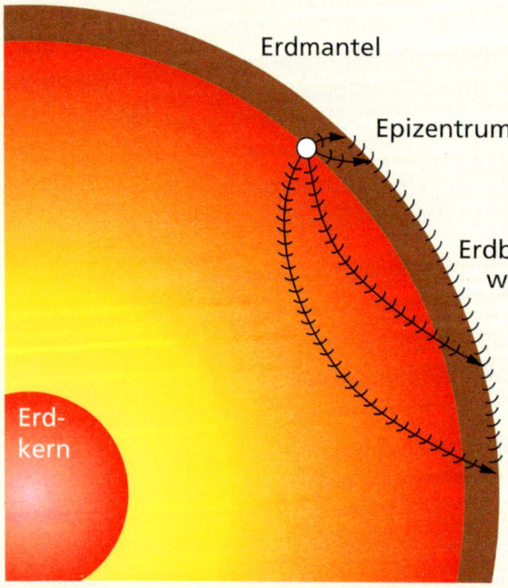

1 Erdbebenwellen können sich auf unterschiedlichen Wegen ausbreiten.

2 Erdbeben können gewaltige Zerstörungen hervorrufen.

Die Dauer von Erdbeben beträgt meist nur einige Sekunden bis Minuten. Häufig treten **Nachbeben** unterschiedlicher Stärke auf. Auch in Deutschland können Erdbeben auftreten, ihre Stärke ist aber meist gering. Die Stärke von Erdbeben wird heute in der Richter-Skala angegeben, einer Skala, die von dem amerikanischen Seismologen CHARLES FRANCIS RICHTER (1900–1985) im Jahr 1935 entwickelt wurde.
Aktuelle Informationen zu Erdbeben findet man im Internet.

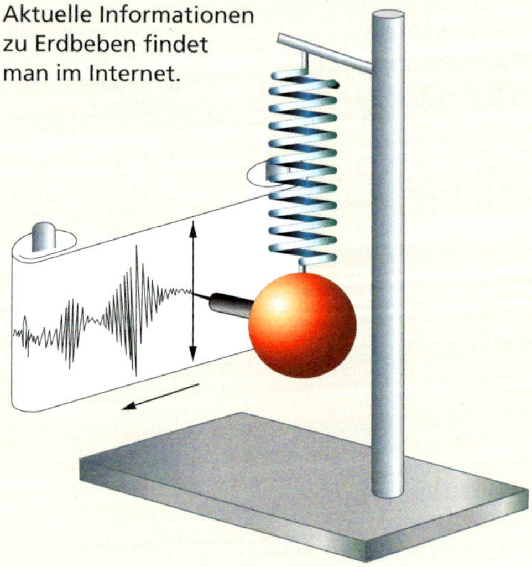

3 Seismograf, der vertikale Bewegungen aufzeichnet

Beugung und Interferenz von Wellen

Neben der Reflexion und der Brechung sind bei mechanischen Wellen zwei weitere Erscheinungen zu beobachten, die unter bestimmten Bedingungen auftreten.
Treffen mechanische Wellen, z.B. Schallwellen oder Wasserwellen, auf Spalte, Kanten oder kleine Objekte, so breiten sie sich auch hinter diesen Hindernissen aus (Abb. 1). Dabei wirken die Begrenzungen der Hindernisse so, als ob sie selbst Ausgangspunkt von Wellen wären. Das hat zur Folge, dass sich die Wellen hinter den Hindernissen in alle Richtungen ausbreiten (Abb. 1). Diese Erscheinung, dass sich Wellen „um Hindernisse herum" ausbreiten, wird als **Beugung** bezeichnet. So hört man z.B. den Motor eines Autos auch, wenn es hinter einer Hausecke steht. Wasserwellen bewegen sich um kleine Hindernisse herum. Experimentell kann man die Beugung gut mithilfe von Wasserwellen zeigen.

Gehen Wellen von mehreren Stellen aus, so breiten sie sich ungestört voneinander aus, so wie man das bei Wasserwellen beobachten kann.
Diese ungestörte Ausbreitung verschiedener Wellen ist auch der Grund dafür, dass man Schall von verschiedenen Quellen (mehrere Menschen, Radio, Flugzeuggeräusche) getrennt voneinander wahrnehmen kann. Bei sehr vielen Schallquellen, etwa bei einer großen Menschenmenge, ergibt sich allerdings **ein** Geräusch.

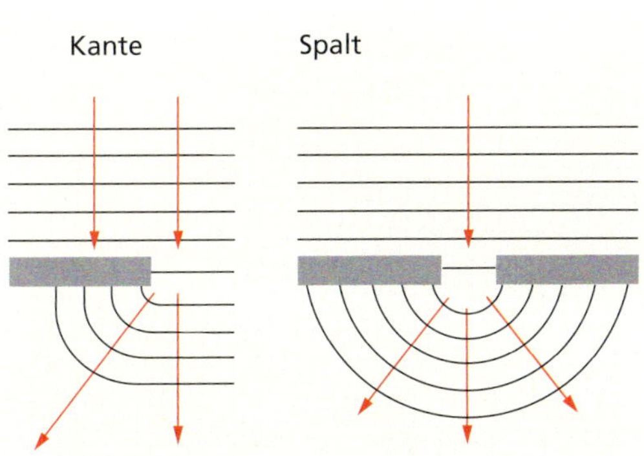

1 Beugung von Wellen an einer Kante bzw. an einem Spalt

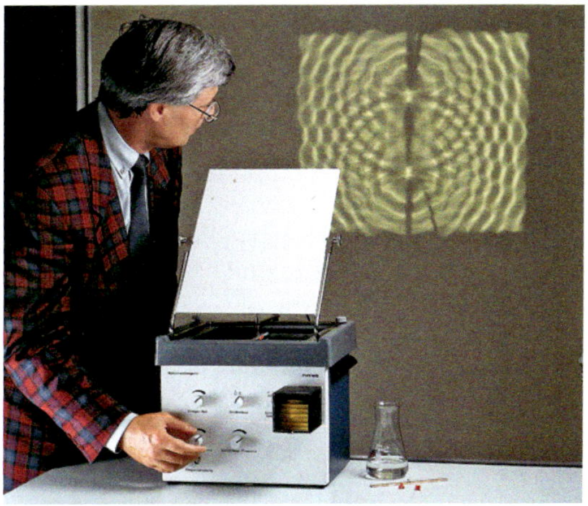

2 Interferenz von zwei kreisförmigen Wasserwellen mit Bereichen der Verstärkung und Auslöschung

Treffen Wasserwellen oder Schallwellen, die von verschiedenen Punkten ausgehen, in einem Bereich aufeinander, so kann es zu einer Überlagerung kommen. Es entsteht eine resultierende Welle als Addition der Ausgangswellen. Diese Überlagerung von Wellen nennt man **Interferenz.** Dabei kommt es an verschiedenen Stellen zu typischen Interferenzerscheinungen wie einer Verstärkung und einer Auslöschung (Abb. 2, 3).
Die Interferenz von zwei Wasserwellen gleicher Wellenlänge und Amplitude ist in den Abbildungen 2 und 3 dargestellt.

Bei mechanischen Wellen treten die wellentypischen Erscheinungen Beugung und Interferenz auf.

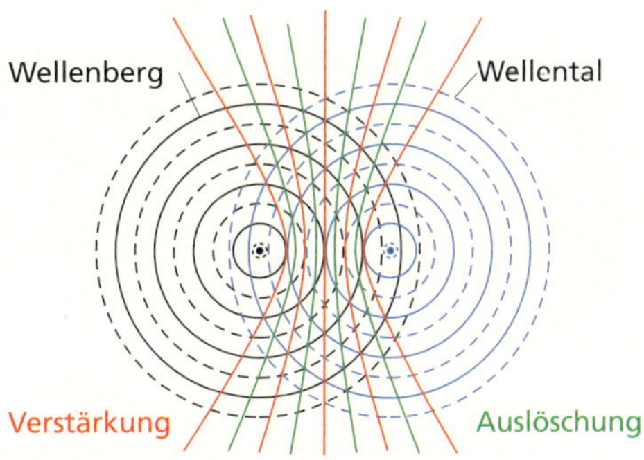

3 Interferenz von zwei kreisförmigen Wasserwellen

Lärm und Lärmschutz

Das knisternde Geräusch eines Lagerfeuers, Musik oder die Stimme von vertrauten Menschen können wir als angenehm empfinden, das Knattern eines Hubschraubers, das Kreischen einer Säge oder das Dröhnen eines Presslufthammers dagegen als unangenehm und belästigend.
Andauernder Lärm kann uns schwerhörig machen. Schall, der als belästigend empfunden wird oder gar zu gesundheitlichen Schäden führen kann, wird als **Lärm** bezeichnet.

Trotz subjektiver Empfindungen benötigt man aber für einige Entscheidungen auch konkrete Angaben, beispielsweise für solche: Ab welcher Lautstärke muss für das Verrichten bestimmter Arbeiten Gehörschutz getragen werden (Abb. 1)? Ist der Verkehrslärm für Anwohner einer verkehrsreichen Straße zumutbar?
Entscheidend dafür, ob wir etwas als Lärm empfinden, ist die **Lautstärke** (↗S. 109–110). Die Hörschwelle liegt bei 0 dB, die Schmerzschwelle bei 130 dB. Liegt die Stärke eines Geräuschs unter 0 dB, so hören wir es nicht, weil es zu leise ist. Lautstärken von 85 dB und darüber können zu Hörschäden führen. Liegt die Lautstärke über 130 dB, so kann schon eine kurzzeitige Einwirkung von Schall dieser Stärke zu Schädigungen des Gehörs führen.

Lautstärken in Natur und Technik

Lautstärke	Beispiele
0 dB	Hörschwelle
20 dB	Flüstern, ruhiger Garten
40 dB	normale Unterhaltung, leise Musik
60 dB	lautere Unterhaltung, Staubsauger, Bürogeräusche
80 dB	üblicher Lärm im Straßenverkehr, laute Musik im Zimmer
100 dB	Presslufthammer, Autohupe, Diskothek
120 dB	Rockkonzert, Donner, Düsentriebwerk eines Flugzeugs
130 dB	Schmerzgrenze, Gehörschädigung schon bei kurzzeitiger Einwirkung

Aufgabe 1
Erstellt in der Gruppe einen Katalog mit Beispielen, die jeder Einzelne in der Gruppe als Lärm empfindet. Bei welchen Beispielen gibt es große Übereinstimmung der Empfindungen in der Gruppe, bei welchen nur geringe? Erstellt eine Statistik für die ganze Klasse.

Aufgabe 2
Lärm ist keine Erscheinung unserer Zeit, sondern hat schon immer Menschen beschäftigt. So bestimmte z. B. das Allgemeine Preußische Landrecht von 1793:
„Mutwillige Buben, welche auf den Straßen lärmen, sollen mit verhältnismäßigem Gefängnis, körperlicher Züchtigung oder Zuchthaus bestraft werden."
Bewertet diese Aussage aus historischer und heutiger Sicht.

1 Ein Presslufthammer macht viel Lärm. Dauert er länger an, kann er zu Schwerhörigkeit führen.

Aufgabe 3
Diskutiert in der Gruppe, wie Lärm in eurer Schule vermieden werden kann (Klassenraum, Flur, Schulhof, angrenzende Straße, Pause, Schulschluss). Unterbreitet Vorschläge zur Lärmvermeidung.

Aufgabe 4
Der Straßenlärm trägt wesentlich zur Lärmbelästigung bei. Wertet das Diagramm in Abb. 3 aus. Entwickelt Ideen, wie Verkehrslärm eingeschränkt und vermieden werden kann.

Lärmschutz ist darauf gerichtet, schädliche Umwelteinwirkungen durch Lärm zu vermeiden bzw. zu beseitigen. Technische Maßnahmen zielen auf Schalldämmung und Schalldämpfung ab (Abb. 2), so beispielsweise:

- die Errichtung von Schallschutzwänden oder Erddämmen an Straßen (Abb. 1),
- der Einbau von Schallschutzfenstern in Wohnungen,
- die Kapselung von Fahrzeugmotoren und die Auskleidung des Motorraums,
- der Bau leiserer Maschinen und Anlagen (Autos, Rasenmäher, Staubsauger),
- die Vermeidung der Fahrbahngeräusche durch die Verwendung von „Flüsterasphalt“.

1 Der Erdwall und die Wand schützen die Bewohner vor Lärm an einer Schnellstraße.

Aufgabe 5
Häuser sollten nicht nur eine gute Wärmedämmung haben, sondern auch vor Lärm schützen. Erkundet und erläutert wichtige Maßnahmen dazu bei Häusern. Welche Eigenschaften von Schall werden dabei genutzt?

Aufgabe 6
Dauerhafter und starker Lärm von über 85 dB führt zu bleibendem Gehörschaden. Aber Lärm verursacht auch andere gesundheitliche Schäden. Erarbeitet eine Wandzeitung zum Thema „Lärm macht krank“. Macht deutlich, dass die Vermeidung von Lärm der beste Lärmschutz ist.

Lärmschutz

Schalldämmung	**Schalldämpfung**
erfolgt durch Reflexion. Dazu eignen sich besonders harte Stoffe mit glatter Oberfläche.	erfolgt durch Absorption. Dazu eignen sich besonders poröse Stoffe mit rauer Oberfläche.

2 Lärmschutz kann durch Schalldämmung oder Schalldämpfung erfolgen.

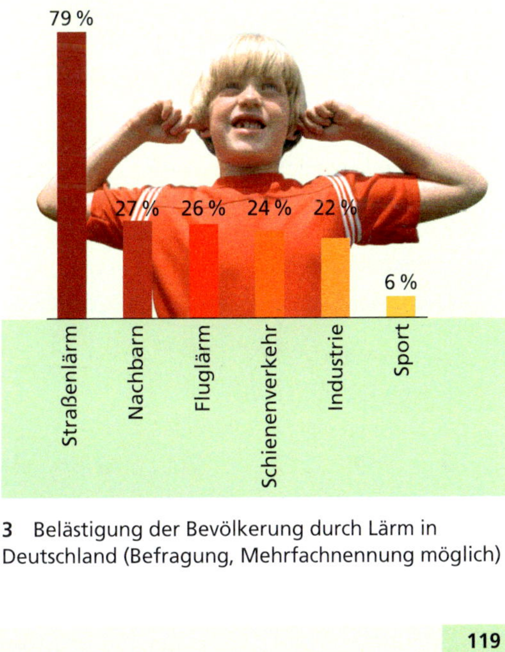

3 Belästigung der Bevölkerung durch Lärm in Deutschland (Befragung, Mehrfachnennung möglich)

Gewusst · Gekonnt

1. Wellen oder nicht

Die folgenden Abbildungen zeigen verschiedene Erscheinungen aus unserer Umwelt.

a) Beschreibe die Erscheinungen und begründe, ob es sich bei der jeweiligen Erscheinung um mechanische Wellen handelt.

b) Gib für die Fälle, bei denen es sich um mechanische Wellen handelt, an, ob es Längs- oder Querwellen sind. Begründe.

c) Welche physikalischen Größen ändern sich zeitlich und räumlich periodisch bei den jeweiligen Wellen?

2. Längswellen oder Querwellen

Durch eine Reihe gekoppelter Fadenpendel (↗ Abb.) kann sich eine mechanische Welle ausbreiten.

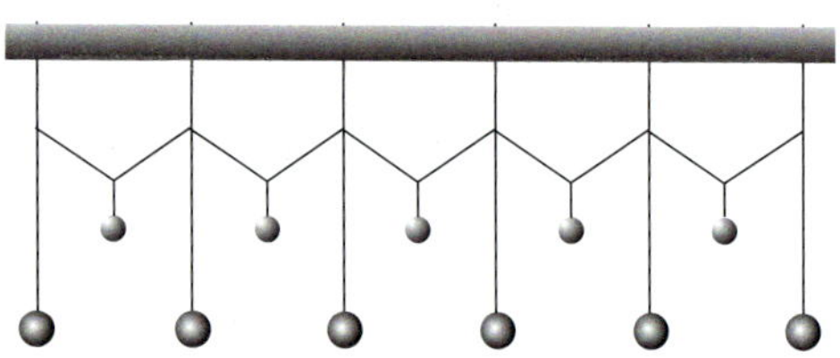

Erläutere die Ausbreitung von mechanischen Längs- und Querwellen an diesem Beispiel.

3. Eine Welle im Diagramm

Mit den zwei nachfolgenden Diagrammen wird die Ausbreitung der Schwingung einer Stimmgabel als mechanische Welle grafisch dargestellt.

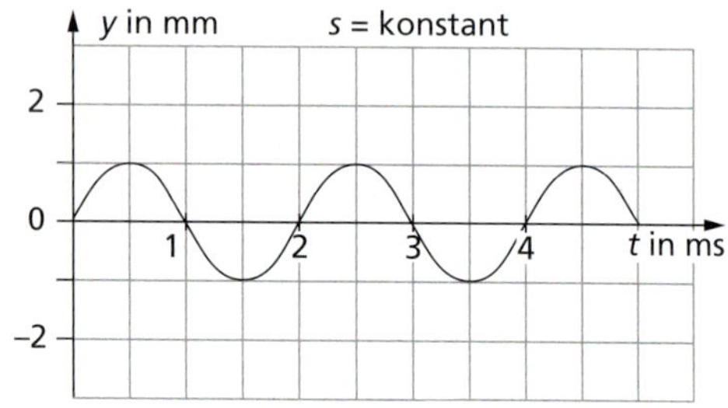

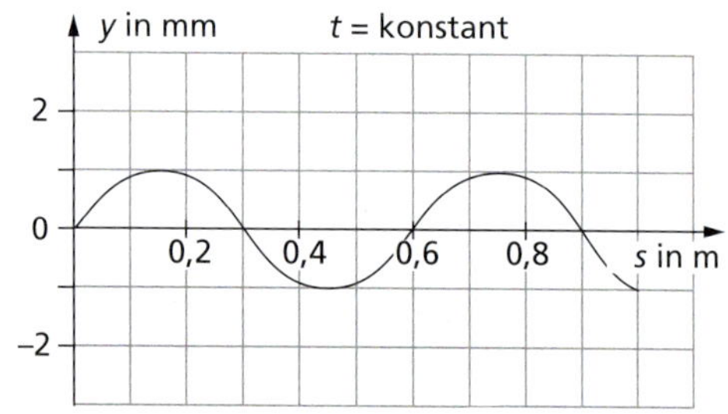

Ermittle aus den Diagrammen die Amplitude, die Frequenz, die Wellenlänge und die Schwingungsdauer der Schallwellen, die von der Stimmgabel ausgehen. Berechne aus den Daten die Ausbreitungsgeschwindigkeit.

4. Darstellung einer Welle

Eine Stimmgabel wird angeschlagen und führt mechanische Schwingungen mit einer Frequenz von 400 Hz aus. Die Amplitude der Schwingung beträgt 1,5 mm.

Zeichne das $y(t)$-Diagramm und das $y(s)$-Diagramm für die Ausbreitung der Schallwelle, die bei der Schwingung dieser Stimmgabel in der Luft entsteht.

5. Kenngrößen einer Welle

Eine Stimmgabel führt in einer Sekunde 523 vollständige Schwingungen aus. Wie groß ist die Schwingungsdauer der Stimmgabel? Welche Wellenlänge haben die von ihr ausgehenden Schallwellen?

6. Herleitung einer Gleichung

Leite aus der Gleichung $v = \frac{s}{t}$ für die geradlinig gleichförmige Bewegung die Gleichung für die Ausbreitungsgeschwindigkeit mechanischer Wellen $v = \lambda \cdot f$ her.

7. Frequenz und Tonhöhe

Auf einer Stimmgabel findest du die Angabe 322 Hz, auf einer anderen 512 Hz. Was bedeuten diese Angaben? Begründe, mit welcher der beiden Stimmgabeln ein höherer Ton erzeugt werden kann.

8. Frequenz und Wellenlänge

Berechne für eine 100-Hz-Stimmgabel die Wellenlänge in Luft und in Wasser bei 20 °C.

9. Schallquellen

Stelle eine Übersicht über Schallquellen in Natur und Technik zusammen.
Gib dabei jeweils an, was schwingt und damit Schall erzeugt.

10. Die Schallgeschwindigkeit bestimmen

Überlege dir Versuche, die es dir ermöglichen, mit einfachen Mitteln die Schallgeschwindigkeit in Luft zu messen. Präsentiere die Vorschläge deinen Mitschülern.
Führt gemeinsam einen dieser Versuche durch. Vergleicht euren Wert mit dem Tabellenwert. Beachtet dabei: Die Schallgeschwindigkeit ist von der Temperatur abhängig.

11. Das Echolotverfahren

Von einem Schiff wird unmittelbar unter der Wasseroberfläche mit einem Echolotgerät Schall ausgesendet. Nach 9,6 s wird der Schall wieder empfangen.

a) Wie tief ist an dieser Stelle das Meer, wenn man von einer durchschnittlichen Wassertemperatur von 20 °C ausgeht?

b) Wie verändert sich die Laufzeit der Schallimpulse, wenn bei gleicher Tiefe die Wassertemperatur von der Oberfläche bis zum Meeresgrund abnimmt?

12. Eine spezielle Schallquelle

Klemm einen Grashalm zwischen die Daumen der beiden Hände und blase in den entstandenen Hohlraum.
Was beobachtest du?
Beschreibe, wie diese Schallquelle funktioniert.

13. Es geht lautstark zu

Bei Ruderwettkämpfen benutzt der Steuermann manchmal ein Sprachrohr, um den Schlag anzugeben.

Beschreibe den Aufbau und erkläre die Wirkungsweise eines solchen Sprachrohrs.

14. Eigenschaften von Wellen

Wasserwellen, wie sie z. B. von Wellenmaschinen in Bädern erzeugt werden, treffen auf unterschiedliche Hindernisse. Dabei sind die in den Skizzen unten dargestellten Erscheinungen zu beobachten.

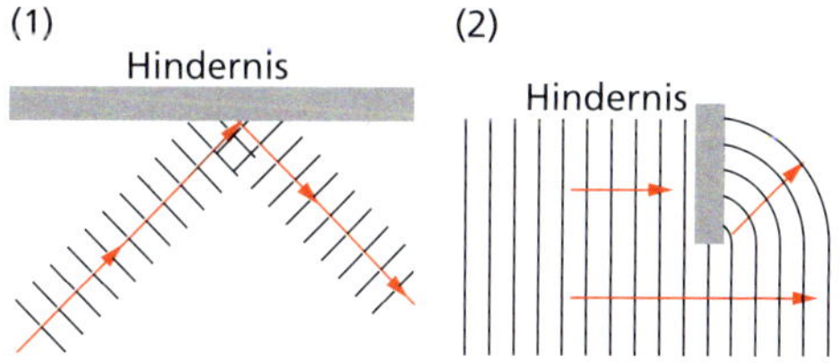

a) Beschreibe die jeweilige Erscheinung. Um welche Eigenschaft von Wellen geht es dabei?

b) Erläutere am Beispiel von Wasserwellen oder von Schallwellen die Aussage: Mit Wellen wird Energie, aber kein Stoff transportiert.

Das Wichtigste im Überblick

Mechanische Wellen

■ Eine **Welle** ist die Ausbreitung einer Schwingung (Störung) im Raum. Dabei erfolgt eine räumlich und zeitlich periodische Änderung einer physikalischen Größe (z. B. Auslenkung, Druck, Geschwindigkeit, Beschleunigung).

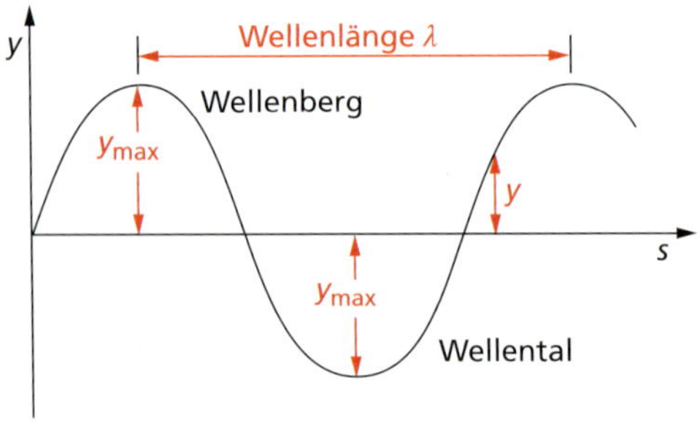

Für die Ausbreitungsgeschwindigkeit von Wellen gilt:

$$v = \lambda \cdot f$$

λ Wellenlänge

f Frequenz

Je nach Schwingungsrichtung der Oszillatoren und Ausbreitungsrichtung unterscheidet man zwischen **Longitudinalwellen** (Längswellen) und **Transversalwellen** (Querwellen).

■ Typische Beispiele für mechanische Wellen sind **Wasserwellen** und **Schallwellen.** Mechanische Wellen haben Eigenschaften, die auch beim Licht und bei anderen Arten von Wellen zu beobachten sind. Solche Erscheinungen sind die Reflexion, die Brechung, die Beugung und die Interferenz.

Reflexion	**Brechung**	**Beugung**	**Interferenz**
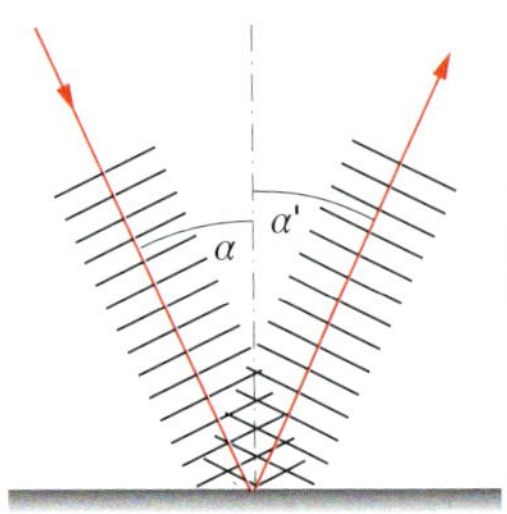	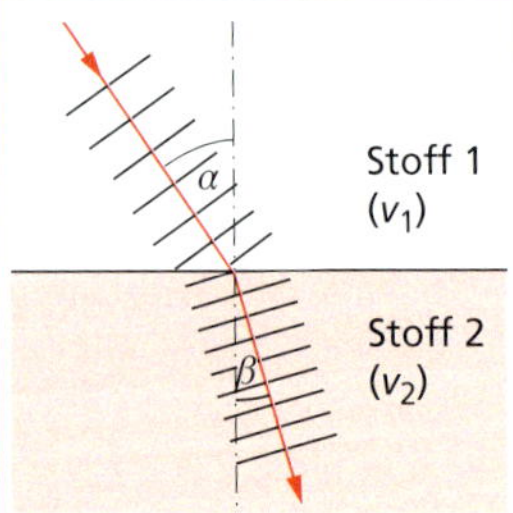	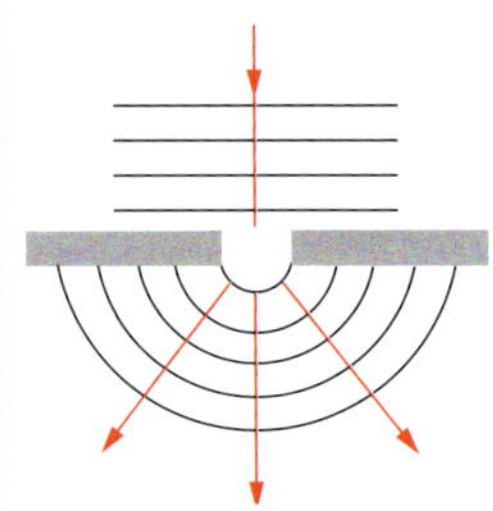	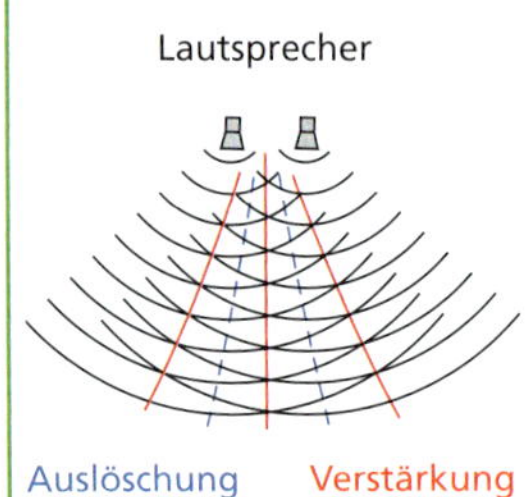
Einfallswinkel = Reflexionswinkel: $\alpha = \alpha'$	Wellen ändern ihre Ausbreitungsrichtung.	Wellen gehen „um die Ecke".	Es treten Verstärkung und Auslöschung auf.

■ **Schallwellen** sind mechanische Wellen. Sie
- breiten sich in Stoffen aus, nicht aber im Vakuum,
- breiten sich in Luft mit ca. 333 m/s aus,
- werden an Flächen reflektiert,
- werden an Kanten und Öffnungen gebeugt,
- werden durch Stoffe absorbiert.

Basiskonzepte erleichtern das Lernen, weil du mit ihrer Hilfe naturwissenschaftliche Inhalte systematisieren und strukturieren kannst.

Mechanische Schwingungen und Wellen

Struktur der Materie

- Mechanische Schwingungen und Wellen sind immer mit der Bewegung von Körpern bzw. Teilchen verbunden.

System

- Schwingungsfähige Systeme sind z. B. Brücken, Fahrzeuge oder Kräne mit Lasten. Auch Schallquellen können als schwingungsfähige Systeme betrachtet werden.
- Von schwingungsfähigen Systemen können mechanische Wellen ausgehen.

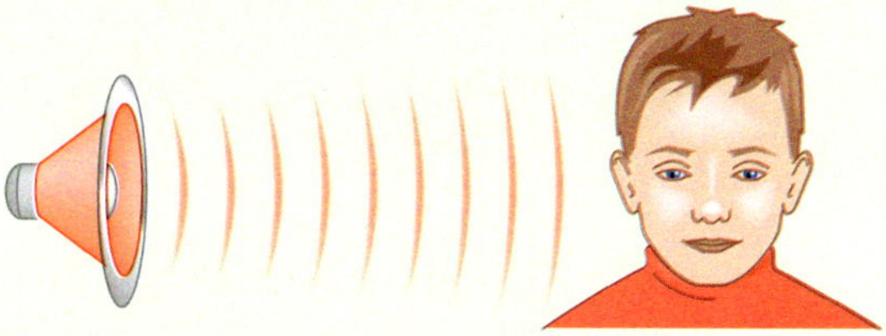

Wechselwirkung

- Durch Wechselwirkungen mit der Umgebung (Kräfte, Wind, Schlaglöcher) können schwingungsfähige Systeme zu Schwingungen angeregt werden.
- Bei mechanischen Wellen wechselwirken schwingungsfähige Körper oder Teilchen (Oszillatoren) miteinander.
- Bei Reflexion, Brechung und Beugung wechselwirken Wellen mit Körpern, bei der Interferenz Wellen mit Wellen.

Energie

- Damit Oszillatoren in Schwingungen geraten, muss ihnen Energie zugeführt werden.
- Bei gedämpften mechanischen Schwingungen bleibt die mechanische Energie erhalten. Potenzielle Energie wird in kinetische Energie umgewandelt und umgekehrt.
- Bei gedämpften Schwingungen verringert sich die mechanische Energie.
- Mechanische Wellen übertragen Energie, ohne dass Stoff transportiert wird.

Mit Fachwissen umgehen

1. In den Abbildungen sind verschiedene Schallquellen dargestellt.

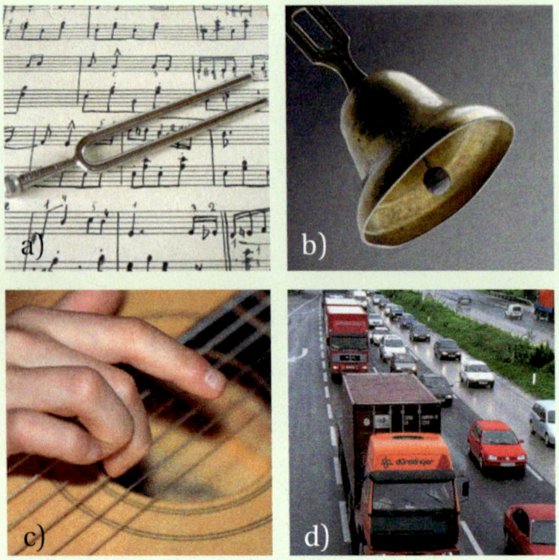

Gib jeweils an, welche Teile der Körper schwingen und damit Schall erzeugen.

2. Mithilfe eines Fadenpendels wies der französische Physiker LÉON FOUCAULT die Erdrotation nach. Das Pendel hatte eine Länge von 67,0 m und eine Masse von 28 kg.
Wie groß waren Schwingungsdauer und Frequenz dieses Pendels?

3. Bei einem Sprintwettkampf steht der Starter mit seiner Klappe direkt hinter den Läufern. Der Sportlehrer steht mit seiner Stoppuhr am Ziel an der 100-m-Marke.
Wann muss der Sportlehrer die Stoppuhr starten, wenn er das Zusammenschlagen der Klappe sieht oder wenn er den Knall hört? Begründe.

4. Warum ist es von Vorteil, dass unsere Ohrmuschel wie ein Trichter geformt ist?

5. In einem leeren Zimmer, z. B. beim Renovieren, hallt die menschliche Stimme deutlich nach. Ist das Zimmer wieder eingerichtet, tritt dieser Effekt nicht mehr auf. Erkläre.

Methoden der Physik nutzen

6. In bergigem Gelände gibt es Stellen, an denen man besonders gut ein Echo wahrnehmen kann.
a) Welche Bedingungen müssen dafür erfüllt sein?
b) Ein Beobachter nimmt das Echo eines Tons nach 4,2 s wahr. Wie weit ist die reflektierende Felswand entfernt?

7. Vergleiche die beiden Schwingungsbilder. Welcher der beiden Töne ist lauter, welcher höher? Gib jeweils eine Begründung.

a)

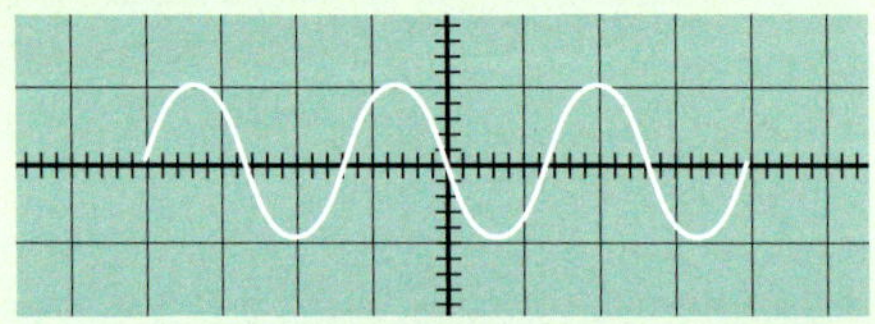

b)

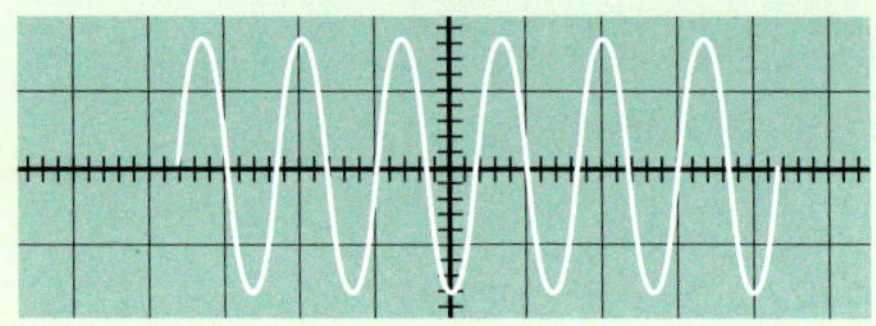

8. Eine fliegende Biene oder Mücke summt, einen fliegenden Schmetterling hört man dagegen nicht. Erkläre.

9. Mit einem Fadenpendel lässt sich experimentell recht genau die Fallbeschleunigung g bestimmen.
a) Beschreibe, wie man dabei vorgehen könnte. Nenne die Bedingungen, die zu beachten sind, damit die Messfehler möglichst klein bleiben.
b) Führe die experimentelle Bestimmung durch. Vergleiche den von dir ermittelten Wert mit dem Tabellenwert. Diskutiere mögliche Messfehler.

Informationen erschließen und austauschen

10. Erkunde, wie der Mensch und wie verschiedene Tiere Schall erzeugen. Nutze dazu das Internet. Fertige Informationsmaterial an. Nutze auch Bilder.

11. Auf der Erde kann man Explosionen im Weltall auch nach längerer Zeit nicht hören. Erkläre, warum das so ist.

12. Am flachen Ufer eines großen Sees oder an der Ostsee kann man beobachten, dass die Wellen meist senkrecht auf das Ufer zulaufen.

Erkunde: Ist das Zufall oder gibt es dafür eine physikalische Erklärung?

13. Durch Erdbeben und damit verbundene Erdbebenwellen können erhebliche Zerstörungen hervorrufen werden.

a) Erkunde, ob es auch in Deutschland erdbebengefährdete Gebiete gibt und wenn ja, wo diese liegen.

b) Recherchiere: Wo haben sich in diesem Kalenderjahr die schwersten Erdbeben ereignet?

Sachverhalte erkennen und bewerten

14. Julia meint: Eine Pendeluhr geht in einem Flugzeug in 10 km Höhe etwas langsamer als auf der Erdoberfläche.
Paul behauptet: Genau das Gegenteil ist der Fall. Die Uhr geht schneller.
Diskutiert und bewertet die Meinungen der beiden.

15. Die Anwohner an einem Bolzplatz beschweren sich über den ständigen Lärm, der erst bei Dunkelheit aufhört. An den Wochenenden ist die Belastung besonders groß.

Schlagt Maßnahmen zur Verringerung des Lärms vor.
Diskutiert die Maßnahmen und gebt Gründe an, die für oder gegen die einzelnen Maßnahmen sprechen.

16. Im Jahr 2000 wurde in London die Millennium Bridge, eine Fußgängerbrücke über die Themse, eröffnet. Schon nach zwei Tagen wurde sie wegen heftigen Schwingens wieder geschlossen.

a) Erkundet, was die Ursachen für die heftigen Schwingungen waren.

b) Bewertet die Zweckmäßigkeit folgender Festlegung: Marschkolonnen dürfen Brücken nicht im Gleichschritt überqueren.

17. In Lärmkarten wird die Lärmbelastung an Straßen erfasst. Solche Lärmkarten sind für alle größeren Orte im Internet zugänglich. Man findet sie z. B. unter „Lärmkarte Mecklenburg-Vorpommern“ oder „Lärmkarte Rostock“, …

a) Erkundet, was man unter einer Lärmkarte versteht.

b) Wählt eine Lärmkarte aus, wertet sie aus und bewertet mögliche Maßnahmen der Lärmverringerung.

c) Diskutiert Möglichkeiten der Lärmverringerung im Schulgebäude.

4 Kinematik und Dynamik der Translation

Vielfältige Bewegungen

In Natur, Technik und Alltag kannst du viele unterschiedliche Bewegungen beobachten. Auch du selbst führst ständig verschiedene Bewegungen aus.

Welche Möglichkeiten gibt es, Bewegungen zu systematisieren? Wie kann man Bewegungen physikalisch beschreiben? Wie kommen überhaupt die verschiedenen Bewegungen zustande? Was ist Ursache, was Wirkung?

Was Kräfte bewirken

In Crashtests wird die Sicherheit von Pkw getestet. Dabei wird z. B. ein frontaler Auffahrunfall simuliert. Wie groß sind die dabei wirkenden Kräfte?

4.1 Kinematik der Translation

1 Verschiedene Geschwindigkeiten

Vom Tachometer eines Pkw wird immer die Momentangeschwindigkeit angezeigt. Für die Fahrtzeit von A nach B ist aber die Durchschnittsgeschwindigkeit entscheidend.
Wie kann man die Durchschnittsgeschwindigkeit eines Pkw, eines Fahrradfahrers oder eines Fußgängers bestimmen?

2 Ruhe oder Bewegung?

Die Schülerin im Zug kann sich in Bewegung befinden oder auch in Ruhe sein. Woran kann man erkennen, ob sich ein Körper in Bewegung befindet oder ob er ruht? Was versteht man in der Physik überhaupt unter Bewegung?

3 Schnell überholen

Aus Gründen der Verkehrssicherheit ist es zweckmäßig, schnell zu überholen. Diskutiert, wovon der Überholweg und die Zeit für das Überholen abhängig sind.

4 Wer ist am schnellsten?

Veranstaltet einen Wettbewerb. Wer benötigt die kürzeste Zeit, um 100 m zurückzulegen? Wer läuft diese Strecke am schnellsten? Wer geht am schnellsten? Diskutiert vor dem Start vergleichbare Kriterien. Erfasst die Werte elektronisch und wertet sie aus.

Bewegung und Ruhe

Bewegung und Ruhe sind Alltagsbegriffe. Physiker haben sie aber eindeutig festgelegt.
In der Physik ist die Bewegung eines Körpers seine Ortsveränderung gegenüber einem anderen Körper, dem **Bezugskörper.**

> **Ein Körper befindet sich in Bewegung, wenn er seine Lage gegenüber einem Bezugskörper verändert.**
> **Ein Körper ist in Ruhe, wenn er seine Lage gegenüber einem Bezugskörper nicht verändert.**

Häufig wird als Bezugskörper die Erdoberfläche genommen. Es kann aber auch ein beliebiger anderer Bezugskörper gewählt werden, z. B. ein Auto oder ein Zug. Der gewählte Bezugskörper muss dann angegeben werden.
Sitzt man z. B. in einem fahrenden Zug still, so ist man sowohl in Bewegung als auch in Ruhe (Abb. 1). Gegenüber dem Zug ist man in Ruhe, denn man ändert seine Lage gegenüber dem Zug nicht. Gleichzeitig fährt aber der Zug auf den Gleisen entlang und zusammen mit ihm bewegt man sich. Gegenüber stehenden Personen auf dem Bahnsteig sind Zug und Personen in ihm in Bewegung.
Jede Bewegung ist somit relativ. Statt eines Bezugskörpers wird häufig ein **Bezugssystem** angegeben. Das sind ein Bezugskörper und ein damit verbundenes Koordinatensystem.

1 Die Personen sind je nach Wahl des Bezugssystems in Ruhe oder in Bewegung.

2 Die Fahrer müssen die Abmessungen ihrer Fahrzeuge beachten, damit es nicht zu Unfällen kommt.

Bei vielen Bewegungen sind Form und Volumen des bewegten Körpers wichtig (Abb. 2).
Will man aber in der Physik nur die Bewegung eines Körpers, z. B. eines Autos, beschreiben, so kann man von Form und Volumen absehen und annehmen, dass sich der Körper wie ein Punkt bewegt. Dabei stellt man sich vor, dass die gesamte Masse des Körpers in einem Punkt, dem **Massepunkt,** vereinigt ist. Der Massepunkt ist also eine Vereinfachung der Wirklichkeit, ein Modell. Durch Nutzung dieses Modells können viele Berechnungen und die Beschreibung von Bewegungen vereinfacht werden.

3 Die Beschreibung der Bewegung von Körpern kann mit dem Modell Massepunkt erfolgen.

Bewegungsarten und Bahnformen

Analysiert man die Bewegung von Körpern, dann stellt man eine große Vielfalt fest. Wir betrachten nachfolgend nur solche Bewegungen, bei denen sich ein Körper längs einer Bahn bewegt (Abb. 1).

In der Physik ist es üblich, zwischen **Bewegungsart** und **Bahnform** zu unterscheiden.
Die **Bewegungsart** gibt an, wie sich ein Körper längs einer bestimmten Bahn bewegt. Bewegt er sich immer mit der gleichen Geschwindigkeit, so bezeichnet man seine Bewegung als gleichförmig. Vergrößert oder verkleinert sich seine Geschwindigkeit, wird die Bewegung als ungleichförmig bezeichnet.

Die Bahn, auf der sich ein Körper bewegt, kann eine unterschiedliche Form haben. Wichtige **Bahnformen** sind eine Gerade (geradlinige Bewegung) und ein Kreis (Kreisbewegung) oder Teile davon. Eine Übersicht über Bahnformen ist unten gegeben.

1 Der Kondensstreifen zeigt kurzzeitig die Bahn des Flugzeugs an.

Gewusst · Gekonnt

1. Gibt es auch Körper, die sich bewegen, aber nicht längs einer Bahn? Erläutere Beispiele.

2. Beschreibe die Bewegung eines fallenden Steins, der Gondel eines Kettenkarussells und der Erde um die Sonne. Gib jeweils Bewegungsart und Bahnform an.

Bahnformen und Bewegungsarten

Geradlinige Bewegung	Kreisbewegung	Schwingung

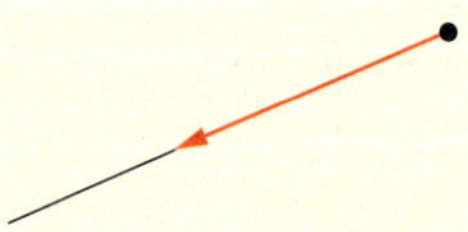	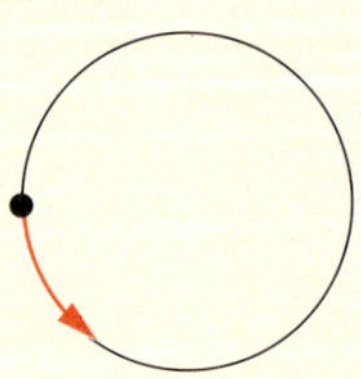	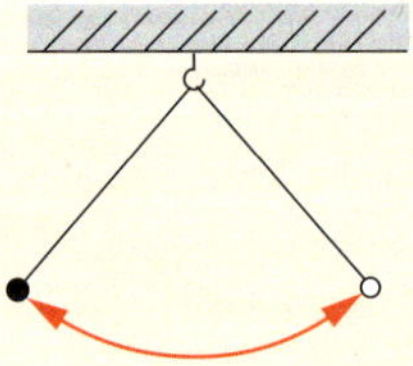
Der Zug bewegt sich auf gerader Strecke immer in der gleichen Richtung. Er führt eine **geradlinige Bewegung** aus.	Die Gondeln des Riesenrads bewegen sich auf einer Kreisbahn. Die Kreisbewegung ist eine spezielle **krummlinige Bewegung.**	Die Mädchen bewegen sich ständig zwischen zwei Punkten hin und her. Sie führen eine **Schwingung** aus.

Geschwindigkeit und gleichförmige Bewegungen

Personen, Fahrzeuge oder andere Körper können sich unterschiedlich schnell bewegen.
Paul kann eine 100-m-Strecke in 180 Sekunden schwimmen. Matthias braucht für dieselbe Strecke dagegen 220 Sekunden (Abb. 1). Paul ist schneller, da er eine bestimmte Strecke in einer kürzeren Zeit zurücklegt.

Ein Pkw legt in einer Minute eine Strecke von 800 m zurück. Ein Radfahrer schafft in derselben Zeit 250 m. Der Pkw ist schneller, da er in einer bestimmten Zeit eine größere Strecke zurücklegt (Abb. 2). Wie schnell oder wie langsam sich ein Körper bewegt, wird durch die physikalische Größe **Geschwindigkeit** beschrieben.

Die Geschwindigkeit gibt an, wie schnell sich ein Körper bewegt.

Formelzeichen: v

Einheiten: **ein Meter je Sekunde** $\left(1\,\frac{m}{s}\right)$
ein Kilometer je Stunde $\left(1\,\frac{km}{h}\right)$

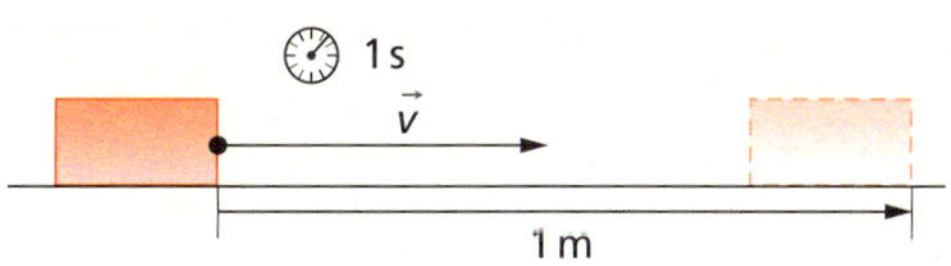

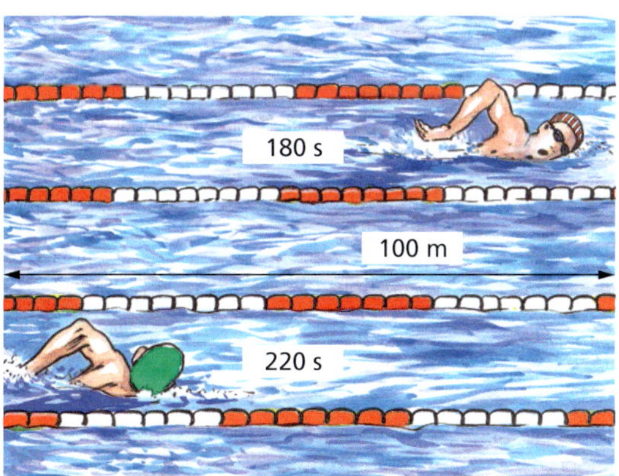

1 Die Schwimmer legen den gleichen Weg in unterschiedlichen Zeiten zurück.

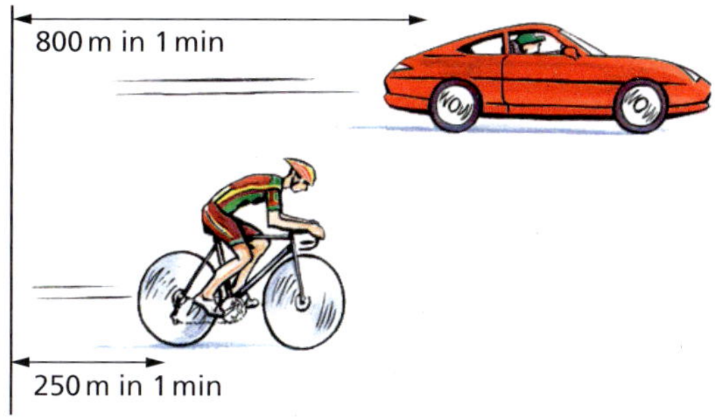

2 Gleiche Zeiten – unterschiedliche Wege

Ein Körper hat eine Geschwindigkeit von $1\,\frac{m}{s}$, wenn er in einer Sekunde einen Weg von einem Meter zurücklegt. Für die Einheiten gilt:

$$1\,\frac{m}{s} = 3{,}6\,\frac{km}{h}$$

$$1\,\frac{km}{h} = \frac{1\,000\text{ m}}{3\,600\text{ s}} \approx 0{,}28\,\frac{m}{s}$$

Die Geschwindigkeit besitzt nicht nur einen Betrag, sondern auch eine Richtung. Sie ist wie die Kraft eine gerichtete (vektorielle) Größe und wird in Zeichnungen mit einem Pfeil dargestellt:

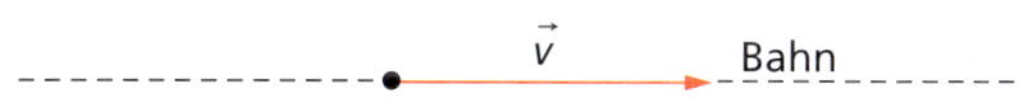

Bei Bewegungen längs einer Geraden kann man die Richtung durch das Vorzeichen der Geschwindigkeit kenntlich machen.

Bewegungen, bei denen der Betrag der Geschwindigkeit immer gleich bleibt, nennt man gleichförmige Bewegungen.

Gewusst · Gekonnt

1. Stelle in einer Übersicht Beispiele für gleichförmige Bewegungen aus Natur, Technik und Alltag zusammen.

2. Die Höchstgeschwindigkeit in Ortschaften beträgt meist $50\,\frac{km}{h}$. Gib die Geschwindigkeit in $\frac{m}{s}$ an.

3. Erkunde: Welche Geschwindigkeit erreicht das schnellste Tier?

Messen und Berechnen der Geschwindigkeit von Körpern

Die Geschwindigkeit eines Körpers kann mit einem **Tachometer** gemessen werden (Abb. 2). Der Tachometer zeigt die momentane (augenblickliche) Geschwindigkeit an. Das gilt auch für einen Fahrradcomputer.
Man kann die Geschwindigkeit eines Körpers ebenfalls ermitteln, wenn man weiß, welcher Weg in einer bestimmten Zeit zurückgelegt wird.

Die Geschwindigkeit eines Körpers bei einer gleichförmigen Bewegung kann berechnet werden mit der Gleichung:

$v = \frac{s}{t}$ s **zurückgelegter Weg**
t **benötigte Zeit**

Diese Gleichung gilt sowohl für **geradlinige Bewegungen** als auch für **Kreisbewegungen.**
Bei einer **geradlinig gleichförmigen Bewegung** sind Betrag und Richtung der Geschwindigkeit für jeden Ort bzw. jeden Zeitpunkt der Bewegung gleich. Bei einer gleichförmigen Kreisbewegung gilt das nur für den Betrag der Geschwindigkeit. Ihre Richtung ändert sich ständig.

Ob eine Bewegung gleichförmig oder ungleichförmig verläuft, kann man in unterschiedlicher Weise feststellen.

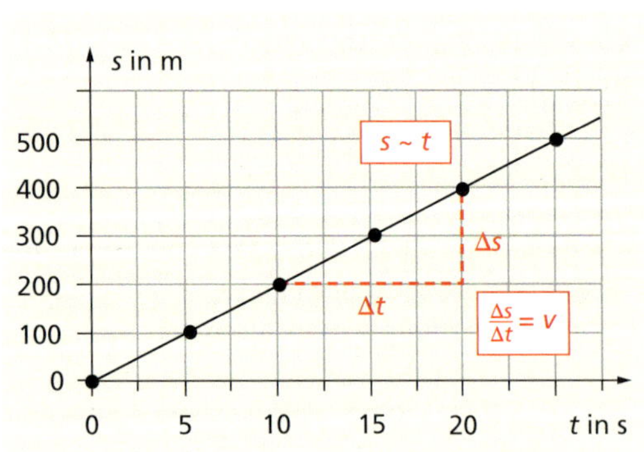

1 Zeit-Weg-Diagramm ($s(t)$-Diagramm) für eine gleichförmige Bewegung: Es ergibt sich eine ansteigende Gerade, die durch den Ursprung des Koordinatensystems verläuft.

2 Mit dem Tachometer eines Pkw wird die augenblickliche Geschwindigkeit gemessen.

Eine gleichförmige Bewegung liegt vor, wenn
- ein Körper in gleichen Zeiten gleiche Wege zurücklegt,
- der Quotient aus zurückgelegtem Weg und dafür benötigter Zeit immer konstant ist,
- die in einem Zeit-Weg-Diagramm dargestellten Messwertepaare auf einer Geraden liegen, die durch den Ursprung des Koordinatensystems verläuft (Abb. 1),
- die in einem Zeit-Geschwindigkeit-Diagramm dargestellten Messwertepaare auf einer Geraden liegen, die parallel zur t-Achse verläuft (Abb. 3).

Für das Zeit-Geschwindigkeit-Diagramm (Abb. 1) gilt: Der Anstieg des Graphen ist gleich der Geschwindigkeit.
Im $v(t)$-Diagramm ist die Fläche unter dem Graphen gleich dem zurückgelegten Weg.

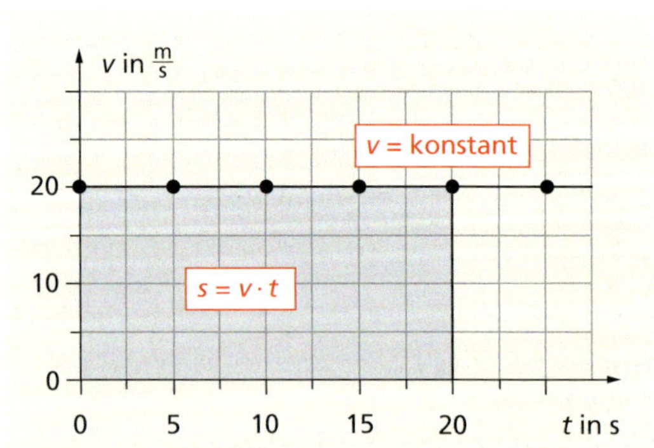

3 Zeit-Geschwindigkeit-Diagramm ($v(t)$-Diagramm) für eine gleichförmige Bewegung: Es ergibt sich eine Gerade parallel zur t-Achse. Die konstante Geschwindigkeit kann man an der v-Achse ablesen.

Interpretieren von Diagrammen

Diagramme sind ein wichtiges Hilfsmittel in den Wissenschaften, aber auch in der Technik. So können in Diagrammen Zusammenhänge zwischen zwei Größen anschaulich dargestellt werden.
Diagramme ermöglichen es auch, Zusammenhänge zu erkennen und Voraussagen zu treffen.

Interpretiere das Diagramm, das die Bewegung eines Radfahrers beschreibt, und bestimme die Geschwindigkeiten für die drei Abschnitte.

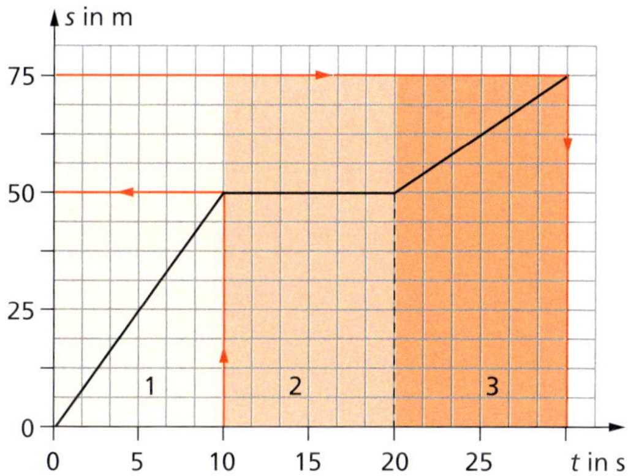

Es ist zweckmäßig, beim Interpretieren eines Diagramms in folgenden Schritten vorzugehen:

Schritt 1

Nennen der physikalischen Größen
Es sind die Größen zu nennen, die auf den Achsen abgetragen sind.

Im Diagramm ist der Zusammenhang zwischen dem Weg s und der Zeit t dargestellt.

Schritt 2

Beschreiben des Zusammenhangs zwischen den Größen
Es ist zu beschreiben, wie sich eine der beiden Größen in Abhängigkeit von der anderen Größe ändert.
Manchmal ist es zweckmäßig, einzelne Abschnitte oder markante Punkte zu unterscheiden.

In ***Abschnitt 1*** *nimmt der Weg mit der Zeit gleichmäßig zu. Das bedeutet: Der Radfahrer bewegt sich gleichförmig.*
In ***Abschnitt 2*** *ändert sich der Weg nicht. Der Radfahrer steht.*
In ***Abschnitt 3*** *nimmt der Weg wiederum gleichmäßig mit der Zeit zu. Der Radfahrer bewegt sich gleichförmig.*

Schritt 3

Nennen charakteristischer Werte

Es sind charakteristische Wertepaare abzulesen und es ist, wenn möglich, auf die Bedeutung des Anstiegs des Graphen bzw. der Fläche unter dem Graphen einzugehen.

In der Zeit von 0 bis 10 s legt der Radfahrer einen Weg von 50 m zurück. Dann steht er 10 s lang und fährt anschließend 10 s lang gleichförmig weiter.
In Abschnitt 3 ist die Geschwindigkeit kleiner als in Abschnitt 1, da der Anstieg des Graphen dort kleiner ist.

Mit den dargestellten Werten in einem Diagramm kannst du auch Größen berechnen. Im Falle des $s(t)$-Diagramms sind das die Geschwindigkeiten in den jeweiligen Abschnitten.

Im Abschnitt 1 wurde in 10 s ein Weg von 50 m zurückgelegt. Demzufolge ist:

$$v_1 = \frac{s}{t} = \frac{50\ \text{m}}{10\ \text{s}} = 5{,}0\ \frac{\text{m}}{\text{s}}$$

Für Abschnitt 2 erhält man $v_2 = 0$ und für den dritten Abschnitt:

$$v_3 = \frac{s}{t} = \frac{25\ \text{m}}{10\ \text{s}} = 2{,}5\ \frac{\text{m}}{\text{s}}$$

Auch die Fläche unter dem Graphen kann eine physikalische Bedeutung haben. Im Fall eines $v(t)$-Diagramms (↗ S. 132, Abb. 3) entspricht die Fläche unter dem Graphen dem zurückgelegten Weg.

Physik im Alltag

Wie genau ist ein Tachometer?

Fabian möchte die Genauigkeit der Geschwindigkeitsanzeige seines Fahrradcomputers überprüfen. Dabei geht er so vor: Zwei Freunde messen mit einer Stoppuhr die Zeit, die er mit dem Fahrrad für eine Strecke von 100 m benötigt. Das sind genau 18 s. Sein Tachometer zeigt auf der Messstrecke konstant $23\,\frac{\text{km}}{\text{h}}$ an.
Zeigt der Tachometer des Fahrradcomputers die tatsächliche Geschwindigkeit an?

Analyse:
Angenommen, der Radfahrer führt auf der Messstrecke eine gleichförmige Bewegung aus. Dann kann aus den Messwerten für Weg und Zeit die tatsächliche Geschwindigkeit berechnet und mit der Tachometeranzeige verglichen werden.
Gesucht: v_{Messung} in $\frac{\text{km}}{\text{h}}$
Gegeben: $s = 100\text{ m}$
$t = 18\text{ s}$
$v_{\text{Tacho}} = 23\,\frac{\text{km}}{\text{h}}$

Lösung:
Die Geschwindigkeit v_{Messung} kann wie folgt berechnet werden:

$$v_{\text{Messung}} = \frac{s}{t}$$

$$v_{\text{Messung}} = \frac{100\text{ m}}{18\text{ s}} = 5{,}6\,\frac{\text{m}}{\text{s}} \approx 20\,\frac{\text{km}}{\text{h}}$$

$$\underline{v_{\text{Messung}} \neq v_{\text{Tacho}}}$$

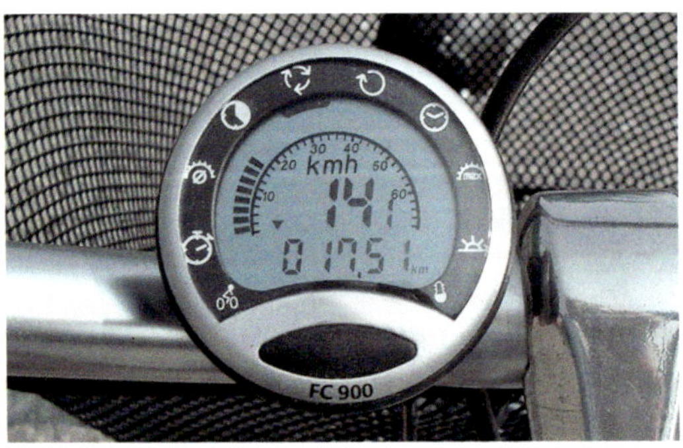

1 Fahrradcomputer können die Momentangeschwindigkeit, aber auch den zurückgelegten Weg und die Fahrzeit anzeigen.

Ergebnis:
Der Tachometer des Fahrradcomputers geht nicht genau. Er zeigt eine größere Geschwindigkeit an, als das Fahrrad in Wirklichkeit fährt. Die Abweichung beträgt mehr als 10 %.
Der Fahrradcomputer muss neu programmiert werden. Aber auch dann hat der Tachometer – wie jedes Messinstrument – noch einen bestimmten Messfehler.

O Schreck – die „Schrecksekunde"

Beim Fahren im Straßenverkehr ist unbedingt zu beachten, dass auch ein Radfahrer eine „Schrecksekunde" hat, bevor er bei Gefahr reagieren kann.
Welchen Weg legt ein Radfahrer in der „Schrecksekunde" zurück, wenn er mit einer Geschwindigkeit von $18\,\frac{km}{h}$ fährt?

Analyse:
Zur Lösung der Aufgabe nehmen wir an, dass sich der Radfahrer eine Sekunde lang mit der konstanten Geschwindigkeit von $18\,\frac{\text{km}}{\text{h}}$ bewegt.
Erst dann würde er reagieren, also z. B. mit dem Bremsen oder Ausweichen beginnen.
Gesucht: s
Gegeben: $t = 1{,}0\text{ s}$
$v = 18\,\frac{\text{km}}{\text{h}}$

Lösung:
Die Umrechnung der Geschwindigkeit in $\frac{\text{m}}{\text{s}}$ ergibt:

$$v = \frac{18\text{ m}}{3{,}6\text{ s}} = 5{,}0\,\frac{\text{m}}{\text{s}}$$

Das bedeutet: Der Radfahrer legt in einer Sekunde einen Weg von 5 m zurück.

Ergebnis:
In der „Schrecksekunde" legt der Radfahrer einen Weg von 5 m zurück. Das entspricht immerhin fast der Breite von zwei Fahrspuren einer Straße, ehe er zu bremsen oder auszuweichen beginnt. Bei einem Auto mit $50\,\frac{\text{km}}{\text{h}}$ beträgt der Weg in der Sekunde bereits etwa 14 m.

Ein etwas anderer Fahrplan

Als Grundlage aller anderen Zugfahrpläne nutzt man einen grafischen Fahrplan (↗ Abb. unten). Bei einem solchen Fahrplan werden in einem Netz von waagerechten Zeitlinien und senkrechten Weglinien die Zugfahrten als Zeit-Weg-Linien (Zuglinien) vereinfacht dargestellt. Jedem einzelnen Zug ist genau eine Linie zugeordnet. Die Linien sind in der Abbildung für verschiedene Züge farbig eingezeichnet.

Welche Informationen kann man einem solchen grafischen Fahrplan entnehmen?

1 Der ICE ist ein moderner Hochgeschwindigkeitszug.

In einem grafischen Fahrplan ist dargestellt, zu welcher Zeit sich jeder einzelne Zug an welchem Ort befindet. So befindet sich z. B. der IR 623 um 10.10 Uhr am Bahnhof A und 10.40 Uhr am Bahnhof C. Erkennbar sind auch die Haltepunkte und die Haltezeiten. So steht beispielsweise der P 3618 von 10.00 bis 10.10 Uhr auf dem Bahnhof C.

Die Schnittpunkte der Zuglinien mit den senkrechten Linien der Bahnhöfe stellen die Durchfahrtszeiten bzw. die Ankunfts- und Abfahrtszeiten dar. So durchfährt z. B. der IC 76 um 10.00 Uhr den Bahnhof D, um 10.20 Uhr den Bahnhof B und um 10.30 Uhr den Bahnhof A. Der Schnittpunkt zweier Zuglinien gibt den Ort und die Zeit für die Begegnung der betreffenden beiden Züge an.

Der grafische Fahrplan ermöglicht auch Aussagen über die Fahrtrichtung und über die Geschwindigkeit der Züge. Der IR 623 fährt von Bahnhof A in Richtung D, die anderen beiden Züge fahren in der entgegengesetzten Richtung.

Im Unterschied zu einem *t*-*s*-Diagramm ist bei einem grafischen Fahrplan die Geschwindigkeit eines Zuges umso größer, je flacher der Graph verläuft. So braucht z. B. der IC 76 von C nach B (15 km) 10 min, was einer Geschwindigkeit von 90 $\frac{km}{h}$ entspricht. Der P 3618 dagegen braucht von C nach B (15 km) 30 min. Daraus ergibt sich eine Geschwindigkeit von 30 $\frac{km}{h}$.

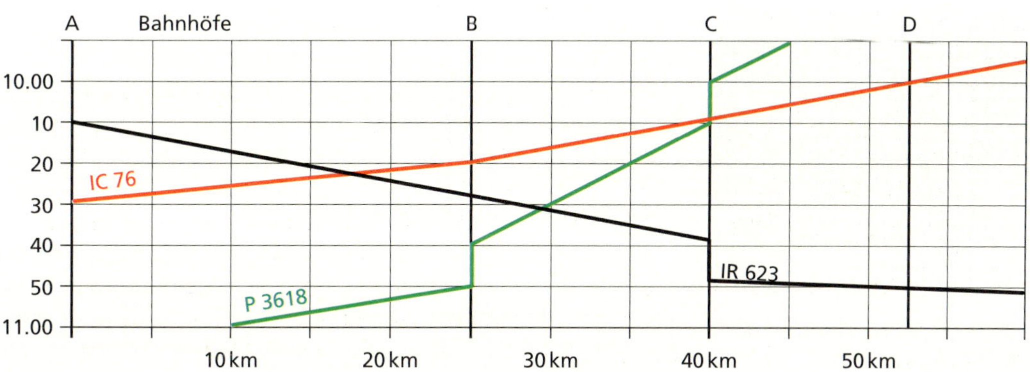

Auswerten von Messreihen mithilfe eines Computerprogramms

Beachte!

Mithilfe von **Tabellenkalkulationsprogrammen** kann man Daten in Tabellen ordnen, in Diagrammen veranschaulichen und auch Berechnungen durchführen. Für die dargestellten Beispiele eignet sich jedes gängige Tabellenkalkulationsprogramm. Hier wurde das Programm **MS Excel** verwendet.

Für verschiedene Radfahrer wird gemessen, welche Wege sie nach verschiedenen Zeiten zurückgelegt haben. Die Messwerte sind in den folgenden Messwertetabellen erfasst.

Radfahrer 1

Zeit *t* in *s*	0	2	4	6	8	10
Weg *s* in m	0	5,9	12,2	17,7	23,8	29,7

Radfahrer 2

Zeit *t* in *s*	0	2	4	6	8	10
Weg *s* in m	0	11,8	23,9	35,7	48,3	60,4

Um zu erkennen, ob eine gleichförmige Bewegung vorliegt, gibt es zwei Möglichkeiten:

a) Es wird der Quotient aus dem zurückgelegten Weg und der vergangenen Zeit gebildet. Ist dieser Quotient konstant, so liegt eine gleichförmige Bewegung vor.

b) Es wird das Zeit-Weg-Diagramm gezeichnet. Ist der Graph eine Gerade, so ist die Bewegung gleichförmig.

Beide Möglichkeiten kannst du mit einem Computer in einem Tabellenkalkulationsprogramm realisieren.

Der Quotient aus dem Weg s und der Zeit t ist die Geschwindigkeit v:

$$v = \frac{s}{t}$$

Bei einer gleichförmigen Bewegung ist sie immer gleich groß.

Schritt 1

Darstellen der Messwerte in einer Tabelle und Berechnen der Geschwindigkeit

1. Öffne das Tabellenkalkulationsprogramm.
2. Trage in die erste Zeile den Kopf der Tabelle ein.
   Der Tabellenkopf kann farbig, die Schrift fett gestaltet werden. Dazu musst du die jeweiligen Zellen markieren und im Menü „Format“ die entsprechenden Einstellungen vornehmen.
3. Speichere die Daten, z. B. unter dem Dateinamen „Fahrer 1“.
4. Gib die Messwerte für die Zeit und den Weg ein.
5. Wenn du die Berechnung vornehmen willst, kannst du so vorgehen:
   - Markiere das Feld C3.
   - Klicke im Menü auf das Gleichheitszeichen und gib die Rechenoperation B3/A3 ein. Drücke „Enter“.
   - Wiederhole das für die Felder C4 bis C7.

Du erhältst die Tabelle, die auf der Seite 137 links oben dargestellt ist. Eine analoge Tabelle erhältst du, wenn du die Schritte für Fahrer 2 wiederholst.

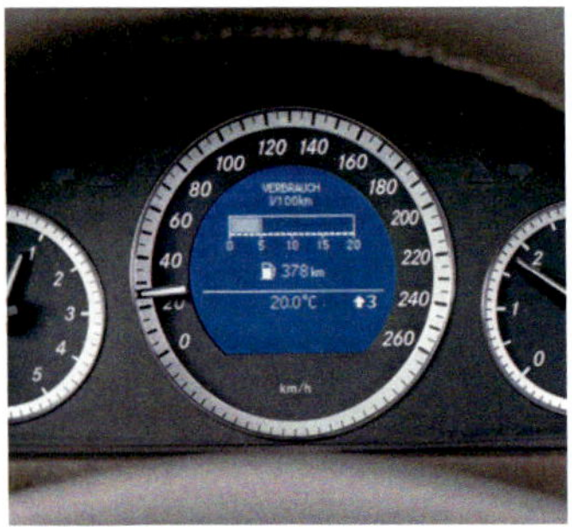

Bei einem Pkw werden neben der Geschwindigkeit weitere Größen angezeigt.

	A	B	C
1	**Zeit t in s**	**Weg s in m**	**Geschwindigkeit v in m/s**
2	0	0	0
3	2	5,9	2,95
4	4	12,2	3,05
5	6	17,7	2,95
6	8	23,8	2,975
7	10	29,7	2,97

	A	B	C
1	**Zeit t in s**	**Weg 1 in m**	**Weg 2 in m**
2	0	0	0
3	2	5,9	11,8
4	4	12,2	23,9
5	6	17,7	35,7
6	8	23,8	48,3
7	10	29,7	60,4

So kann man die Messwerte im Tabellenkalkulationsprogramm darstellen und die Geschwindigkeit berechnen.

Schritt 2

Darstellen der Messwerte in einem Diagramm

Die Messwerte können auch in einem Diagramm dargestellt werden, wenn man ein Tabellenkalkulationsprogramm nutzt. Dabei kann man den Graphen für eine oder auch für mehrere Messreihen in einem Diagramm darstellen:

1. Trage die Messwerte so in die Tabelle ein, wie es rechts oben dargestellt ist.
2. Markiere alle Messwerte.
3. Rufe den Diagrammassistenten durch Klicken auf das entsprechende Symbol in der Menüleiste auf. Wähle den Diagrammtyp „Punkt (XY)“ und einen Diagrammuntertyp. Drücke auf „Weiter“.
4. Gehe zum Bereich „Reihe“ und beschrifte Reihe 1 bis 3. Drücke auf „Weiter“.
5. Nun kannst du das Diagramm benennen, die Achsen beschriften und die Gitternetzlinien wählen. Drücke auf „Diagramm fertigstellen“.

   Damit erhältst du das unten abgebildete Diagramm.

Der Diagrammassistent hat das Symbol:

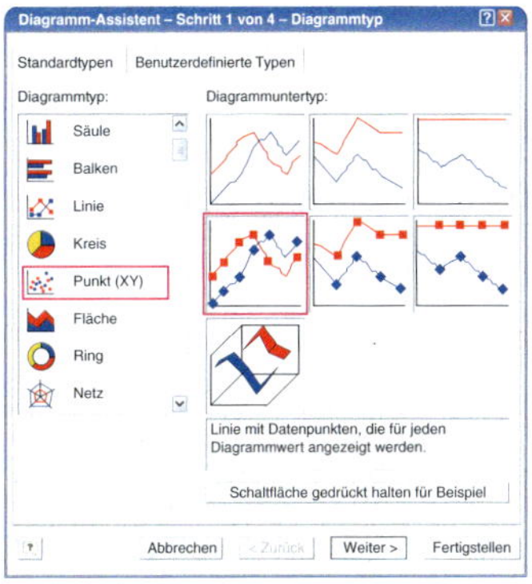

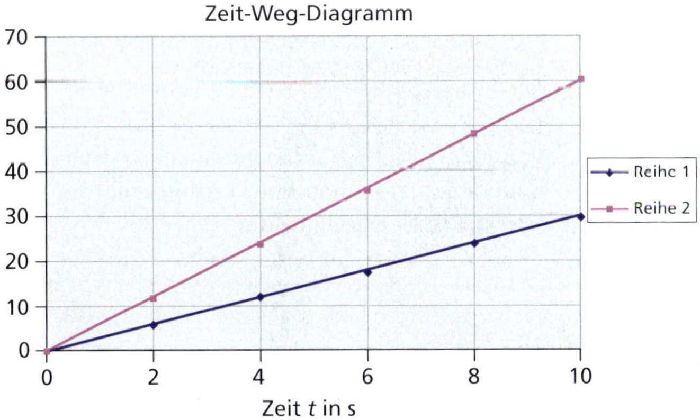

Aus dem Diagramm ist erkennbar: Die Graphen sind Geraden. Das bedeutet: Beide Radfahrer bewegen sich näherungsweise gleichförmig.

Die Farben der Graphen und der Flächen kannst du beliebig ändern.

Ungleichförmige Bewegungen

Bei einem anfahrenden Auto wird die Geschwindigkeit größer. Betätigt man beim Radfahren die Bremsen, so verringert sich die Geschwindigkeit.

> **Die Geschwindigkeit, die ein Körper zu einem bestimmten Zeitpunkt hat, wird als Momentangeschwindigkeit bezeichnet.**

Es ist die Geschwindigkeit, die vom Tachometer eines Autos oder vom Fahrradcomputer angezeigt wird.
Aus dem insgesamt zurückgelegten Weg und der dafür erforderlichen Zeit kann man eine mittlere Geschwindigkeit berechnen. In der Physik wird sie **Durchschnittsgeschwindigkeit** genannt.

> **Die Durchschnittsgeschwindigkeit eines Körpers kann berechnet werden mit der Gleichung:**
>
> $v = \frac{\Delta s}{\Delta t}$ — **Δs insgesamt zurückgelegter Weg**, **Δt Zeitintervall (benötigte Zeit)**

Legt ein Auto einen Weg von 30 km in einer halben Stunde zurück, so beträgt seine Durchschnittsgeschwindigkeit:

$$v = \frac{30\ \text{km}}{0{,}5\ \text{h}} = 60\ \frac{\text{km}}{\text{h}}$$

Seine Momentangeschwindigkeit kann während der Fahrt unterschiedlich groß gewesen sein. Die Momentangeschwindigkeit eines Körpers hat zu jedem Zeitpunkt eine bestimmte Richtung und einen bestimmten Betrag. Sie ist eine gerichtete Größe (Abb. 1). Dagegen ist die Durchschnittsgeschwindigkeit keine gerichtete Größe.

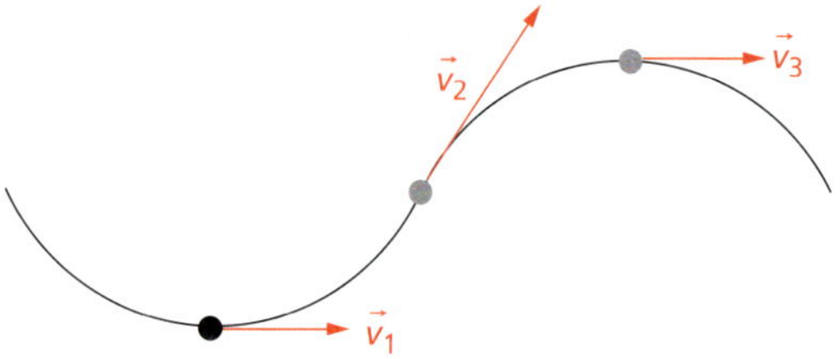

1 Die Momentangeschwindigkeit ist eine gerichtete Größe. Sie ist durch Betrag und Richtung bestimmt.

Ändert sich bei der Bewegung eines Körpers der Betrag der Geschwindigkeit oder ihre Richtung oder beides, so liegt eine **beschleunigte Bewegung** vor. Die Schnelligkeit der Geschwindigkeitsänderung wird in der Physik durch die Größe **Beschleunigung** beschrieben.

> **Die Beschleunigung gibt an, wie schnell sich Betrag oder Richtung der Geschwindigkeit eines Körpers ändern.**
>
> **Formelzeichen:** a
> **Einheit:** **ein Meter je Quadratsekunde** $\left(1\ \frac{\text{m}}{\text{s}^2}\right)$

Aus dieser Festlegung folgt:
- Jede Bewegung auf einer geradlinigen Bahn, bei der sich die Geschwindigkeit vergrößert oder verkleinert, ist eine beschleunigte Bewegung.
- Jede Bewegung auf einer krummlinigen Bahn ist eine beschleunigte Bewegung, da sich dort die Richtung der Geschwindigkeit ändert. Damit ist auch jede Bewegung auf einer kreisförmigen Bahn, z. B. die Bewegung der Gondel eines Riesenrads, eine beschleunigte Bewegung.

Nachfolgend betrachten wir nur geradlinige Bewegungen. Für solche Bewegungen gilt:

> **Die Beschleunigung eines Körpers kann berechnet werden mit der Gleichung:**
>
> $a = \frac{\Delta v}{\Delta t}$ — **Δv Geschwindigkeitsänderung**, **Δt Zeitintervall**

Vergrößert sich die Geschwindigkeit, so ist die Beschleunigung positiv. Bei Verringerung der Geschwindigkeit ist sie negativ.

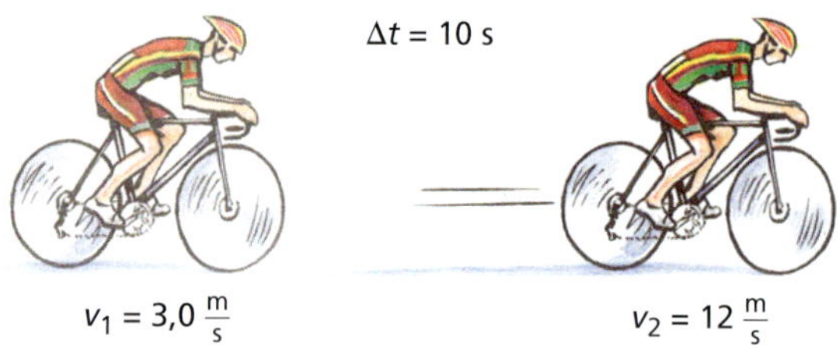

2 Aus $\Delta v = v_2 - v_1$ und Δt ergibt sich als Beschleunigung: $a = 0{,}9\ \frac{\text{m}}{\text{s}^2}$

Gleichmäßig beschleunigte Bewegungen

Mit einer Experimentieranordnung, wie sie in Abb. 1 dargestellt ist, untersuchen wir eine geradlinige gleichmäßig beschleunigte Bewegung. Eine solche Bewegung liegt dann vor, wenn sich ein Körper auf einer geraden Bahn bewegt und dabei seine Beschleunigung immer gleich bleibt. Die experimentell ermittelten Zusammenhänge sind in der Übersicht unten dargestellt.

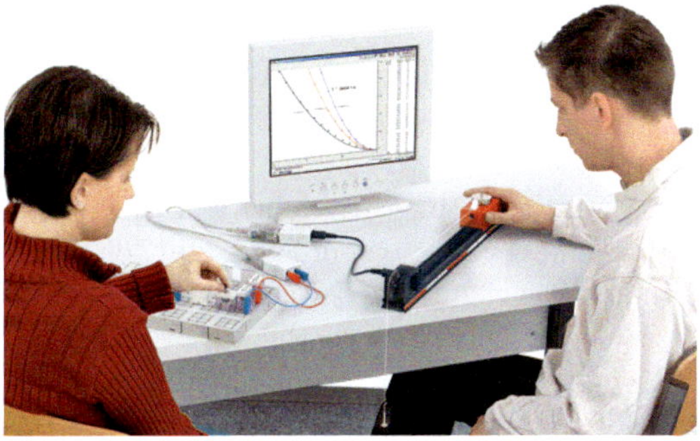

1 Versuchsaufbau zur Erfassung von Weg s und Zeit t für die Bewegung eines Körpers

Zusammenhänge zwischen Weg, Geschwindigkeit, Beschleunigung und Zeit

Zeit-Weg-Diagramm ($s(t)$-Diagramm)

Der zurückgelegte Weg vergrößert sich mit der Zeit. Es liegt keine Proportionalität vor. Vielmehr wird der Weg je Zeitintervall immer größer.

Es könnte gelten: $s \sim t^2$

Der Anstieg des Graphen zu einem Zeitpunkt entspricht der Geschwindigkeit zu diesem Zeitpunkt.

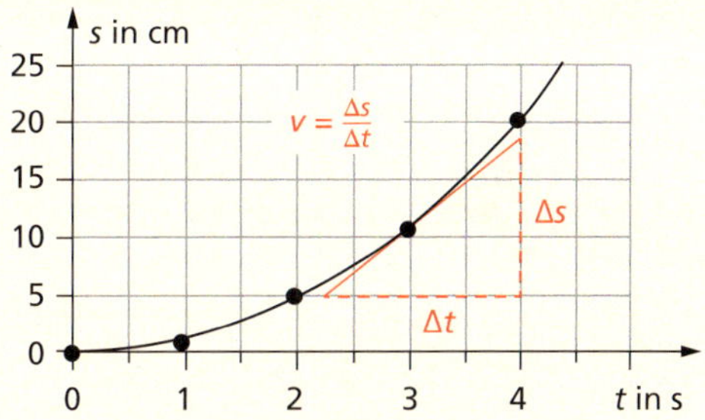

Zeit-Geschwindigkeit-Diagramm ($v(t)$-Diagramm)

Die Geschwindigkeit des Körpers vergrößert sich gleichmäßig mit der Zeit. Der Graph ist eine ansteigende Gerade.
Das bedeutet: Geschwindigkeit und Zeit sind proportional zueinander.

Es gilt: $v \sim t$

Der Anstieg des Graphen entspricht der Beschleunigung, die Fläche unter dem Graphen dem zurückgelegten Weg.

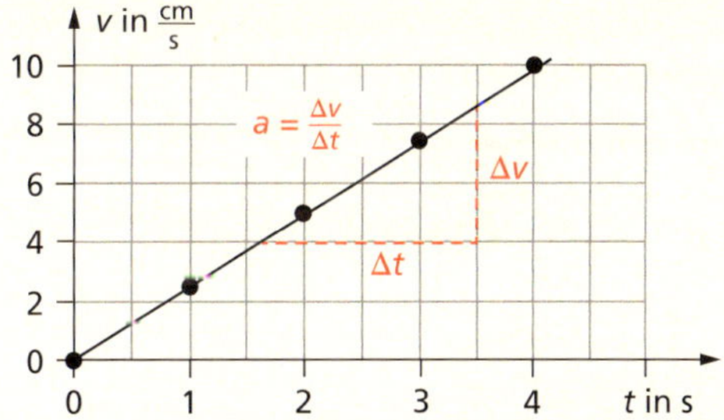

Zeit-Beschleunigung-Diagramm ($a(t)$-Diagramm)

Die Beschleunigung bleibt immer gleich groß. Der Graph ist eine Gerade parallel zur t-Achse.

Es gilt: a = konstant

Die Fläche unter dem Graphen entspricht der Geschwindigkeit.

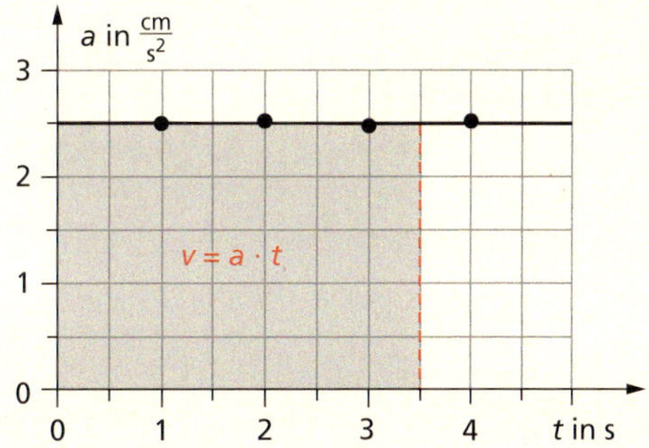

Gesetze der gleichmäßig beschleunigten Bewegung

Die Zusammenhänge zwischen den Größen Weg, Geschwindigkeit, Beschleunigung und Zeit lassen sich durch Gleichungen beschreiben.

Für eine gleichmäßig beschleunigte und geradlinige Bewegung eines Körpers aus dem Stillstand heraus gelten folgende Gleichungen:

a = konstant	a	**Beschleunigung**
$v = a \cdot t$	v	**Geschwindigkeit**
$s = \frac{a}{2} \cdot t^2$	s	**Weg**
	t	**Zeit**

Das Zeit-Geschwindigkeit-Gesetz $v = a \cdot t$ und das Zeit-Weg-Gesetz $s = \frac{a}{2} \cdot t^2$ lassen sich durch experimentelle Untersuchungen ermitteln. Sie lassen sich auch theoretisch herleiten. Solche theoretisch hergeleiteten Gesetze müssen experimentell geprüft werden. Das kann z. B. mit einer Versuchsanordnung gemacht werden, die in Abb. 1 dargestellt ist. Ein Körper der Masse M bewegt sich auf einer horizontalen Schiene. Er wird durch die Gewichtskraft des Körpers mit der Masse m beschleunigt. Damit ist a = konstant.

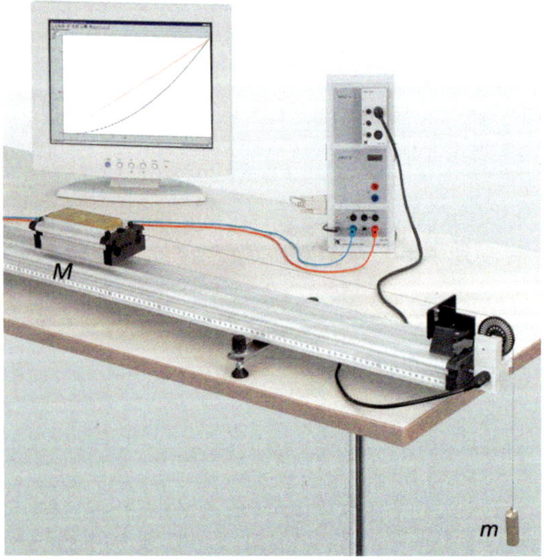

1 Experimentieranordnung zur Untersuchung des Zusammenhangs zwischen Weg und Zeit

2 Für anfahrende Autos gelten näherungsweise die Gesetze der gleichmäßig beschleunigten Bewegung.

Für die Massen $M = 150$ g und $m = 10$ g (Abb. 1) erhält man folgende Werte:

Weg s in m	0	0,30	0,60	0,90	1,20
Zeit t in s	0	0,98	1,41	1,71	1,98
$\frac{s}{t^2}$ in $\frac{m}{s^2}$	–	0,31	0,30	0,31	0,31

Wenn das Zeit-Weg-Gesetz gilt, kann man daraus folgern, dass bei konstanter Beschleunigung der Quotient

$$\frac{s}{t^2} = \frac{a}{2}$$

konstant sein muss. Prüft man das für die experimentell bestimmten Werte nach, dann zeigt sich: Der Quotient $\frac{s}{t^2}$ ist näherungsweise konstant. Die Abweichungen kommen durch die unvermeidlichen Messfehler zustande. Auch durch viele weitere Experimente wurde das Zeit-Weg-Gesetz bestätigt.

Gewusst · Gekonnt

Für eine gleichmäßig beschleunigte und geradlinige Bewegung gelten auch folgende Gleichungen:

(1) $s = \frac{v^2}{2a}$ (2) $v = \sqrt{2a \cdot s}$ (3) $a = \frac{v^2}{2s}$

Leite Gleichung (1) aus den links oben genannten Gleichungen her. Zeige, dass sich (2) und (3) jeweils aus (1) ergeben.

$s(t)$-Diagramm

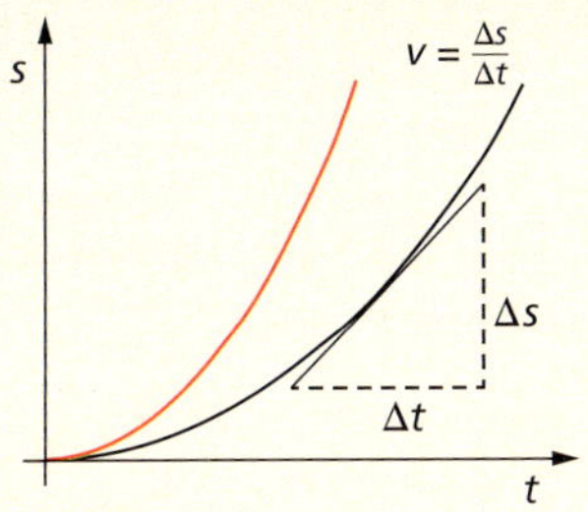

Im $s(t)$-Diagramm entspricht der Anstieg des Graphen der Geschwindigkeit.

$v(t)$-Diagramm

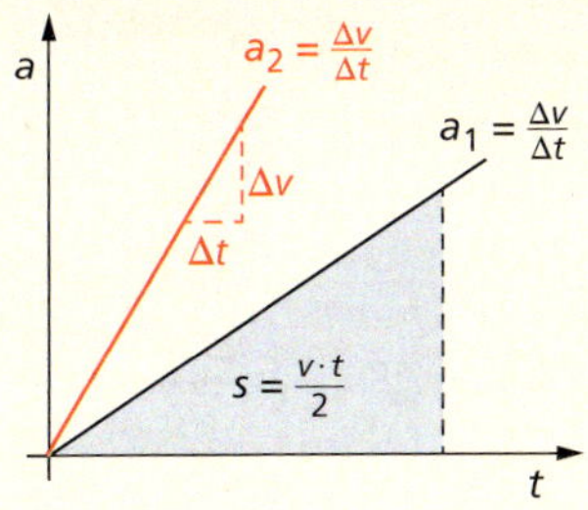

Im $v(t)$-Diagramm ist der Anstieg des Graphen gleich der Beschleunigung. Die Fläche unter dem Graphen entspricht dem Weg.

$a(t)$-Diagramm

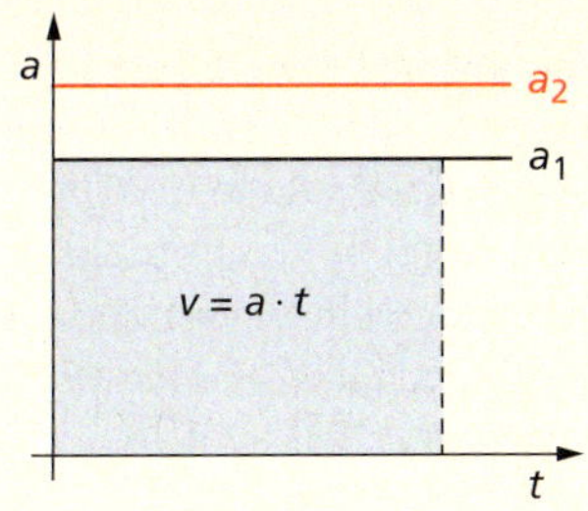

Im $a(t)$-Diagramm entspricht die Fläche unter dem Graphen der Geschwindigkeit.

Zwischen dem Anstieg eines Graphen, der Fläche unter dem Graphen und den Größen Weg, Geschwindigkeit, Beschleunigung und Zeit gibt es Zusammenhänge, die in der Übersicht oben zusammengestellt sind.

Alle bisherigen Aussagen beziehen sich auf gleichmäßig beschleunigte Bewegungen, die zur Zeit $t = 0$ mit dem Weg $s = 0$ und der Geschwindigkeit $v = 0$ beginnen. Das muss aber nicht der Fall sein. Fährt z.B. ein Pkw zunächst eine bestimmte Zeit gleichförmig auf der Autobahn und beschleunigt dann, so liegt eine Bewegung mit Anfangsgeschwindigkeit vor. Zum Zeitpunkt $t = 0$ kann auch bereits ein bestimmter Anfangsweg zurückgelegt worden sein.
Berücksichtigt man Anfangsweg und Anfangsgeschwindigkeit, dann erhält man folgende Gesetze:

Für eine gleichmäßig beschleunigte geradlinige Bewegung eines Körpers gilt:

$a(t) = \text{konstant}$

$v(t) = a \cdot t + v_0$

$s(t) = \frac{a}{2} t^2 + v_0 \cdot t + s_0$

Dabei sind v_0 die Anfangsgeschwindigkeit und s_0 der Anfangsweg. Alle Bewegungen erfolgen in der gleichen Richtung. Die auf Seite 140 genannten Gleichungen ergeben sich als Spezialfälle für $v_0 = 0$ und $s_0 = 0$.

Welche Gleichung bei der Lösung einer Aufgabe anzuwenden ist, hängt von den gegebenen Bedingungen ab. Bei geschickter Wahl des Bezugssystems lassen sich meist die auf Seite 140 genannten Gleichungen anwenden.

Bewegungsdiagramme ohne und mit Anfangsweg und Anfangsgeschwindigkeit

$s(t)$-Diagramm

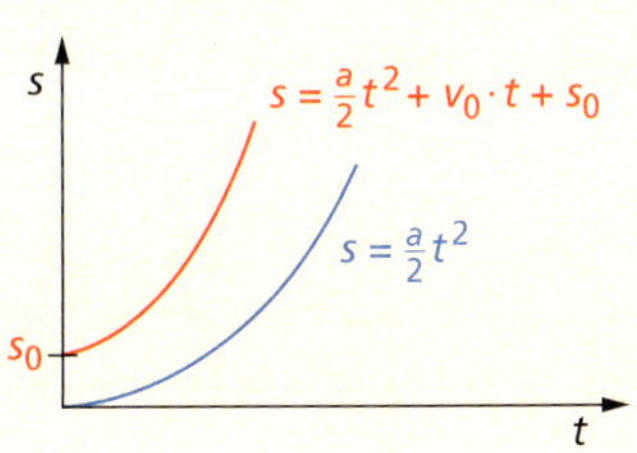

$v(t)$-Diagramm

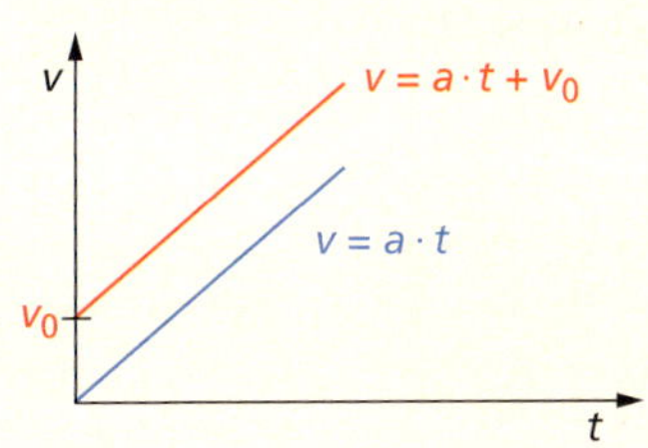

$a(t)$-Diagramm

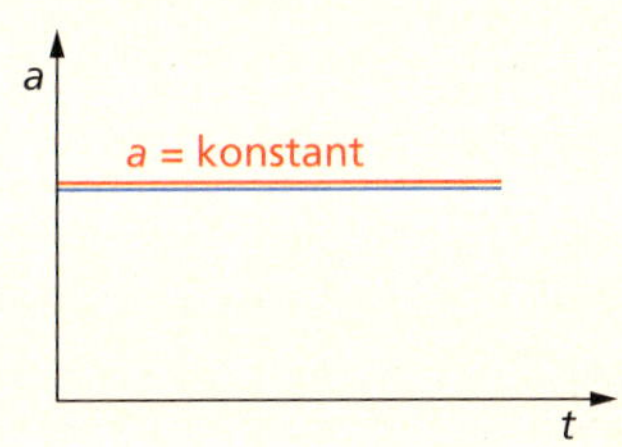

Interpretieren von Gleichungen

In der Physik werden viele Zusammenhänge zwischen physikalischen Größen als Gleichungen angegeben. Beim Interpretieren einer Gleichung geht es darum, die in der Gleichung enthaltenen physikalischen Zusammenhänge zu erkennen und sachgerecht zu deuten.

Interpretiere das Zeit-Weg-Gesetz für gleichmäßig beschleunigte Bewegungen $s = \frac{a}{2} \cdot t^2$.

Es ist zweckmäßig, beim Interpretieren einer Gleichung in folgenden Schritten vorzugehen:

Schritt 1

Nennen der physikalischen Größen

Es sind die Größen zu nennen, die in der Gleichung enthalten sind.

Die Gleichung $s = \frac{a}{2} \cdot t^2$ beschreibt die Zusammenhänge zwischen dem Weg s, der Beschleunigung a und der Zeit t bei einer gleichmäßig beschleunigten Bewegung. Sie gilt unter der Bedingung, dass der Körper im Anfangszustand ($t = 0$) in Ruhe ist.

Schritt 2

Ableiten von Zusammenhängen aus der mathematischen Struktur der Gleichung

Beim Ableiten der Zusammenhänge ist z.B. auf direkte oder indirekte Proportionalität einzugehen. Dabei sind die Bedingungen zu nennen, unter denen die Zusammenhänge gelten.

Unter der Bedingung, dass die Beschleunigung konstant ist, gilt für den Zusammenhang zwischen Weg s und Zeit t:

$$s \sim t^2 \qquad \text{(bei } a = \text{konst.)}$$

Unter der Bedingung, dass die Zeit konstant ist, gilt für den Zusammenhang zwischen Weg s und Beschleunigung a:

$$s \sim a \qquad \text{(bei } t = \text{konst.)}$$

Schritt 3

Ableiten von Folgerungen

Dabei geht es um Folgerungen, die sich aus den abgeleiteten Zusammenhängen ergeben. Sie können allgemein formuliert oder an Beispielen verdeutlicht werden.

Die direkte Proportionalität zwischen dem Weg und dem Quadrat der Zeit ($s \sim t^2$) bedeutet: Bei einer gleichmäßig beschleunigten Bewegung nimmt der Weg mit dem Quadrat der Zeit zu. In der doppelten Zeit wird der vierfache Weg zurückgelegt. So legt z.B. ein Auto, das mit konstanter Beschleunigung anfährt, in den ersten zwei Sekunden einen viermal so langen Weg zurück wie in der ersten Sekunde der Fahrt.

Die direkte Proportionalität zwischen dem Weg und der Beschleunigung ($s \sim a$) bedeutet: Bei verschiedenen gleichmäßig beschleunigten Bewegungen ist in einer bestimmten Zeit der zurückgelegte Weg umso größer, je größer die Beschleunigung ist. Wenn z.B. Auto 1 die doppelte Beschleunigung von Auto 2 hat, dann legt Auto 1 in einer bestimmten Zeit den doppelten Weg zurück.

Selbst wenn eine Gleichung im Unterricht nicht behandelt wird, kannst du aus ihr Zusammenhänge erschließen und diese zur Lösung von Aufgaben und Problemen anwenden.
Betrachten wir als Beispiel folgende Gleichung für gleichmäßig beschleunigte Bewegungen:

$$s = \frac{v^2}{2a}$$

Unter der Bedingung $a = \text{konstant}$ gilt: $s \sim v^2$
Unter der Bedingung $v = \text{konstant}$ gilt: $s \sim \frac{1}{a}$

Für die Geschwindigkeit ergibt sich: Um aus dem Stillstand eine bestimmte Geschwindigkeit zu erreichen, ist der Weg umso länger, je kleiner die Beschleunigung ist.

Ein Überholvorgang – physikalisch betrachtet

Im Straßenverkehr spielt das Begegnen und Überholen von Fahrzeugen eine wichtige Rolle. Gerade beim Überholen passieren viele Unfälle. Der Fahrer des überholenden Fahrzeugs muss vor allem den Überholweg und die erforderliche Zeit richtig einschätzen.

Ein 5,0 m langer blauer Pkw will einen roten Lkw überholen (Abb. 1). Der Pkw fährt gleichförmig mit $108\,\frac{\text{km}}{\text{h}}$, der Lkw mit $72\,\frac{\text{km}}{\text{h}}$. Im Ausgangszustand beträgt der Abstand der Fahrzeugspitzen 60 m. *Nach welcher Zeit und in welcher Entfernung vom Ausgangspunkt befinden sich beide Fahrzeuge auf gleicher Höhe? Welchen Abstand haben die Fahrzeuge nach 10 Sekunden?*

Die Aufgabe lässt sich grafisch oder rechnerisch lösen. Zur grafischen Lösung stellt man die Bewegung beider Fahrzeuge in einem $s(t)$-Diagramm dar (Abb. 2). Als Bezugspunkte (bei $t = 0$) wählen wir die Spitzen der Fahrzeuge. Mit den genannten Geschwindigkeiten erhält man das in Abb. 2 dargestellte Diagramm.

Der Schnittpunkt der beiden Graphen ist die Stelle, bei der sich die beiden Fahrzeuge auf gleicher Höhe befinden. Das ist bei $t = 6$ s und $s = 180$ m der Fall.

Nach einer Zeit von 10 Sekunden befindet sich die Spitze des Pkw etwa 40 m vor der des Lkw. Bezogen auf das Heck des Pkw sind das etwa 35 m.

Dieses grafische Herangehen lässt sich auch anwenden, wenn Fahrzeuge in entgegengesetzter Richtung fahren oder wenn man wissen will, wann und an welchem Ort sie sich begegnen.

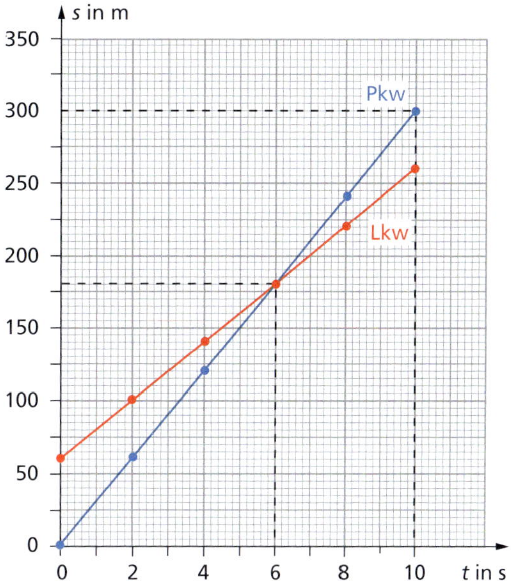

2 Zeit-Weg-Diagramm für beide Fahrzeuge

Die rechnerische Lösung dieser Aufgabe ist dann einfach, wenn man ein mit dem Lkw verbundenes Bezugssystem nutzt. In einem solchen Bezugssystem hat der Pkw gegenüber dem Lkw eine Relativgeschwindigkeit von:

$$108\,\frac{\text{km}}{\text{h}} - 72\,\frac{\text{km}}{\text{h}} = 36\,\frac{\text{km}}{\text{h}}$$

Das sind umgerechnet $10\,\frac{\text{m}}{\text{s}}$. Demzufolge werden die 60 m, die die Fahrzeugspitzen im Ausgangszustand voneinander entfernt sind, in 6 Sekunden zurückgelegt. Nach weiteren 4 Sekunden, also einer Gesamtzeit von 10 Sekunden, beträgt der Abstand 40 Meter.

Für ein sicheres Überholen ist entscheidend: Ein Überholvorgang geht umso schneller, je größer der Geschwindigkeitsunterschied zwischen den betreffenden Fahrzeugen ist.

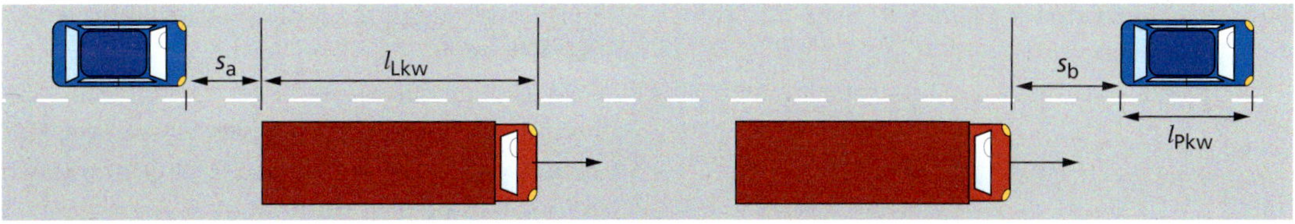

1 Überholvorgang: Der Pkw überholt den Lkw und legt dabei den größeren Weg zurück.

Physik im Alltag

Wie schnell fährt ein Zug an?

Mit Pkws oder Motorrädern kann man relativ schnell anfahren. Es werden Beschleunigungen von $8\,\frac{\text{m}}{\text{s}^2}$ erreicht. Bei Zügen ist das anders.
Jeder von euch hat schon auf einem Bahnhof einen anfahrenden Zug (Abb. 1) beobachtet. Die Geschwindigkeit, die ein solcher Zug beim Anfahren nach ein paar Sekunden erreicht, ist schwer abzuschätzen. Durch Messungen weiß man aber, dass die durchschnittliche Beschleunigung beim Anfahren $0{,}30\,\frac{\text{m}}{\text{s}^2}$ beträgt.
Welche Geschwindigkeit erreicht ein Zug 20 Sekunden nach dem Anfahren? Befindet sich das Ende des Zugs nach dieser Zeit noch im Bereich des Bahnhofs?

Analyse:
Die Bewegung des Zugs wird als gleichmäßig beschleunigt angenommen, sodass die Gesetze für gleichmäßig beschleunigte Bewegungen angewendet werden können.
Ob sich das Zugende 20 s nach dem Anfahren noch im Bahnhofsbereich befindet, ergibt sich aus dem Weg, der in dieser Zeit zurückgelegt wird.

Gesucht: v, s
Gegeben: $a = 0{,}30\,\frac{\text{m}}{\text{s}^2}$ $\quad t = 20\text{ s}$

Lösung:
Die Geschwindigkeit ergibt sich aus dem Zeit-Geschwindigkeit-Gesetz:

$$v = a \cdot t$$
$$v = 0{,}30\,\frac{\text{m}}{\text{s}^2} \cdot 20\text{ s}$$
$$v = 6{,}0\,\frac{\text{m}}{\text{s}} \approx 22\,\frac{\text{km}}{\text{h}}$$

Den zurückgelegten Weg erhält man aus dem Zeit-Weg-Gesetz:

$$s = \frac{a}{2} \cdot t^2$$
$$s = \frac{0{,}30\,\frac{\text{m}}{\text{s}^2}}{2} \cdot (20\text{ s})^2$$
$$\underline{s = 60\text{ m}}$$

1 Die Beschleunigung eines Zugs beim Anfahren beträgt im Durchschnitt etwa $0{,}30\,\frac{\text{m}}{\text{s}^2}$.

Ergebnis:
20 s nach dem Anfahren eines Zugs beträgt seine Geschwindigkeit etwa $20\,\frac{\text{km}}{\text{h}}$, der zurückgelegte Weg ca. 60 m. Da Bahnsteige länger als 60 m sind, befindet sich das Zugende noch im Bereich des Bahnhofs.

Abstand halten!

Um Auffahrunfälle zu vermeiden, gibt es für den Abstand von Fahrzeugen folgende Faustregel: Der Abstand von einem Fahrzeug zum nächsten sollte mindestens gleich der Hälfte der Anzeige am Tachometer sein. Wenn ein Auto z. B. mit $80\,\frac{\text{km}}{\text{h}}$ fährt, sollte sein Sicherheitsabstand mindestens 40 m betragen.
Berechne für einen Pkw $\left(v = 80\,\frac{km}{h}\right)$ *unter Berücksichtigung der Schrecksekunde den Anhalteweg bei einer Vollbremsung, wenn die Bremsverzögerung* $7{,}0\,\frac{m}{s^2}$ *beträgt. Beurteile auf der Grundlage des Ergebnisses den Sinn der Faustregel.*

Analyse:
Der Bremsvorgang wird als gleichmäßig verzögerte Bewegung bis zum Stillstand angesehen. Damit können die Gesetze der gleichmäßig beschleunigten Bewegung angewendet werden. Der Anhalteweg setzt sich aus dem Weg während der Schrecksekunde (s_1) und dem Bremsweg (s_2) zusammen.

Während der „Schrecksekunde“ bremst der Fahrer noch nicht. Die Bewegung ist demzufolge gleichförmig. Mit Beginn des Bremsens erfolgt eine verzögerte Bewegung. Der dabei zurückgelegte Weg ist der Bremsweg. Als „Schrecksekunde“ kann man eine Zeit von 1,0 s annehmen.

Gesucht: s_{ges} in m

Gegeben: $v = 80\,\frac{km}{h} = 80 \cdot \frac{1}{3{,}6}\,\frac{m}{s} = 22\,\frac{m}{s}$

$a = 7{,}0\,\frac{m}{s^2}$

$t_1 = 1{,}0\,s$

Lösung:

Der Anhalteweg ergibt sich als Summe der Wege für beide Bewegungen: $s_{ges} = s_1 + s_2$

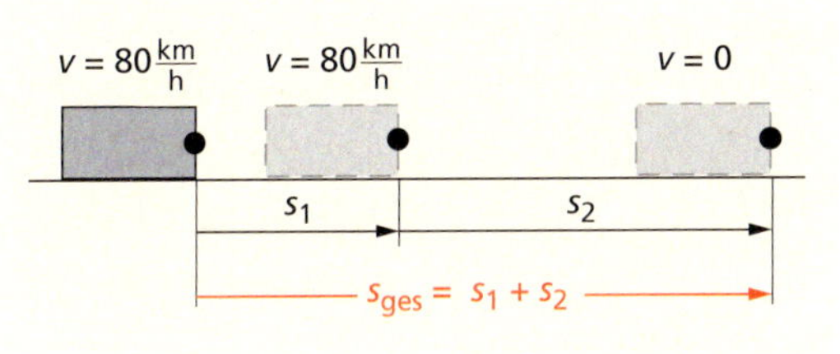

Den Weg für die gleichförmige Bewegung während der „Schrecksekunde“ kann man mit dem Zeit-Weg-Gesetz für gleichförmige Bewegungen berechnen:

$$s_1 = v \cdot t_1$$

$$s_1 = 22\,\frac{m}{s} \cdot 1{,}0\,s$$

$$s_1 = 22\,m$$

Den Weg für die gleichmäßig verzögerte Bewegung kann man mit dem Zeit-Weg-Gesetz für gleichmäßig beschleunigte Bewegungen berechnen.

Da die Zeit für diese Bewegung nicht bekannt ist, kann das Zeit-Geschwindigkeit-Gesetz herangezogen werden, denn die Anfangsgeschwindigkeit v ist bekannt.

Somit erhält man ein Gleichungssystem aus zwei Gleichungen mit zwei unbekannten Größen (s_2 und t_2), das man lösen kann:

1 Zu geringer Abstand ist eine der häufigsten Unfallursachen.

Aus $s_2 = \frac{a}{2} \cdot t_2^2$ (1) und $v = a \cdot t_2$ (2) erhält man durch Umstellen von (2) nach t_2 und Einsetzen in (1):

$$s_2 = \frac{a}{2}\left(\frac{v^2}{a^2}\right) = \frac{v^2}{2a}$$

$$s_2 = \frac{22^2\,m^2 \cdot s^2}{2 \cdot 7{,}0\,m \cdot s^2}$$

$$s_2 = 35\,m$$

Damit erhält man für den Gesamtweg:

$$s_{ges} = 22\,m + 35\,m$$

$$\underline{s_{ges} = 57\,m}$$

Ergebnis:

Der Bremsweg bei einer Vollbremsung auf trockener Straße mit einer Anfangsgeschwindigkeit von $80\,\frac{km}{h}$ beträgt unter Berücksichtigung der Schrecksekunde etwa 57 m. Das ist mehr als der Mindestabstand, der nach der Faustregel gefordert wird. Es ist jedoch zu berücksichtigen, dass das vorausfahrende Fahrzeug in der Regel nicht plötzlich zum Stillstand kommt, sondern nach einem gewissen Bremsweg. So könnte ein Auffahrunfall gerade vermieden werden. Dabei muss aber beachtet werden: Bei nasser oder gar vereister Fahrbahn ist die Bremsverzögerung wesentlich geringer, sodass der Sicherheitsabstand größer sein muss und die Faustregel nicht mehr gilt.

Gleichförmige Kreisbewegung eines Massepunkts

Bewegt sich ein Körper auf einer Kreisbahn mit einem konstanten Betrag der Geschwindigkeit, so führt dieser Körper eine **gleichförmige Kreisbewegung** aus.
Von einer **Kreisbewegung** spricht man nur dann, wenn der betreffende Körper als Massepunkt angesehen werden kann. Das ist z. B. bei der Gondel eines Riesenrads oder auch bei der Bewegung der Erde um die Sonne der Fall. Auch ein Punkt der Erdoberfläche führt infolge der Erdrotation eine Kreisbewegung um die Erdachse aus. Im Unterschied dazu wird die Bewegung eines gesamten Körpers um eine Drehachse, z. B. die Bewegung des Riesenrads oder die Rotation der Erde um ihre Achse, als **Drehbewegung** bezeichnet (Abb. 1).
Allgemein gilt für die Geschwindigkeit eines Körpers bei gleichförmiger Bewegung:

$$v = \frac{s}{t}$$

Für eine Kreisbewegung kann man diese Gleichung anpassen. Die Zeit für einen vollständigen Umlauf eines Körpers wird in der Physik **Umlaufzeit** T genannt.
Der in dieser Zeit zurückgelegte Weg ist gleich dem Umfang des Kreises: $U = 2\pi \cdot r$

1 Die Gondeln des Riesenrads und mit ihnen die Insassen führen eine Kreisbewegung aus. Das Riesenrad als Ganzes führt eine Drehbewegung aus.

Damit ergibt sich für die Geschwindigkeit:

Bei einer gleichförmigen Kreisbewegung kann die Geschwindigkeit v mit folgender Gleichung berechnet werden:

$$v = \frac{2\pi \cdot r}{T}$$

r Radius der Kreisbahn
T Umlaufzeit

Diese Bahngeschwindigkeit hat bei einer gleichförmigen Kreisbewegung immer den gleichen Betrag. Ihre Richtung ändert sich aber ständig (↗ Übersicht unten).

Vergleich verschiedener Bewegungen

Gleichförmige geradlinige Bewegung	Gleichförmige Kreisbewegung
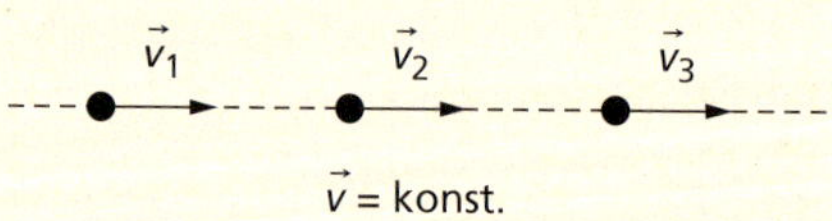	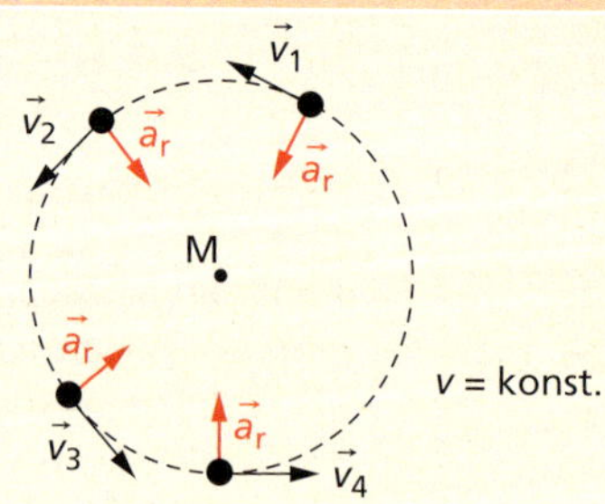
Der Betrag und die Richtung der Geschwindigkeit sind immer gleich.	Der Betrag der Geschwindigkeit ist immer gleich groß. Die Richtung ändert sich ständig.
Die Beschleunigung ist null. Es liegt damit eine unbeschleunigte Bewegung vor.	Die Beschleunigung längs der Bahn ist null. Es ist aber eine Beschleunigung in Richtung Kreismittelpunkt vorhanden. Damit liegt eine beschleunigte Bewegung vor.

Der freie Fall

Alle Körper auf der Erde werden von dieser angezogen. Diese Anziehungskraft bewirkt, dass ein Körper, wenn er losgelassen wird, senkrecht nach unten fällt. Diese Fallbewegung kann sehr unterschiedlich verlaufen. So ist z. B. beim Herabschweben eines Fallschirmspringers der Luftwiderstand so groß, dass er sich näherungsweise gleichförmig bewegt. Das gilt auch für Regentropfen in der Nähe des Erdbodens oder für herabfallende Blätter.

Anders ist das z. B. bei einem aus 10 m Höhe herabfallenden Stein oder bei einem Körper, der sich im Vakuum bewegt. Der Luftwiderstand ist dann vernachlässigbar. Eine Fallbewegung, die nicht durch den Luftwiderstand behindert wird, nennt man in der Physik **freien Fall.**

1 Die anfängliche Bewegung eines Fallschirmspringers mit geschlossenem Schirm kann näherungsweise als freier Fall betrachtet werden. Nach kurzer Zeit erreichen aber die Fallschirmspringer eine konstante Fallgeschwindigkeit von maximal 200 $\frac{km}{h}$.

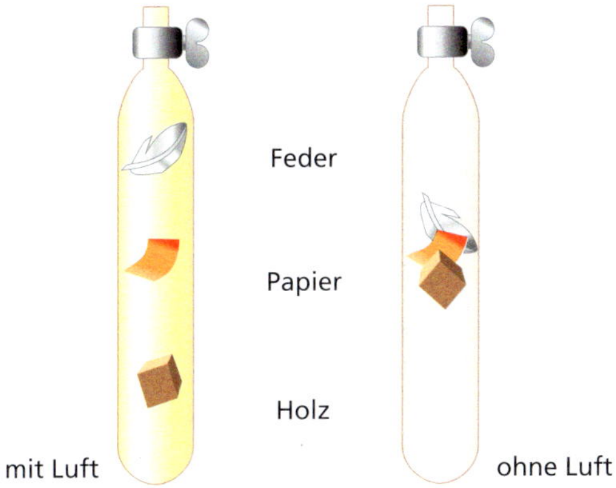

2 Im Vakuum fallen alle Körper gleich schnell.

Der freie Fall ist eine gleichmäßig beschleunigte geradlinige Bewegung. Deshalb gelten für den freien Fall auch dieselben Gesetze wie für alle anderen gleichmäßig beschleunigten Bewegungen.

Der Physiker GALILEO GALILEI (1564–1642) hat erkannt, dass alle Körper beim freien Fall mit der gleichen Beschleunigung, der **Fallbeschleunigung *g***, fallen.

Das kann man auch experimentell zeigen: Pumpt man aus einer Glasröhre die Luft heraus und lässt in dieser Röhre z. B. einen Holzwürfel, eine Feder und ein Stück Papier fallen, so bewegen sich alle drei Körper gleich schnell (Abb. 2).

Die Fallbeschleunigung ist nicht von der Masse des fallenden Körpers abhängig.

Für den freien Fall eines Körpers aus dem Stillstand gilt unter der Bedingung, dass der Luftwiderstand vernachlässigt wird:

g = konstant	g	Fallbeschleunigung
$v = g \cdot t$	v	Geschwindigkeit
	t	Zeit
$s = \frac{g}{2} \cdot t^2$	s	Weg

Die Fallbeschleunigung ist von dem Ort abhängig, an dem sich ein Körper befindet. Sie wird deshalb auch als **Ortsfaktor** bezeichnet. Der Mittelwert an der Erdoberfläche beträgt:

$$g = 9{,}81\ \frac{\text{m}}{\text{s}^2}$$

Am Äquator ist die Fallbeschleunigung etwas kleiner als der Mittelwert $\left(9{,}79\ \frac{\text{m}}{\text{s}^2}\right)$, an den Polen der Erde etwas größer $\left(9{,}83\ \frac{\text{m}}{\text{s}^2}\right)$.

Experimentieren und Protokollieren

Viele Erkenntnisse werden durch Experimentieren gewonnen, indem man Erscheinungen zielgerichtet genauer untersucht. Dabei wird beobachtet, gemessen und ausgewertet.

Ziel eines Experiments kann das Untersuchen von Zusammenhängen, das Prüfen einer Hypothese oder die Bestimmung einer physikalischen Größe sein.
Jedes Experiment muss wiederholbar sein, damit seine Ergebnisse überprüft werden können. Deshalb müssen alle Beobachtungen und Messungen protokolliert werden.

Am Anfang steht eine Frage oder Aufgabe, die experimentell zu lösen ist. Ist die Aufgabenstellung klar, dann laufen Experimente im Wesentlichen in drei Etappen ab: Vorbereitung, Durchführung und Auswertung.
Was bei den einzelnen Schritten zu beachten ist, wird nachfolgend dargestellt und an einem Beispiel erläutert.

Ermittle experimentell die Fallbeschleunigung.

Schritt 1

Vorbereiten

Bei diesem Schritt überlege Folgendes:
- Welche Größen sind zu messen und wie können sie gemessen werden?
- Welche Größen und Bedingungen müssen konstant gehalten werden?
- Welche Geräte und Hilfsmittel sind für das Experiment erforderlich?
- Wie kann das Experiment aufgebaut werden? Manchmal ist eine Skizze sinnvoll.
- Ist eine Einzelmessung oder eine Messreihe sinnvoll?
- Wie sollen die Messwerte erfasst und ausgewertet werden? Zweckmäßig ist häufig das Vorbereiten einer Messwertetabelle.
- Welche Messfehler können auftreten und wie lassen sich die unvermeidlichen Messfehler möglichst klein halten?

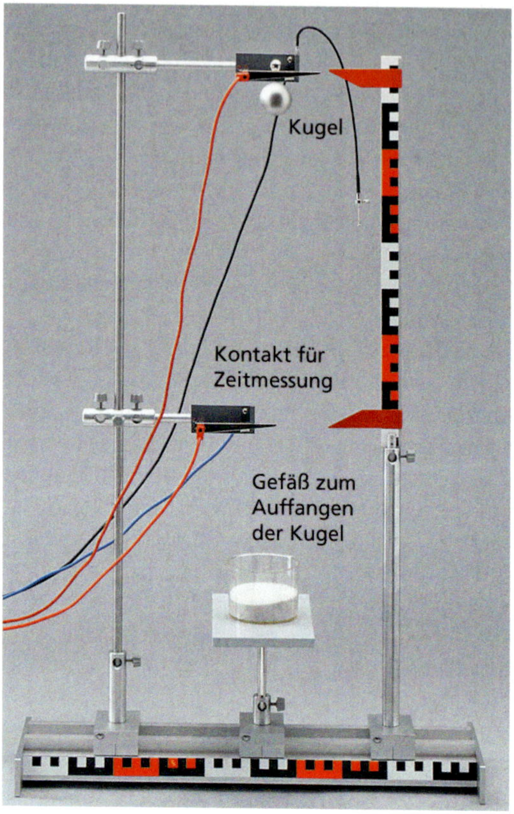

1 Experimentieranordnung zur Bestimmung der Fallbeschleunigung

Für den freien Fall gilt das Zeit-Weg-Gesetz der gleichmäßig beschleunigten Bewegung:

$$s = \frac{g}{2} \cdot t^2$$

Die Umstellung dieser Gleichung nach g ergibt:

$$g = \frac{2s}{t^2}$$

Es müssen also Fallweg s und zugehörige Zeit t gemessen werden. Daraus lässt sich g berechnen.

Um einen möglichst genauen Wert für g zu erhalten, sollte die zu messende Fallzeit nicht zu klein sein. Deshalb ist ein möglichst großer Fallweg zu wählen. Die Fallzeit wird mehrmals gemessen und anschließend ein Mittelwert berechnet. Die Auslösung des freien Falls erfolgt mit einem Magnetschalter, die Zeitmessung mit einer elektronischen

Uhr (↗ S. 148, Abb. 1). Der fallende Körper muss so gewählt werden, dass der Luftwiderstand möglichst gering ist. Geeignet ist eine Stahlkugel oder ein tropfenförmiger Körper aus Stahl.

Schritt 2

Durchführen

Das Experiment wird aufgebaut. Dabei gilt:
- Gehe sorgfältig mit den Geräten um.
- Halte alle Sicherheitsvorschriften ein.
- Gefährde nicht fahrlässig die eigene Gesundheit und die anderer.

Alle Beobachtungen werden notiert. Messwerte werden in vorbereitete Tabellen eingetragen.

Wichtig ist bei einer solchen Messwertetabelle, dass die Größen mit ihren Einheiten angegeben werden. Der Fallweg beträgt $s = 96$ cm. Als Messfehler für den Fallweg können ± 1,5 cm angenommen werden. Die Fallzeit wird 10-mal gemessen. Es ergeben sich folgende Messwerte für die Fallzeit:

Messung Nr.	Zeit t in s
1	0,47
2	0,42
3	0,48
4	0,44
5	0,45
6	0,42
7	0,44
8	0,43
9	0,46
10	0,45

Um den Mittelwert der Zeit zu erhalten, werden die 10 Werte für die Zeit addiert und durch 10 dividiert:

$$\bar{t} = \frac{4{,}46\ s}{10} = 0{,}45\ s$$

Als Messfehler für die Zeitmessung können ± 0,02 s angenommen werden. Treten bei einem Messwert große Abweichungen auf, sollte dieser Wert gestrichen und die Messung wiederholt werden.

Schritt 3

Auswerten

Beobachtungen werden gedeutet und Vergleiche angestellt. Messwerte werden in Diagrammen dargestellt und interpretiert. Es werden Berechnungen vorgenommen.

Für die Fallbeschleunigung errechnet man mit den ermittelten Werten:

$$g = \frac{2 \cdot 0{,}96\ \mathrm{m}}{(0{,}45)^2 \cdot \mathrm{s}^2} = 9{,}48\ \frac{\mathrm{m}}{\mathrm{s}^2}$$

Dieser Wert weicht deutlich von dem Tabellenwert $g = 9{,}81\ \frac{m}{s^2}$ ab. Ursache dafür sind ***Messfehler,*** *die bei jeder Messung auftreten.*

Zum einen können Messfehler durch die Experimentieranordnung oder durch die Messgeräte selbst verursacht werden. Bei unserem Experiment tritt Luftwiderstand auf. Länge und Zeit weisen Messfehler auf.
Zum anderen können Messfehler durch den Experimentator zustande kommen, z. B. durch ungenaues Einstellen des Abstands zwischen der Kugel und dem Kontakt, der die Zeitmessung beendet (↗ S. 148, Abb. 1).

Eine Fehlerabschätzung ergibt:
Messfehler für den Weg: $\Delta s = \pm 1{,}5$ cm
Messfehler für die Zeit: $\Delta t = \pm 0{,}02$ s

Damit ergibt sich als größtmöglicher Wert:

$$g = \frac{2 \cdot (0{,}96\ \mathrm{m} + 0{,}015\ \mathrm{m})}{(0{,}45 - 0{,}02)^2\ \mathrm{s}^2} = 10{,}55\ \frac{\mathrm{m}}{\mathrm{s}^2}$$

Analog erhält man als kleinstmöglichen Wert:

$$g = \frac{2 \cdot (0{,}96\ \mathrm{m} - 0{,}015\ \mathrm{m})}{(0{,}45 + 0{,}02)^2\ \mathrm{s}^2} = 8{,}56\ \frac{\mathrm{m}}{\mathrm{s}^2}$$

Als Ergebnis erhält man unter Berücksichtigung sinnvoller Genauigkeit einen Wert von:

$$g = 9{,}5\ \frac{\mathrm{m}}{\mathrm{s}^2} \pm 1{,}0\ \frac{\mathrm{m}}{\mathrm{s}^2}$$

Der Messfehler beträgt also etwa 10 %. Der tatsächliche Wert von $9{,}81\ \frac{\mathrm{m}}{\mathrm{s}^2}$ liegt innerhalb der Fehlergrenzen der Messung.

Bewegungen im Alltag und im Sport

Im Alltag und im Sport gibt es vielfältige Bewegungen. Fahrzeuge bewegen sich gleichförmig oder beschleunigt, die Bahnen sind geradlinig oder krummlinig.
Fast alle sportlichen Betätigungen sind mit Bewegungen verbunden. Beim Wandern oder beim Dauerlauf geht es um gleichförmige Bewegungen über einen längeren Zeitraum hinweg. Beim 100-m-Lauf soll die Strecke aus dem Stillstand heraus in einer möglichst kurzen Zeit zurückgelegt werden. Beim Handball oder Fußball soll der Ball möglichst geschickt bis ins Tor der gegnerischen Mannschaft gelangen.

Aufgabe 1
Verschafft euch einen Überblick über Bewegungen im Alltag und im Sport. Versucht zu systematisieren. Wählt Bewegungen aus, mit denen ihr euch genauer beschäftigen wollt.

Nachfolgend sind Anregungen dafür gegeben, was ihr genauer untersuchen könnt. Dabei muss man immer beachten, ob es um die Durchschnittsgeschwindigkeit, die Momentangeschwindigkeit oder die Höchstgeschwindigkeit geht.

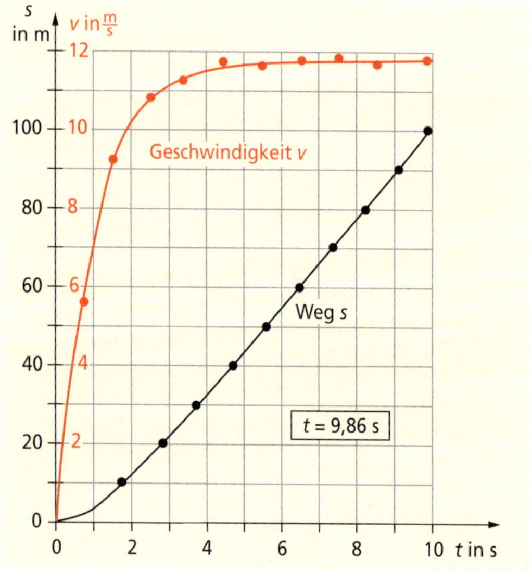

1 Zeit-Weg-Diagramm und Zeit-Geschwindigkeit-Diagramm für einen 100-m-Lauf

1 Beim Start erfolgt näherungsweise eine gleichmäßig beschleunigte Bewegung.

Aufgabe 2
Bestimmt eure Durchschnittsgeschwindigkeiten beim schnellen Gehen. Wendet dazu ein zweckmäßiges Messverfahren an. Diskutiert die Größe der auftretenden Messfehler.

Aufgabe 3
Wer erreicht mit dem Rad 20 m nach dem Start die höchste Geschwindigkeit? Veranstaltet auf dem Schulhof einen Wettbewerb.
Überlegt, wie diese Höchstgeschwindigkeit möglichst genau gemessen werden kann. Führt Messungen durch. Schätzt die Genauigkeit des Messverfahrens ab.

Die Bewegung bei einem Sprint lässt sich in einem Diagramm beschreiben (Abb. 1).
Die Reaktionszeit beim Start betrug 0,14 Sekunden, die Laufzeit insgesamt 9,86 Sekunden.

Aufgabe 4
Interpretiert das $s(t)$-Diagramm und das zugehörige $v(t)$-Diagramm für den in der Abbildung 1 dargestellten Lauf.
Nutzt die auf der Seite 133 gegebenen Hinweise zum Interpretieren von Diagrammen.

Aufgabe 5
Diskutiert Möglichkeiten, wie man die Laufzeit weiter verkürzen könnte. Ist es sinnvoller, vor allem stärker zu beschleunigen oder in erster Linie eine höhere Endgeschwindigkeit anzustreben?

Aufgabe 6
Bei großen Wettkämpfen erfolgt eine elektronische Zeitmessung bis auf $\frac{1}{100}$ s genau. Welchem Wegunterschied entspricht ein Zeitunterschied von 0,01 s, wenn man von einer Geschwindigkeit von 10 $\frac{m}{s}$ ausgeht? Schätzt vorher und bewertet das Ergebnis.

Beim Fußball und Handball geht es nicht nur um eine geschickte Ballführung. Insbesondere beim Torschuss spielt auch die Schnelligkeit des Balls eine wichtige Rolle.

Aufgabe 7
Überlegt ein Messverfahren zur Bestimmung der Höchstgeschwindigkeit eines Fußballs. Erprobt dieses Verfahren. Ermittelt dann, wer von euch beim Abschlag eines Fußballs die größte Geschwindigkeit erreicht. Vergleicht diese mit der Geschwindigkeit von Profis.

Bei einem Sprinter ist die Reaktionszeit beim Start mit etwa 0,15 s relativ klein. Gleiches gilt für einen Torwart beim Elfmeter. Die Reaktion erfolgt auf eine Situation, auf die die jeweilige Person eingestellt ist und die sie trainiert hat.

Anders ist das im Straßenverkehr. Dort spricht man häufig von der „Schrecksekunde". Das ist die Zeit, die ein Mensch im Durchschnitt braucht, bis er auf eine nicht vorhersehbare Situation zu reagieren beginnt. Diese Zeit ist individuell unterschiedlich und liegt meist zwischen 0,8 und 1,2 s. Sie kann durch Unaufmerksamkeit, Müdigkeit, Medikamente, Alkohol oder Drogen verlängert werden.

1 Im heutigen Straßenverkehr ist ein gutes Reaktionsvermögen wichtig.

Für den Straßenverkehr ist wichtig: Während dieser Reaktionszeit bewegt sich ein Fahrzeug ungebremst weiter. Es legt dabei den Reaktionsweg zurück. Erst dann beginnt das Abbremsen des Fahrzeugs. Der Gesamtweg bis zum Stillstand ergibt sich als Summe aus dem Reaktionsweg und dem Bremsweg.

Aufgabe 8
Ermittelt in Partnerarbeit eure Reaktionszeit. Nutzt dabei die Gesetze des freien Falls, indem für einen Fallweg die Fallzeit ermittelt wird.

Vorbereitung:
Interpretiert die Fallgesetze. Stellt die Gleichung für den Fallweg nach der Zeit um.

Durchführung:
a) Der eine Schüler hält ein Lineal oder eine Latte von mindestens 40 cm Länge mit der Unterkante in Höhe der Hand des anderen Schülers.
b) Der Schüler lässt das Lineal ohne Ankündigung fallen. Der andere Schüler ergreift es möglichst schnell.
c) An der Oberkante der Hand dieses Schülers wird der Fallweg abgelesen bzw. gemessen.

Auswertung:
a) Berechnet aus dem Fallweg die Fallzeit. Sie ist gleich der Reaktionszeit.
b) Wie weit wärst du bei der ermittelten Reaktionszeit mit einem Moped gefahren, wenn du bei einer Geschwindigkeit von 36 $\frac{km}{h}$ eine Gefahr bemerkt hättest?
c) Wie groß wäre dein Anhalteweg insgesamt auf einer trockenen Asphaltstraße? Es kann eine Verzögerung (negative Beschleunigung) von 3,5 $\frac{m}{s^2}$ angenommen werden.

Aufgabe 9
Überlegt euch einen Versuch, mit dem ihr Reaktionszeiten ermitteln könnt, wenn ihr abgelenkt werdet.

Aufgabe 10

Bei Pkws wird von Herstellern häufig der Bremsweg für ein Abbremsen von 100 $\frac{km}{h}$ bis zum Stillstand angegeben. Er liegt meist in einer Größenordnung von unter 40 m.

a) Erkunde, welche Daten von verschiedenen Herstellern angegeben werden.

b) Bewerte die Ergebnisse deiner Recherche aus physikalischer Sicht.

Aufgabe 11

Allgemein gilt: Der Bremsweg wächst mit dem Quadrat der ursprünglichen Geschwindigkeit.

a) Leitet eine Gleichung für den Bremsweg her.

b) Für einen Pkw beträgt die Bremsverzögerung bei günstigen Straßenverhältnissen 5,5 $\frac{m}{s^2}$. Stellt die Bremswege in Abhängigkeit von der ursprünglichen Geschwindigkeit grafisch dar. Die Geschwindigkeit soll sich in Schritten von 5 $\frac{m}{s}$ ändern.

Aufgabe 12

Versetzt euch in die Rolle eines Fahrschullehrers. Wie würdet ihr den Fahrschülern die Notwendigkeit verdeutlichen, bei ihrem Fahrverhalten unbedingt den Zusammenhang zwischen ursprünglicher Geschwindigkeit und Bremsweg zu berücksichtigen? Führt dazu eine Diskussion. Bewertet die Argumente.

Aufgabe 13

Fertigt eine Präsentation darüber an, wie heute Geschwindigkeitskontrollen von Fahrzeugen erfolgen können.

1 Für Geschwindigkeitskontrollen gibt es unterschiedliche Möglichkeiten.

2 Sicherheitstraining auf nasser Fahrbahn

Nässe bzw. schnee- oder eisbedeckte Fahrbahnen verringern die Reibung zwischen Fahrzeug und Straße erheblich und vergrößern damit den Bremsweg. Fahrräder und andere Zweiradfahrzeuge sollten bei Schnee und Eis gar nicht erst benutzt werden.

Auch die Art des Straßenbelags beeinflusst die Reibung. Besonders vorsichtig muss man auf nassem Kopfsteinpflaster und auf sandigen Wegen fahren.

Aufgabe 14

Vor allem im Herbst und Winter hört man im Anschluss an den Wetterbericht häufig den Hinweis: Stellen Sie sich mit Ihrem Fahrverhalten auf die veränderten Fahrbahnverhältnisse ein. Dieser Hinweis gilt für alle Verkehrsteilnehmer, auch für Fußgänger.

Was bedeuten veränderte Fahrbahnverhältnisse aus physikalischer Sicht? Welche Schlussfolgerungen ergeben sich für euer Verhalten im Straßenverkehr?

Ist die Haftreibung zwischen Reifen und Straße zu klein, dann blockieren die Räder beim Bremsen. Beim Anfahren drehen die Räder durch. Bei modernen Autos sorgt ABS bzw. eine Antischlupfregelung dafür, dasss die Haftreibung wirksam bleibt.

Aufgabe 15

Erkunde, was ABS ist und wie es funktioniert.

Die Überlagerung von Bewegungen

Bewegungen in Natur und Technik sind meistens keine einfachen gleichförmigen oder gleichmäßig beschleunigten Bewegungen. Häufig kommt die Bewegung eines Körpers durch Überlagerung mehrerer Teilbewegungen zustande.
So ergibt sich die Bewegung eines Flugzeugs aus der Bewegung infolge des eigenen Antriebs und der jeweiligen Luftströmung. Weht der Wind z. B. in Flugrichtung, so ist das Flugzeug gegenüber dem Erdboden schneller als bei Gegenwind.

Läuft eine Person auf einem Rollband, so ist ihre Geschwindigkeit größer als bei einer stehenden Person (Abb. 1). Auch die Bewegung eines abgeworfenen Balls ist eine zusammengesetzte Bewegung: Der Ball wird in eine bestimmte Richtung abgeworfen. Sobald er die Hand verlassen hat, fällt er gleichzeitig in Richtung Erde.
Für alle diese Bewegungen gilt:

> **Die durch verschiedene Einflüsse hervorgerufenen Teilbewegungen eines Körpers überlagern sich zu einer Gesamtbewegung.**

1 Läuft eine Person auf einem Rollband, so liegt eine zusammengesetzte Bewegung vor.

Wie sich zwei Bewegungen mit den Geschwindigkeiten $\vec{v}_1$ und $\vec{v}_2$ zusammensetzen, ist in der Übersicht unten dargestellt. Die entsprechenden Wege ergeben sich in analoger Weise.

Wir betrachten nachfolgend als spezielle Fälle der Überlagerung von zwei Teilbewegungen senkrechte und waagerechte Würfe. Solche Würfe liegen z. B. vor, wenn du einen Ball nach oben, nach unten oder waagerecht wegwirfst.

Überlagerung (Superposition) von zwei Bewegungen		
Zwei Bewegungen erfolgen in gleicher Richtung.	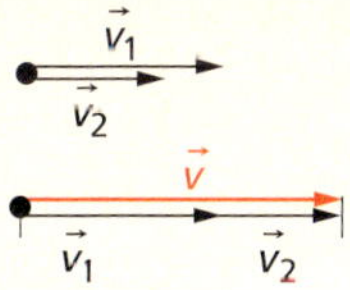	$v = v_1 + v_2$
Zwei Bewegungen erfolgen in entgegengesetzter Richtung.	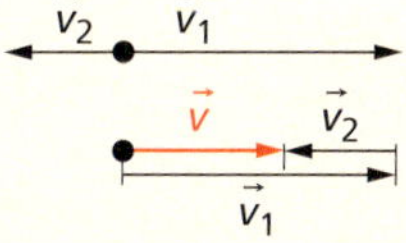	$v = v_1 - v_2$ Sind beide Bewegungen gleich schnell, so ist die Resultierende null.
Zwei Bewegungen erfolgen im rechten Winkel zueinander.	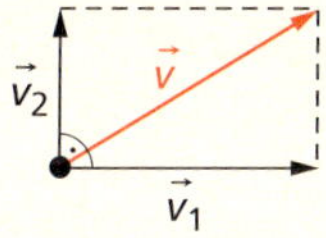	$v = \sqrt{v_1^2 + v_2^2}$ (Satz des PYTHAGORAS)
Zwei Bewegungen erfolgen in beliebiger Richtung zueinander.	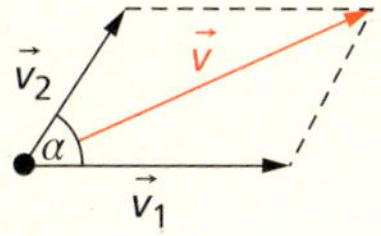	$v = \sqrt{v_1^2 + v_2^2 + 2v_1 \cdot v_2 \cdot \cos\alpha}$ oder zeichnerische Ermittlung

Senkrechte Würfe

Lässt man einen Stein einfach los, dann fällt er nach unten. Es liegt näherungsweise ein freier Fall vor. Wirft man ihn aber mit einer Geschwindigkeit v_0 senkrecht nach unten oder nach oben, dann handelt es sich um einen **senkrechten Wurf.**

Dabei überlagern sich eine gleichförmige Bewegung mit der Geschwindigkeit v_0 (Abwurfgeschwindigkeit) und der freie Fall, also eine gleichmäßig beschleunigte Bewegung. Es ergibt sich eine überlagerte Bewegung. Die resultierende Geschwindigkeit erhält man aus den Geschwindigkeiten der Teilbewegungen.

Beim **senkrechten Wurf nach unten** hat die Abwurfgeschwindigkeit die gleiche Richtung wie die Geschwindigkeit aufgrund des freien Falls (Abb. 1, links). Folglich gilt für die Geschwindigkeiten: Mit v_0 als Abwurfgeschwindigkeit und $v_F = g \cdot t$ als Geschwindigkeit beim freien Fall (↗ S. 147) erhält man als resultierende Geschwindigkeit v:

$$v = v_0 + g \cdot t$$

Dementsprechend ergibt sich für den Weg s:

$$s = v_0 \cdot t + \frac{g}{2} t^2$$

Beim **senkrechten Wurf nach oben** überlagern sich eine gleichförmige Bewegung senkrecht nach oben und der freie Fall, wobei beide Bewegungen die entgegengesetzte Richtung haben. Damit gilt für die resultierende Geschwindigkeit:

$$v = v_0 - g \cdot t \qquad (1)$$

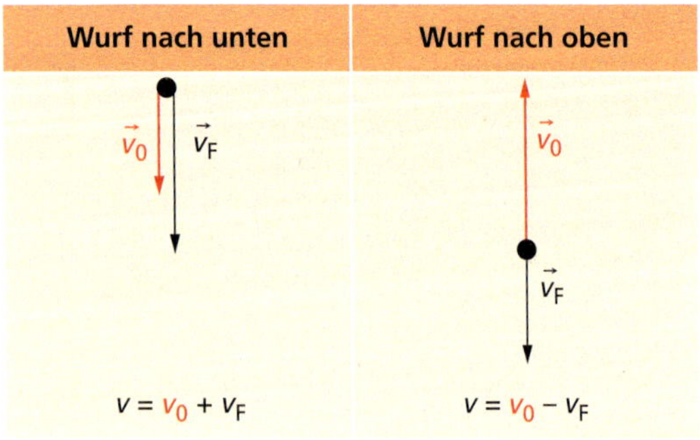

1 Beim senkrechten Wurf haben die beiden Teilbewegungen gleiche oder entgegengesetzte Richtung.

Für den Weg erhält man:

$$s = v_0 \cdot t - \frac{g}{2} t^2 \qquad (2)$$

Aus diesen beiden Gleichungen kann man die Steigzeit t_H und die Steighöhe s_H ableiten. Im höchsten Punkt der Bahn hat der Körper die Geschwindigkeit null. Setzt man $v = 0$ in Gleichung (1) ein und formt diese Gleichung nach der Zeit um, so erhält man als **Steigzeit** t_H:

$$t_H = \frac{v_0}{g} \qquad (3)$$

Setzt man diese Zeit in die Gleichung (2) für den Weg ein, so ergibt sich die Steighöhe s_H, also die maximale Wurfhöhe, vom Abwurfpunkt ab gerechnet:

$$s_H = v_0 \cdot \frac{v_0}{g} - \frac{g}{2} \cdot \left(\frac{v_0}{g}\right)^2$$

$$s_H = \frac{v_0^2}{2g}$$

Gewusst · Gekonnt

1. Interpretiere die Gleichung für die maximale Höhe, die ein Körper beim senkrechten Wurf nach oben erreicht. Nutze dazu die Hinweise auf Seite 142.

2. Ein Kind kann einen Ball so hoch werfen, dass er gerade die Spitze eines 5 m hohen Baums erreicht. Das Kind selbst ist 1,50 m groß und wirft aus dieser Höhe den Ball ab. Welche Abwurfgeschwindigkeit kann das Kind dem Ball verleihen?

3. Ein senkrecht nach oben geworfener Stein erreicht nach 2,8 s wieder den Abwurfpunkt.
   a) Mit welcher Geschwindigkeit wurde er abgeworfen?
   b) Wie groß war seine maximale Höhe?

4. Fritz wirft einen Ball senkrecht nach oben und erreicht eine Wurfhöhe von 4,0 m. Mit welcher Geschwindigkeit müsste Jule den Ball abwerfen, damit er die doppelte Höhe erreicht? Begründe.

Der waagerechte Wurf

Beispiele für waagerechte Würfe sind ein parallel zur Erdoberfläche abgefeuertes Geschoss, ein horizontal abgeworfener Ball oder näherungsweise der Absprung eines Skispringers.

Beim **waagerechten Wurf** überlagern sich eine gleichförmige Bewegung in waagerechter Richtung und eine gleichmäßig beschleunigte Bewegung (freier Fall) senkrecht dazu. Daraus ergibt sich als Bahnkurve eine Wurfparabel (Abb. 1, 2).
In x-Richtung bewegt sich der Körper mit der Geschwindigkeit $\vec{v}_0$, in y-Richtung mit der Geschwindigkeit $\vec{v}_F = \vec{g} \cdot t$. Für die Gesamtbewegung ergibt sich bei zueinander senkrechten Teilbewegungen (↗ S. 153):

$$v = \sqrt{v_0^2 + v_F^2} \quad \text{mit} \quad v_F = g \cdot t$$

Die Gleichung für die Bahnkurve lässt sich folgendermaßen herleiten:
In x-Richtung beträgt die Geschwindigkeit v_0. Der zurückgelegte Weg ist dann:

$$x = v_0 \cdot t \qquad (1)$$

In y-Richtung fällt der Körper frei:

$$y = -\frac{g}{2} \cdot t^2 \qquad (2)$$

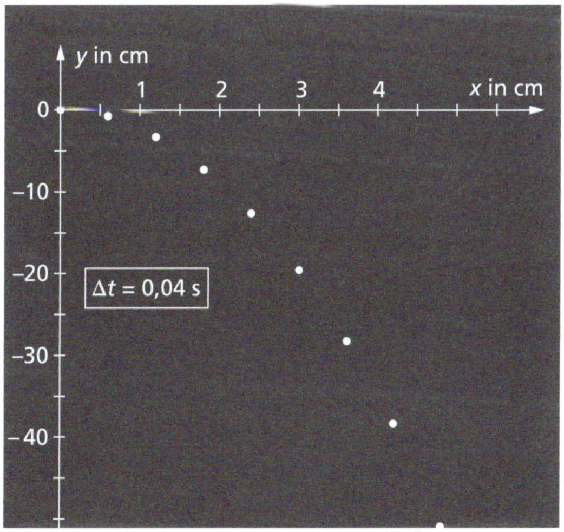

1 Ein solches Bild erhält man, wenn man den Körper in gleichen Zeitabständen fotografiert.

Stellt man Gleichung (1) nach t um und setzt in Gleichung (2) ein, so erhält man:

$$y = -\frac{g}{2} \cdot \frac{x^2}{v_0^2} \quad \text{oder}$$

$$y = -\frac{g}{2v_0^2} \cdot x^2$$

Das ist die Gleichung für eine Parabel. Die Bahnen, die bei waagerechten Würfen entstehen, bezeichnet man deshalb als **Wurfparabeln.**

Ein waagerechter Wurf setzt sich aus einer gleichförmigen geradlinigen Bewegung in waagerechter Richtung und dem freien Fall in vertikaler Richtung zusammen.

$x = v_0 \cdot t \qquad y = -\frac{g}{2} \cdot t^2$

Die Gleichung für die Bahnkurve lautet:

$y = -\frac{g}{2v_0^2} \cdot x^2$

Ist die Abwurfgeschwindigkeit v_0 bekannt, so kann man für verschiedene Zeiten t jeweils die Wege x und y berechnen und die Bahnkurve in einem x-y-Diagramm darstellen (Abb. 2). Das Ergebnis ist eine Wurfparabel, so wie sie in Abb. 2 gestrichelt gezeichnet ist.
Die jeweilige Geschwindigkeit v ergibt sich aus v_0 und $v_F = g \cdot t$.

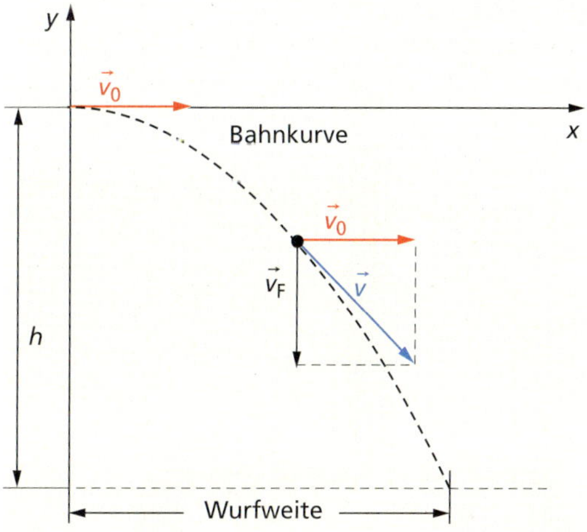

2 Die Bahnkurve beim waagerechten Wurf ist Teil einer Parabel.

Die **Wurfweite,** die bei einem waagerechten Wurf erreicht wird, ist von der Höhe h zwischen dem Abwurfpunkt und dem Auftreffpunkt abhängig. Mit der Fallhöhe h ergibt sich aus der Gleichung $s = \frac{g}{2} \cdot t^2$ mit $s = h$:

$$t = \sqrt{\frac{2h}{g}}$$

Die **Wurfweite** s_W ist der in dieser Zeit horizontal zurückgelegte Weg. Setzt man die Zeit t in die Gleichung $s = v_0 \cdot t$ ein, so erhält man als Wurfweite:

$$s_W = v_0 \cdot t = v_0 \sqrt{\frac{2h}{g}}$$

Die dargestellten Gesetze zu den Würfen gelten unter der Voraussetzung, dass der Luftwiderstand vernachlässigt werden kann.
Wenn man aber z. B. einen Ball abwirft oder ein Geschoss abgefeuert, dann ist der Luftwiderstand häufig nicht mehr vernachlässigbar. Er hat vielmehr merklichen Einfluss auf die Flugbahn. In Abb. 2 ist das für ein Geschoss dargestellt, das mit $920\,\frac{m}{s}$ horizontal abgefeuert wird.
Solche Flugbahnen unter Berücksichtigung des Luftwiderstands lassen sich nicht mehr elementar berechnen. Man kann sie aber mit einem Modellbildungssystem ermitteln.

Eine Besonderheit bei zusammengesetzten Bewegungen zeigt Abb. 1. Es ist eine Experimentieranordnung, bei der eine Kugel waagerecht abgeworfen wird und zugleich eine zweite Kugel frei fällt. Das Experiment zeigt: Die waagerecht abgeworfene Kugel fällt genauso schnell wie die frei fallende Kugel. Das bedeutet: Bei einer zusammengesetzten Bewegung erfolgen die Teilbewegungen unabhängig voneinander.

Neben senkrechten und waagerechten Würfen gibt es auch schräge Würfe (↗ S. 157). Ein typisches Beispiel dafür ist ein Speerwurf.

Gewusst · Gekonnt

1. Stelle in einer Übersicht Beispiele für waagerechte Würfe, senkrechte Würfe nach oben, senkrechte Würfe nach unten und schräge Würfe zusammen.

2. Ein Ball wird mit $v = 20\,\frac{m}{s}$ waagerecht aus 1,6 m Höhe abgeworfen. Nach welcher Zeit trifft er auf dem Erdboden auf?
Gilt das auch für einen Ball, der mit $10\,\frac{m}{s}$ abgeworfen wird? Begründe.

3. Interpretiere das in Abb. 2 dargestellte Diagramm für die Bewegung eines Geschosses. Orientiere dich an S. 57.

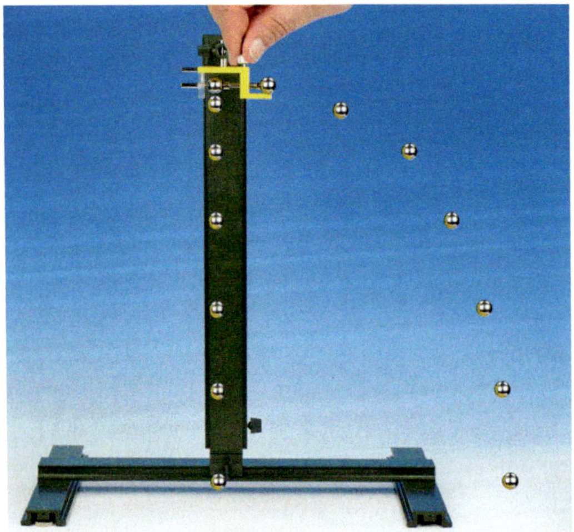

1 Freier Fall und waagerechter Wurf im Vergleich: Beide Kugeln fallen gleich schnell.

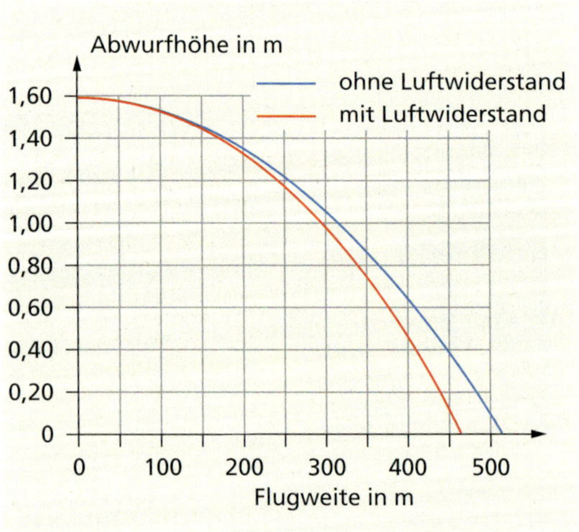

2 Verlauf der Flugbahn eines horizontal abgefeuerten Geschosses

Interessantes aus dem Sport

Schräge Würfe im Sport

Bei den meisten Würfen, etwa beim Speerwerfen oder beim Ballweitwerfen, wird ein Körper nicht waagerecht, sondern unter einem Winkel α abgeworfen. Solche Würfe werden **schräge Würfe** genannt (Abb. 1, 2). Ein schräger Wurf setzt sich damit aus einer gleichförmigen geradlinigen Bewegung in der einen Richtung und dem freien Fall zusammen.

Bei einem solchen schrägen Wurf ist die **Wurfweite** abhängig
- von der Abwurfgeschwindigkeit v_0,
- vom Abwurfwinkel α.

Es gilt die Gleichung:

$$s_W = \frac{{v_0}^2 \cdot \sin 2\alpha}{g}$$

Die größte Wurfweite wird bei einer ungestörten Bewegung eines Körpers (Luftwiderstand vernachlässigbar) und einem Abwurfwinkel von 45° erreicht. Reine Wurfparabeln treten nur bei Bewegungen im Vakuum auf.

Wenn man aber z. B. die Bahn eines Fußballs oder eines Geschosses verfolgt, dann stellt man fest, dass diese Bahn von der Wurfparabel abweicht. Man nennt eine solche Bahn eine **ballistische Kurve** (Ballistik: Lehre von den Flugbahnen von Körpern). Solche ballistischen Kurven entstehen durch das Wirken des bewegungshemmenden Luftwiderstands. Die Bahnkurve ist stärker gekrümmt, die Wurfweite ist kleiner.

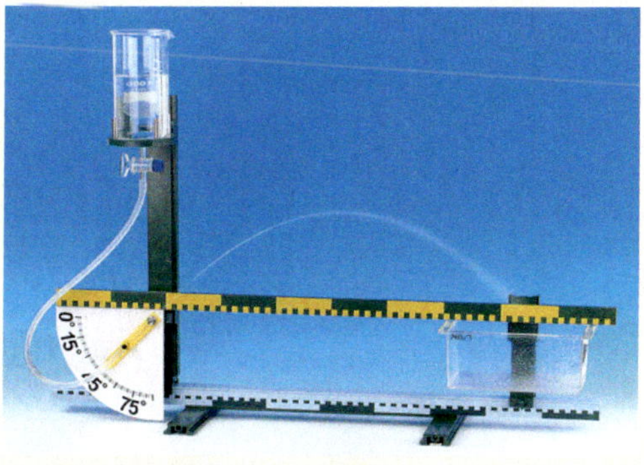

1 Wurfparabel bei einem schrägen Wurf: Wasser tritt schräg nach oben aus einer Düse.

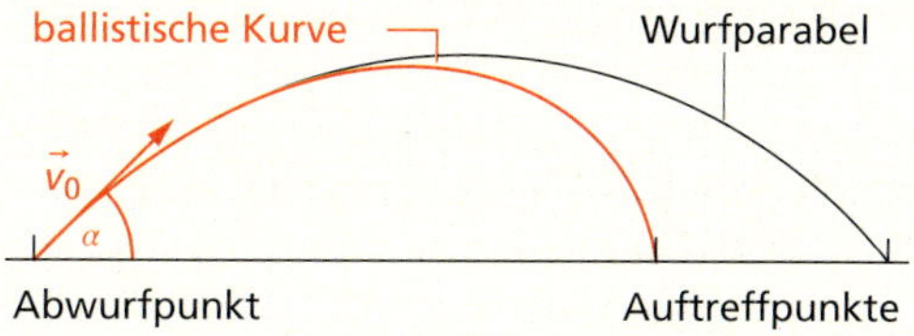

2 Wurfparabel und ballistische Kurve: Bahnkurve und Wurfweite sind unterschiedlich.

Bei Würfen im Sport, z. B. beim Speer- oder Diskuswerfen, beim Hoch- oder Weitsprung, beim Flug eines Skispringers oder beim Golfen, geht es meist darum, eine möglichst große Weite oder eine möglichst große Höhe zu erreichen.
So ist z. B. das Kugelstoßen ein schräger Wurf, wobei allerdings der Abwurfpunkt höher liegt als der Auftreffpunkt. Bei bestimmter Abwurfgeschwindigkeit und Abwurfhöhe wird die maximale Wurfweite beim Kugelstoßen deshalb nicht bei einem Abwurfwinkel von 45° erreicht, sondern bei einem Winkel von etwa 35° (↗ Skizze).

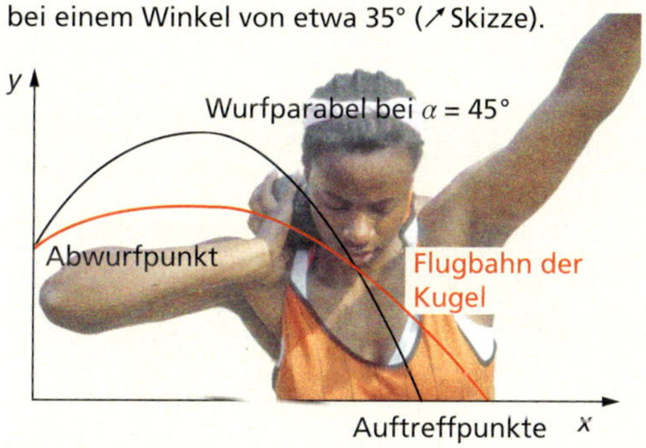

Beim Diskuswerfen (↗ Skizze unten) erhält der Diskus beim Abwurf einen Drall. Seine Drehachse behält deshalb ihre räumliche Lage näherungsweise bei. Dadurch wirkt vor allem im zweiten Teil der Flugbahn ein „Luftpolster". Als optimal hat sich beim Diskuswerfen ein Abwurfwinkel von 33–35° erwiesen.

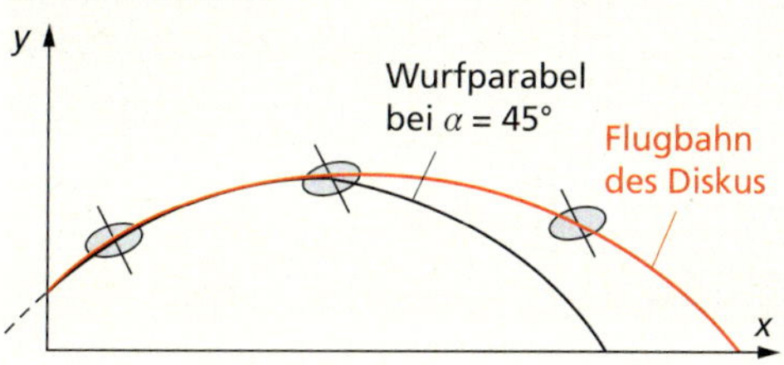

Physik im Alltag

Ein Schuss geht los

Sportschützen dürfen nur auf gesicherten Anlagen trainieren und Wettkämpfe ausführen (Abb. 1). Hinter den Zielscheiben sind Sicherungswände aufgestellt oder Erdwälle vorhanden, sodass Schüsse, die neben die Scheibe gehen, abgefangen werden.

In welcher Entfernung würde ein Geschoss den Boden erreichen, wenn es aus 1,75 m Höhe in waagerechter Richtung abgefeuert wird und die Sportlerin dem Pfeil eine Geschwindigkeit von 80 $\frac{m}{s}$ verleiht?

Analyse:

Bei dem waagerechten Abschuss des Pfeils handelt es sich um einen waagerechten Wurf mit der Anfangsgeschwindigkeit $\vec{v}_0$.

Sieht man vom Luftwiderstand ab, erhält man als Bahn eine Wurfparabel (↗ Skizze).

1 Beim Bogenschießen werden Geschwindigkeiten von bis zu 100 $\frac{m}{s}$ erreicht.

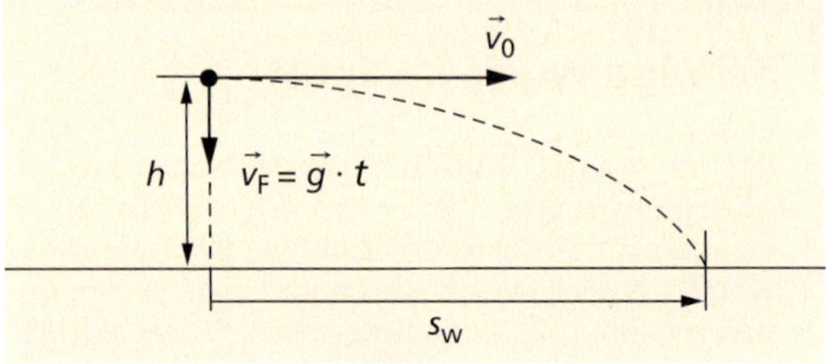

Der waagerechte Wurf ist eine Überlagerung einer geradlinig gleichförmigen Bewegung in horizontaler Richtung und des freien Falls, der senkrecht nach unten verläuft.

Gesucht: s_W

Gegeben: $v_0 = 80\,\frac{m}{s}$

$h = 1{,}75$ m

$g = 9{,}81\,\frac{m}{s^2}$

Lösung:

Für die gleichförmige Bewegung in horizontaler Richtung gilt das Zeit-Weg-Gesetz:

$$s_W = v_0 \cdot t \quad \text{und damit} \quad t = \frac{s_W}{v_0}$$

Für den freien Fall gilt:

$$h = \frac{g}{2} \cdot t^2$$

Beide Gleichungen können als Gleichungssystem mit zwei Variablen aufgefasst und gelöst werden:

$$h = \frac{g}{2} \cdot \left(\frac{s_W}{v_0}\right)^2$$

$$h = \frac{g}{2} \cdot \frac{s_W^2}{v_0^2} \qquad \left| \cdot 2\frac{v_0^2}{g}\right.$$

$$s_W^2 = \left(\frac{2v_0^2 \cdot h}{g}\right)$$

$$s_W = \sqrt{\frac{2\,v_0^2 \cdot h}{g}}$$

$$s_W = \sqrt{\frac{2 \cdot 80^2\,\text{m}^2 \cdot 1{,}75\,\text{m} \cdot \text{s}^2}{\text{s}^2 \cdot 9{,}81\,\text{m}}}$$

$$\underline{s_W = 48\,\text{m}}$$

Ergebnis:

Das Geschoss erreicht bei einem waagerechten Schuss nach 48 m den Boden. Unter Berücksichtigung des Luftwiderstandes ist diese Entfernung jedoch geringer.

Gewusst · Gekonnt

1. Alles relativ

In einem Braunkohletagebau wird der Abraum mithilfe von langen Förderbändern transportiert.

a) Befindet sich der Abraum auf dem Förderband in Ruhe oder in Bewegung oder trifft sogar beides zu? Begründe.

b) Beschreibe den Bewegungszustand der Person im Vordergrund. Begründe.

2. Bewegungsart und Bahnform

Auf den Fotos sind Körper in Bewegung abgebildet.

a)

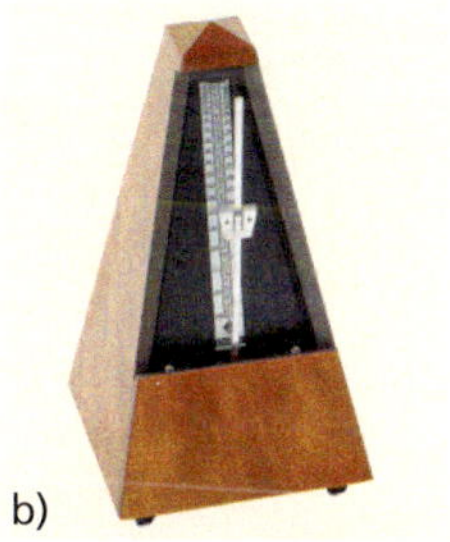
b)

c)

d)

Gib jeweils die mögliche Bewegungsart und die Bahnform an.

3. Kosmische Geschwindigkeit

Damit eine Raumsonde den Anziehungsbereich der Erde verlassen kann, muss sie auf eine Geschwindigkeit von mindestens $11{,}2\,\frac{\text{km}}{\text{s}}$ gebracht werden. Wie viele Kilometer je Stunde sind das?

4. Unterschiedliche Einheiten

a) Gib die Geschwindigkeiten $130\,\frac{\text{km}}{\text{h}}$; $50\,\frac{\text{km}}{\text{h}}$ und $5\,\frac{\text{km}}{\text{h}}$ in $\frac{\text{m}}{\text{s}}$ an.

b) Die Erde bewegt sich mit etwa $30\,\frac{\text{km}}{\text{s}}$ auf ihrer Bahn um die Sonne. Wie viele Kilometer je Stunde sind das?

c) Damit ein Satellit in eine Erdumlaufbahn kommt, muss er eine Geschwindigkeit von $28\,440\,\frac{\text{km}}{\text{h}}$ haben. Gib diese Geschwindigkeit in $\frac{\text{km}}{\text{s}}$ an.

5. Ein schneller Ball

Die besten Tennisspieler können beim Aufschlag dem Ball eine sehr große Geschwindigkeit verleihen. Bereits nach 0,30 s trifft der Ball bei diesen Spielern in 17 m Entfernung im Aufschlagfeld auf. Wie groß ist die Geschwindigkeit des Tennisballs?

6. Bewegung in Diagrammen

Für ein Fahrzeug wurden folgende Messwerte aufgenommen:

Weg s in km	4,5	9,1	13,4	17,9	22,7	27
Zeit t in min	2	4	6	8	10	12

a) Zeichne das Zeit-Weg-Diagramm.

b) Ermittle die Wege für drei und für sieben Minuten.

c) Ermittle die Zeit für 20 km.

d) Wie bewegt sich dieses Fahrzeug? Begründe deine Aussage.

e) Berechne die Geschwindigkeit, mit der sich dieses Fahrzeug bewegt.

f) Zeichne das Zeit-Geschwindigkeit-Diagramm.

Gewusst · Gekonnt

7. Angemessene Geschwindigkeit

In Wohngebieten werden in der Regel Tempo-30-Zonen eingerichtet. Dadurch ist es für Kraftfahrer besser möglich, auf spielende Kinder oder plötzliche Ereignisse zu reagieren. Unfälle können vermieden werden.

a) Erkunde, was man unter einer „Schrecksekunde“ versteht und wie groß sie im Durchschnitt ist.

b) Welchen Weg legt ein Pkw in der „Schrecksekunde“ bei 30 $\frac{\text{km}}{\text{h}}$ zurück?

c) Um wie viel wäre der Weg länger, wenn der Pkw mit 50 $\frac{\text{km}}{\text{h}}$ fahren würde?

8. Immer langsam

In einem Warenhaus ist die Rolltreppe 12 m lang. Die Fahrt eines Kunden dauert 30 s.

a) Mit welcher Geschwindigkeit bewegt sich der Kunde auf der Rolltreppe?

b) Wie ändert sich seine Geschwindigkeit, wenn er sich zusätzlich in der gleichen (entgegengesetzten) Richtung wie die Rolltreppe bewegt? Begründe.

9. Reaktionsschnelligkeit gefragt

Gute Fußballer können beim Abschuss dem Ball eine Geschwindigkeit von 90 $\frac{\text{km}}{\text{h}}$ verleihen.

Wie viel Zeit hat ein Torwart, um bei einem 11-m-Schuss auf den Abschuss zu reagieren?

10. Geschwindigkeiten in Natur und Technik

Erarbeitet einen Kurzvortrag zum Thema „So schnell sind Tiere, Menschen und Raketen“. Bildet Gruppen und recherchiert die Höchstgeschwindigkeiten einiger Tiere beim Fliegen, beim Kriechen oder Laufen und beim Schwimmen. Geht auch auf Geschwindigkeiten des Menschen bei verschiedenen Sportarten ein.

11. Unterschiedliche Fahrzeiten

Wie groß wäre die Zeitersparnis bei einer Fahrt auf der Autobahn, wenn man die Strecke von 80 km statt mit 100 mit 130 $\frac{\text{km}}{\text{h}}$ fahren könnte? Bewerte das Ergebnis.

12. Durchschnittsgeschwindigkeit gefragt

Ermittle deine Durchschnittsgeschwindigkeit

a) beim 100-m-Lauf,

b) mit dem Fahrrad,

c) für einen Schulweg.

13. Ein Fahrtenschreiberdiagramm

Die Abbildung zeigt das stark vereinfachte Fahrtenschreiberdiagramm für einen Lkw.

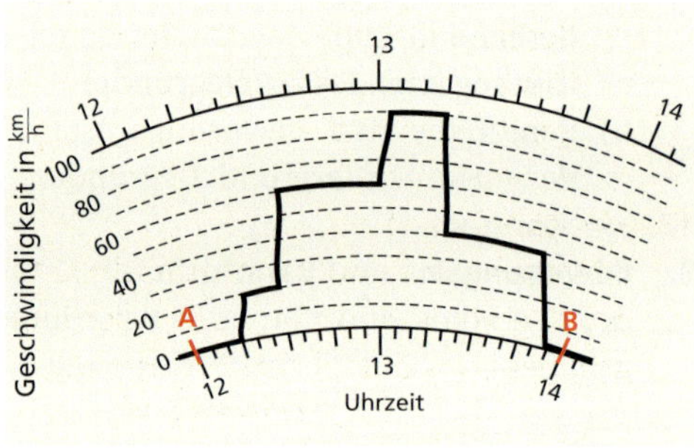

Interpretiere dieses Diagramm.

14. Beschleunigung beim Anfahren

Ein neuer Pkw benötigt 9,8 s, um von null auf 100 $\frac{\text{km}}{\text{h}}$ zu kommen.

a) Berechne die Beschleunigung des Pkw. Welche Annahme muss man über die Art der Bewegung machen?

b) Um von 80 auf 120 $\frac{\text{km}}{\text{h}}$ zu kommen, benötigt derselbe Pkw 10,6 s. Berechne auch hierfür die Beschleunigung und vergleiche diese mit der Beschleunigung bei Aufgabe a.

c) Wie sind die Unterschiede zu erklären?

15. Ein schneller Sportwagen

Ein Sportwagen erreicht aus dem Stand in 6,8 s eine Geschwindigkeit von 100 $\frac{\text{km}}{\text{h}}$. Welchen Weg legt er dabei zurück?

16. Bewegung eines Radfahrers

Die Bewegung eines Radfahrers wird mit dem folgenden Zeit-Geschwindigkeit-Diagramm beschrieben.

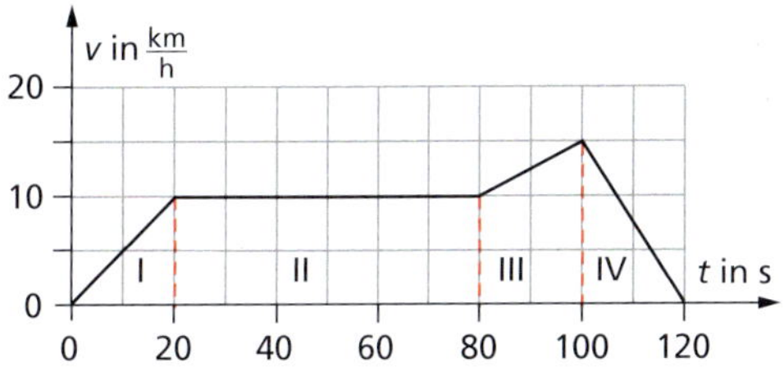

a) Interpretiere das Diagramm. Wie bewegt sich der Radfahrer in den vier gekennzeichneten Abschnitten?

b) In welchem Abschnitt hat er die größte Beschleunigung?

c) Zeichne das zugehörige Zeit-Beschleunigung-Diagramm.

17. Ein startendes Flugzeug

Die Startgeschwindigkeit (Geschwindigkeit beim Abheben) eines Passagierflugzeugs liegt bei etwa 290 $\frac{km}{h}$. Die Beschleunigung in der Startphase beträgt etwa 2,8 $\frac{m}{s^2}$.

a) Ermittle aus diesen Daten, welche Strecke das Flugzeug auf der Startbahn rollt.

b) Zeichne für ein solches Flugzeug das Zeit-Geschwindigkeit-Diagramm und das Zeit-Weg-Diagramm.

18. Beschleunigung und Weg

Tom fährt auf seinem Fahrrad mit einer Geschwindigkeit von 15 $\frac{km}{h}$. Innerhalb von 4,0 Sekunden beschleunigt er gleichmäßig auf 25 $\frac{km}{h}$.

a) Wie groß ist seine Beschleunigung?

b) Welchen Weg hat er während der Beschleunigung zurückgelegt?

19. Fahrzeuge treffen sich

Für zwei Fahrzeuge werden ab einem bestimmten Zeitpunkt ($t = 0$) Wege und Fahrzeiten registriert und in einem Diagramm dargestellt.

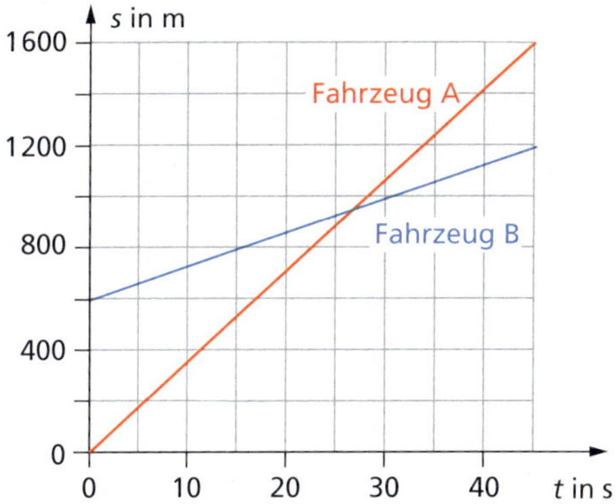

a) Interpretiere das Diagramm. Gehe auch auf die Bedeutung des Schnittpunkts der Graphen ein.

b) Berechne die Geschwindigkeiten beider Fahrzeuge und zeichne ein Zeit-Geschwindigkeit-Diagramm mit beiden Graphen in einem Diagramm.

20. Unterschiedliche Beschleunigungen

Auf der Autobahn fahren ein roter und ein blauer Pkw mit 100 $\frac{km}{h}$ eine Weile nebeneinander her. Dann beschleunigen beide gleichzeitig. Der rote Pkw braucht 10 s, um auf 150 $\frac{km}{h}$ zu beschleunigen. Der blaue Pkw legt bei der Beschleunigung auf die gleiche Endgeschwindigkeit eine Strecke von 300 m zurück. Welcher Pkw beschleunigt im Durchschnitt stärker?

21. Realistische Angaben?

In einem Fernsehbericht hieß es: Beim Start von einem Flugzeugträger werden die Flugzeuge auf der 90 m langen Beschleunigungsstrecke in einer Sekunde auf die Startgeschwindigkeit von 220 $\frac{km}{h}$ katapultiert.
Diskutiere, ob diese Angaben realistisch sein können.

Gewusst · Gekonnt

22. Eine gefährliche Situation

Ein Lkw-Fahrer ist wegen eines plötzlich auf die Straße laufenden Kinds zum scharfen Bremsen und zum kurzfristigen Halten gezwungen. Im Diagramm ist der Bewegungsablauf für diesen Vorgang dargestellt.

a) Interpretiere das Diagramm.

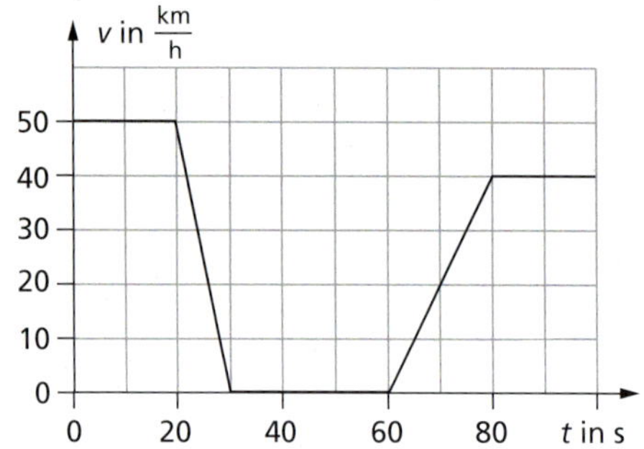

b) Berechne die Beschleunigungen für das Bremsen und das Anfahren.

c) Zeichne das Zeit-Beschleunigung-Diagramm.

23. Zu schnell oder nicht?

Nach einem Unfall ermittelt die Verkehrspolizei für die Vollbremsung eines Motorrads einen Bremsweg von 26 m. Für den Straßenbelag kann man eine Bremsverzögerung von $6{,}8\,\frac{\text{m}}{\text{s}^2}$ annehmen. Mit welcher Geschwindigkeit ist das Motorrad gefahren?
Hat sich der Fahrer innerhalb einer geschlossenen Ortschaft damit vorschriftsmäßig verhalten? Bewerte sein Verhalten.

24. Unfall vermeidbar?

Ein mit drei Personen und viel Gepäck beladener Pkw fährt mit einer Geschwindigkeit von $80\,\frac{\text{km}}{\text{h}}$ auf einer nassen Landstraße. Plötzlich sieht der Fahrer etwa 100 m vor dem Fahrzeug ein Reh auf die Fahrbahn laufen.
Kann das Fahrzeug noch vor dem Reh zum Stehen gebracht werden, wenn für diesen Fall eine Bremsverzögerung von $4{,}2\,\frac{\text{m}}{\text{s}^2}$ angenommen wird und der Fahrer eine Reaktionszeit von 0,9 s hat?

25. Regentropfen und Schneeflocken

Im Vergleich zu einem Regentropfen schwebt eine Schneeflocke viel langsamer herab.
Wie können diese Unterschiede in den Fallbewegungen erklärt werden?

26. Freier Fall oder nicht?

Gib für folgende Vorgänge an, ob man die Bewegungen mit den Gesetzen des freien Falls beschreiben kann oder nicht. Begründe.

a) Schweben der Samen von Pusteblumen
b) Fallschirmspringer
c) Fall eines Apfels vom Baum
d) Fall von Hagelkörnern

27. Fallender Stein

Ein Stein löst sich von einem Felsen und schlägt nach 8,0 s auf dem Boden auf.
In welcher Höhe über der Auftreffstelle hat sich der Stein gelöst?

28. Tiefe eines Brunnens

Um die Tiefe eines Brunnens zu ermitteln, wird ein Stein vom Brunnenrand aus fallen gelassen. Nach genau drei Sekunden hört man den Aufschlag. Wie tief ist der Brunnen?

29. Fallschirmspringer in Aktion

Ein Fallschirmspringer lässt sich zunächst mit nicht geöffnetem Fallschirm fallen. (↗ Diagramm).

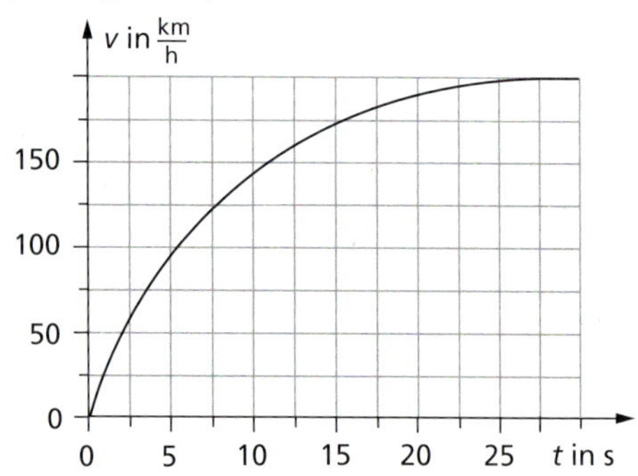

a) Interpretiere dieses Diagramm.
b) Gib die maximale Geschwindigkeit in $\frac{\text{km}}{\text{h}}$ und in $\frac{\text{m}}{\text{s}}$ an.

30. Bewegung auf einer Rolltreppe

Robert steigt auf eine 25 m lange Rolltreppe, die mit einer Geschwindigkeit von 1,0 $\frac{m}{s}$ nach oben fährt. Welche Zeit benötigt Robert für die Fahrt nach oben, wenn er

a) auf der Treppe steht,

b) mit 0,50 $\frac{m}{s}$ nach oben läuft,

c) mit 0,50 $\frac{m}{s}$ entgegen der Fahrtrichtung nach unten läuft?

31. Freier Fall und waagerechter Wurf

Weise experimentell die Unabhängigkeit der Bewegungen bei einer Überlagerung nach, indem die Fallzeiten bei einem freien Fall und beim waagerechten Wurf miteinander verglichen werden.

Baue dir aus einem Holzbrett, zwei Nägeln und Pappe die folgende Anordnung. Führe den Versuch durch.

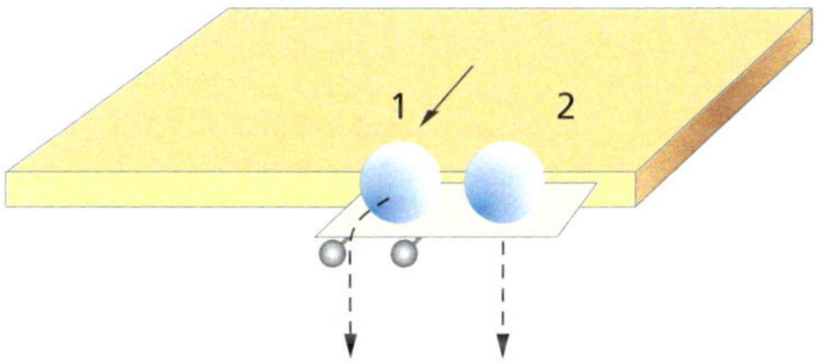

Gehe dabei so vor: Schlage Kugel 1 nach vorn weg. Dann beginnt auch Kugel 2 zu fallen. Vergleiche die Fallzeiten der Kugeln. Formuliere das Ergebnis deines Experiments in Worten.

32. Bewegung eines Projektils

Ein Jäger schießt sein Gewehr aus 1,70 m Höhe in horizontaler Richtung ab.

Die Mündungsgeschwindigkeit des Projektils beträgt 800 $\frac{m}{s}$.

a) Wie weit kommt die Kugel ohne Berücksichtigung des Luftwiderstands?

b) Um wie viele Zentimeter sinkt die Kugel bereits nach 100 bzw. 200 m ab?

c) Was hat folglich eine gute Visiereinrichtung bei einem Gewehr zu berücksichtigen?

33. Strömendes Wasser

Ein Feuerwehrmann steht auf einer Leiter in 8,0 m Höhe und spritzt mit seinem Schlauch in horizontaler Richtung.

a) In welcher Entfernung trifft das Wasser am Boden auf, wenn es mit einer Geschwindigkeit von 30 $\frac{m}{s}$ austritt?

b) Mit welcher Geschwindigkeit und unter welchem Winkel zur Horizontalen trifft das Wasser auf dem Boden auf?

34. Ein interessanter Sport

Beim Bogenschießen erreicht der Pfeil Geschwindigkeiten von bis zu 100 $\frac{m}{s}$.

Die 65 – 72 cm langen Pfeile haben eine Masse von 25 g. Es wird auf Scheiben in Entfernungen bis 70 m (Frauen) bzw. bis 90 m (Männer) geschossen.

a) Welche maximale (theoretische) Weite erreicht ein Pfeil, wenn er aus 1,70 m Höhe waagerecht abgeschossen wird und schließlich auf den Boden auftrifft?

b) Um wie viele Zentimeter ist der Pfeil bei den maximalen Entfernungen (70 m für Frauen, 90 m für Männer) gefallen?

Das Wichtigste im Überblick

Kinematik der Translation

Für die vielfältigen Bewegungen in Natur und Technik gilt:

- Bewegungen lassen sich nach ihrer **Bahnform** und ihrer **Bewegungsart** unterscheiden.
- Wichtige Größen zur Beschreibung sind **Weg** s, **Geschwindigkeit** v, **Beschleunigung** a und **Zeit** t.
- Die **Geschwindigkeit** gibt an, wie schnell sich ein Körper bewegt.
- Die **Beschleunigung** gibt an, wie schnell sich die Geschwindigkeit eines Körpers ändert.

■ Nach der Bewegungsart kann man zwischen folgenden Bewegungen unterscheiden:

Gleichförmige Bewegungen (v = konstant)		**Gleichmäßig beschleunigte Bewegungen (a = konstant)**	
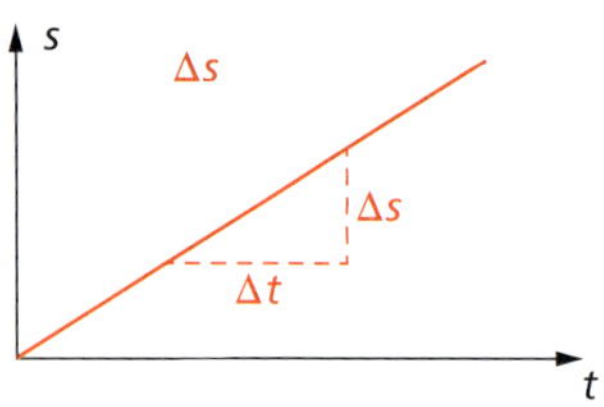	$s = v \cdot t$ Anstieg ⟶ Geschwindigkeit	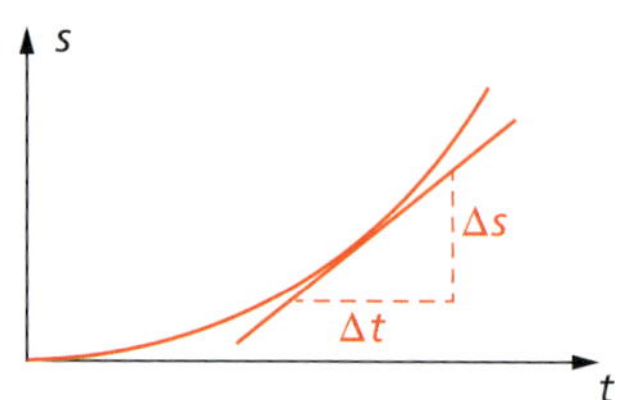	$s = \frac{a}{2} \cdot t^2$ Anstieg ⟶ Geschwindigkeit
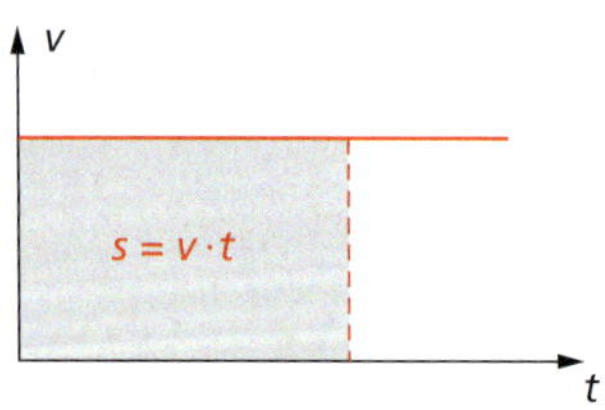	$v = \frac{s}{t}$ v = konstant Fläche ⟶ Weg	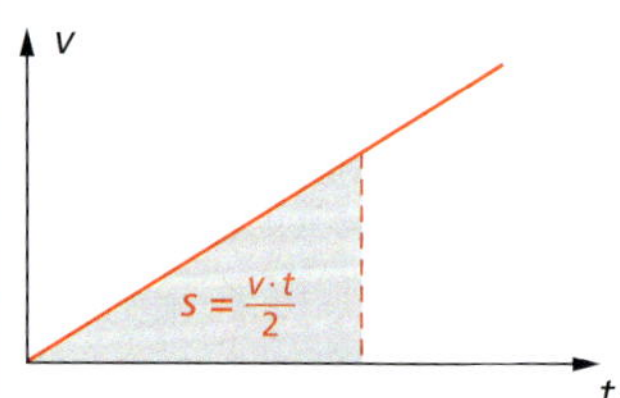	$v = a \cdot t$ Fläche ⟶ Weg
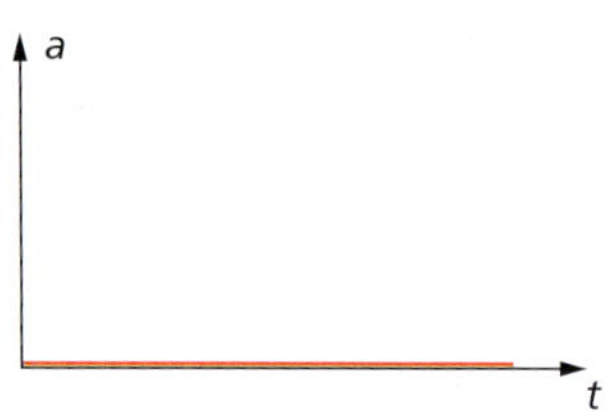	$a = 0$	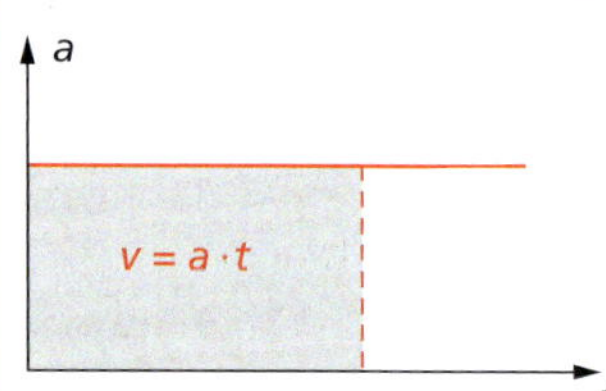	a = konstant $a = \frac{\Delta v}{\Delta t}$ Fläche ⟶ Geschwindigkeit

■ Eine spezielle gleichmäßig beschleunigte Bewegung ist der **freie Fall** mit:

$$a = g \quad \left(g = 9{,}81\ \frac{\text{m}}{\text{s}^2}\right)$$

Für den freien Fall gelten folgende Gesetze:

$$g = \text{konstant}$$
$$v = g \cdot t$$
$$s = \frac{g}{2} \cdot t^2$$

■ Bewegungen können sich überlagern. Die Teilbewegungen eines Körpers überlagern sich zu einer Gesamtbewegung. Beispiele dafür sind die verschiedenen Arten von **Würfen.**

■ Beim **senkrechten Wurf nach unten** überlagern sich eine gleichförmige Bewegung nach unten und der freie Fall, der in gleicher Richtung erfolgt.

$$v(t) = v_0 + g \cdot t$$
$$s(t) = v_0 \cdot t + \frac{g}{2} \cdot t^2$$

■ Beim **senkrechten Wurf nach oben** überlagern sich eine gleichförmige Bewegung nach oben und der freie Fall, der in entgegengesetzter Richtung erfolgt.

$$v(t) = v_0 - g \cdot t$$
$$s(t) = v_0 \cdot t - \frac{g}{2} \cdot t^2$$

■ Beim **waagerechten Wurf** überlagern sich eine gleichförmige Bewegung in waagerechter Richtung und der freie Fall, der senkrecht dazu erfolgt.

Für die **Wege** gilt:

$$x = v_0 \cdot t$$
$$y = -\frac{g}{2} \cdot t^2$$

Damit erhält man als **Gleichung für die Bahnkurve:**

$$y = -\frac{g}{2 v_0^2} \cdot x^2$$

Der Körper bewegt sich auf einer **Wurfparabel.**

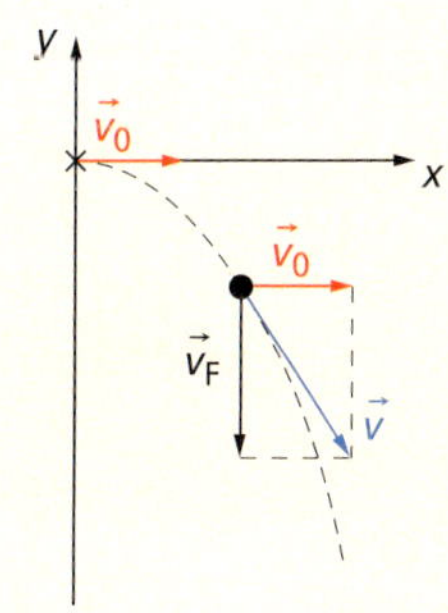

Für die **Geschwindigkeiten** gilt:

in x-Richtung: $v_0 = \text{konstant}$

in y-Richtung: $v = -g \cdot t$

■ Die **Wurfweite** beträgt:

$$s_W = v_0 \cdot \sqrt{\frac{2h}{g}}$$

Bei realen Würfen kann der Luftwiderstand zumeist nicht vernachlässigt werden. Es entstehen **ballistische Bahnen**.

Im Vergleich zu Wurfparabeln gilt: Aufgrund des Luftwiderstands sind die Bahnen stärker gekrümmt. Die Wurfweite ist kleiner.

4.2 Dynamik der Translation

1 Kräfte und Bewegungen

Das Foto zeigt eine Snowboardfahrerin bei einer rasanten Abfahrt. Ihre Bewegung kommt durch Kräfte zustande. Welche Kräfte wirken auf die Snowboardfahrerin? Wie wirken diese Kräfte zusammen?

2 Eine aussagekräftige Bremsspur

Bei Verkehrsunfällen muss nicht selten die Schuldfrage geklärt werden. Dazu werden die erkennbaren Spuren gesichert und protokolliert. Was kann man aus einer Bremsspur ableiten?

3 Segeln ist nicht einfach

Beim Segeln wirken auf das Boot unterschiedliche Kräfte. Welche Kräfte können das sein? Wovon hängt die Bewegungsrichtung des Boots ab?

4 Kräfte beim Start

Als Fehlstart beim Sprint gilt, wenn sich ein Sportler schneller als 0,10 s nach dem Startschuss in Bewegung setzt. Um das zu registrieren, sind in den Startblöcken elektronische Messeinrichtungen eingebaut, die die Beinkräfte der Sportler auf die Startblöcke messen. Warum können solche elektronischen Messeinrichtungen für Kräfte einen Fehlstart registrieren?

Die physikalische Größe Kraft

Um einen Körper zu beschleunigen, muss auf ihn eine Kraft einwirken. Ein Volleyball wird in Bewegung gesetzt und beschleunigt, wenn der Volleyballspieler mit seiner Hand eine Kraft auf den Ball einwirken lässt (Abb. 3).

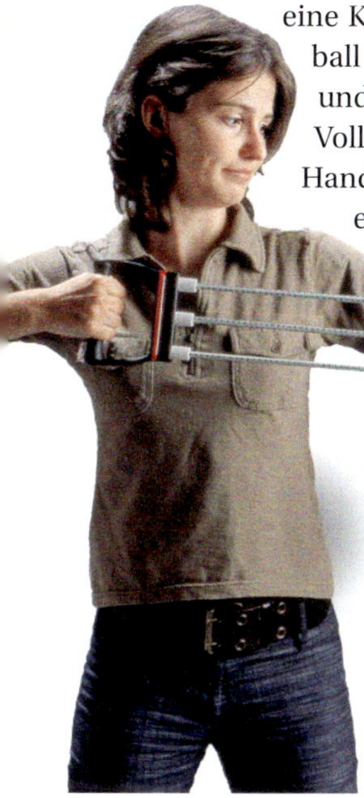

Durch eine Kraft kann ein Körper auch verformt werden. Die Einwirkungen der Körper aufeinander sind wechselseitig, d. h., es wirken Kräfte auf beide Körper. Deshalb bezeichnet man die Kraft als eine **Wechselwirkungsgröße.**
Wie stark Körper aufeinander einwirken, wird durch die physikalische Größe Kraft beschrieben.

Die Kraft ist ein Maß dafür, welche Bewegungsänderung oder Verformung bei einem Körper hervorgerufen wird.

Formelzeichen: ***F***
Einheit: **ein Newton (1 N)**

Die Kraft ist eine gerichtete Größe. Dementsprechend können Kräfte durch Pfeile dargestellt werden (Abb. 1).

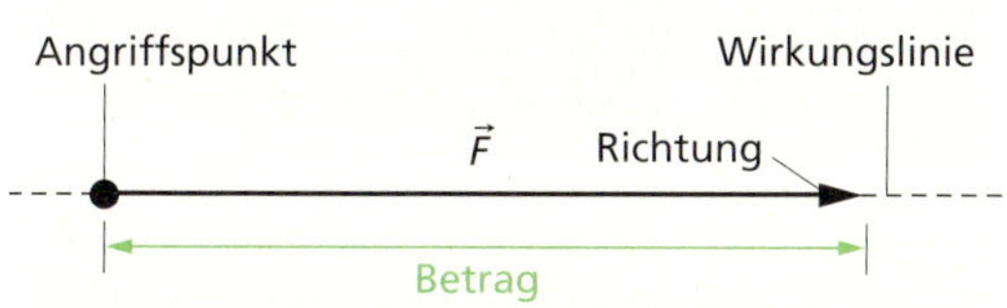

1 Darstellung einer Kraft: Für genaue Zeichnungen muss ein Maßstab vereinbart werden.

Die Wirkung einer Kraft auf einen Körper ist von ihrem Betrag, vom Angriffspunkt und von der Richtung der Kraft abhängig.

Die Einheit 1 N wurde nach dem englischen Physiker ISAAC NEWTON (1643–1727) benannt. NEWTON beschäftigte sich nicht nur mit Kräften, sondern fand auch wichtige physikalische Gesetze. Ein Newton ist die Kraft, die einem Körper mit der Masse 1 kg eine Beschleunigung von $1\,\frac{m}{s^2}$ erteilt.
Es ist etwa die Kraft, mit der ein Körper der Masse 100 g auf der Erde auf eine ruhende Unterlage drückt oder an einer Aufhängung zieht (Abb. 2).

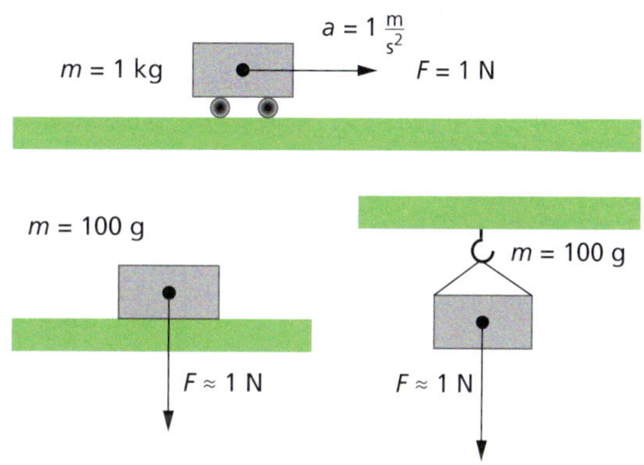

2 Die Kraft 1 N kann in verschiedener Weise dargestellt werden.

3 Durch Kräfte (Wechselwirkung Hand–Ball) wird der Ball beschleunigt.

Arten von Kräften

Magnetische Kraft

Durch einen Elektromagneten werden Körper aus Eisen angezogen. Zwischen Magnet und Eisenkörper wirken **magnetische Kräfte.**

Elektrische Kraft

Ein Kamm wird durch Reibung elektrisch geladen und zieht Kugeln aus Styropor an. Zwischen Styroporkugeln und Kamm wirken **elektrische Kräfte.**

Gravitationskraft

Zwischen der Erde und einem Erdsatelliten wirken aufgrund der Massen anziehende Kräfte, die **Gravitationskräfte.**

Gewichtskraft

Jeder Körper wird von der Erde angezogen und übt auf seine Unterlage eine Kraft aus, die man **Gewichtskraft** nennt.

Reibungskraft

Beim Fahren mit dem Fahrrad wirken immer auch Kräfte, die die Bewegung hemmen. Sie heißen **Reibungskräfte.**

Zugkraft

Waggons werden durch eine Lokomotive in Bewegung gesetzt. Dabei wirken auf die Waggons **Zugkräfte.**

Auftriebskraft

Auf Körper in Flüssigkeiten und Gasen wirkt entgegengesetzt zur Gewichtskraft eine volumenabhängige **Auftriebskraft.**

Druckkraft

Durch den Luftdruck im Reifen wirkt auf seine Innenfläche eine Kraft, die ihn „in Form" hält und die man **Druckkraft** nennt.

Schubkraft

Um eine Rakete in Bewegung zu setzen, werden Verbrennungsgase mit großer Geschwindigkeit ausgestoßen. Auf die Rakete wirkt dann eine **Schubkraft.**

Die Gewichtskraft von Körpern

Du weißt bereits: Alle Körper ziehen sich aufgrund ihrer Massen gegenseitig an. Die Erde zieht alle Körper an, die sich auf ihr befinden.
Hält man einen Gegenstand, z. B. ein Schulbuch, in der Hand, so spürt man eine Kraft, die nach unten zieht. Legt man das Schulbuch auf einen Tisch, so drückt es mit derselben Kraft auf diese Unterlage. Lässt man es los, fällt es nach unten, also in Richtung Erdmittelpunkt. Hängen wir es an einen Federkraftmesser, so zieht es mit derselben Kraft an der Aufhängung. Die Ursache dafür ist in allen Fällen die Erdanziehungskraft.
In der Physik wird diese Kraft, die auf alle Körper auf der Erdoberfläche und in Erdnähe wirkt, als **Gewichtskraft** bezeichnet. Die Gewichtskraft, die auf einen Körper wirkt, hängt ab
- von seiner Masse und
- von dem Ort, an dem er sich befindet.

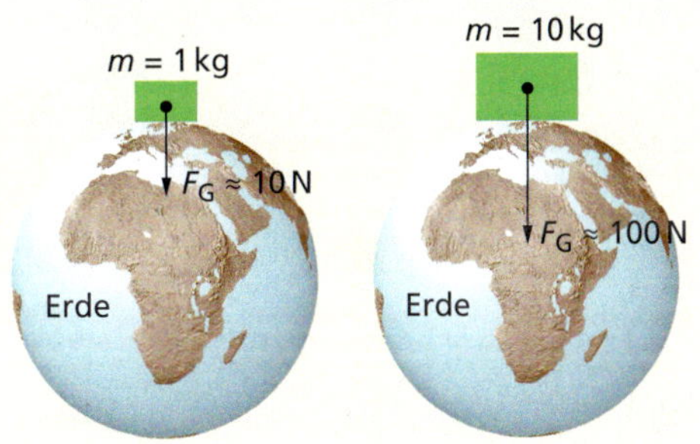

1 Je größer die Masse eines Körpers ist, desto größer ist am gleichen Ort auch seine Gewichtskraft.

Die Gewichtskraft kann berechnet werden mit der Gleichung:

$F_G = m \cdot g$

m **Masse des Körpers**
g **Ortsfaktor (Fallbeschleunigung)**

Die Gewichtskraft auf der Erdoberfläche oder in der Nähe der Erde wirkt immer in Richtung Erdmittelpunkt (Abb. 1). Der Ortsfaktor ist eine Konstante, die vom jeweiligen Ort abhängig ist. Ihr durchschnittlicher Wert für die Erdoberfläche beträgt:

$$g = 9{,}81\,\frac{\mathrm{N}}{\mathrm{kg}}$$

Für Abschätzungen wird häufig mit dem Näherungswert $g = 10\,\frac{\mathrm{N}}{\mathrm{kg}}$ gerechnet.
Auf anderen Himmelskörpern hat der Ortsfaktor einen anderen Wert, etwa auf dem Mond $1{,}62\,\frac{\mathrm{N}}{\mathrm{kg}}$.
Das bedeutet: Bei gleicher Masse beträgt die Gewichtskraft eines Körpers auf dem Mond nur etwa ein Sechstel seiner Gewichtskraft auf der Erde.

Gewusst · Gekonnt

1. Erkunde, wie groß der Ortsfaktor am Äquator der Erde, an ihren Polen und auf dem Mars ist.

2. Eine Schülerin wiegt 62,5 kg. Wie groß ist ihre Gewichtskraft auf der Erde? Wie groß wäre sie auf dem Mond?

Masse und Gewichtskraft
In der Physik muss man die Masse und die Gewichtskraft eines Körpers voneinander unterscheiden.

Masse m	**Gewichtskraft F_G**
Die Masse ist eine Eigenschaft eines Körpers. Sie ist nur von diesem Körper abhängig. In der Technik spricht man auch vom Gewicht.	Die Gewichtskraft ist die Anziehungskraft zwischen einem Himmelskörper und einem anderen Körper. Sie ist von beiden Körpern abhängig.
Die Masse eines Körpers ist überall gleich groß.	Die Gewichtskraft eines Körpers ist abhängig vom Ort, an dem sich der Körper befindet.
Einheit der Masse ist ein Kilogramm (1 kg).	Einheit der Gewichtskraft ist ein Newton (1 N).
Messgerät für die Masse ist die Waage.	Messgerät für die Gewichtskraft ist der Kraftmesser.

Reibungskräfte

Im bisherigen Physikunterricht hast du bereits Kenntnisse über die Reibung erworben und weißt:

- Es gibt verschiedene Arten von Reibung (↗ Übersicht unten). Die dabei auftretenden Kräfte werden als **Reibungskräfte** bezeichnet.
- Reibungskräfte sind immer so gerichtet, dass sie der Bewegung entgegenwirken und diese hemmen oder verhindern.

Sie sind u. a. die Ursache für Bremsvorgänge und für Erwärmungen bei sich bewegenden Körpern. Die wesentliche Ursache für das Auftreten von Reibungskräften liegt in der Oberflächenbeschaffenheit der Körper begründet, die sich berühren. Diese Oberflächen sind mehr oder weniger rau. Liegen die Körper aufeinander oder bewegen sie sich gegeneinander, so „verhaken" sich die Unebenheiten der Flächen. Die Bewegung wird dadurch gehemmt oder verhindert.

Der Betrag der **Reibungskraft** ist umso größer, je größer die Kraft ist, mit der ein Körper senkrecht auf seine Unterlage drückt. Bei waagerechten Unterlagen ist diese **Normalkraft** F_N gleich der Gewichtskraft des Körpers.

Reibungszahlen in Natur und Technik

Stoff	Haftreibungszahl	Gleitreibungszahl	Rollreibungszahl
Holz auf Holz	0,6	0,5	–
Reifen auf			
Asphalt nass	0,5	0,3	–
Asphalt trocken	0,8	0,5	0,010
Beton trocken	0,9	0,6	0,015
Stahl auf Stahl			
trocken	0,15	0,06	0,001
geschmiert	0,11	0,05	–
Bremsbelag auf Stahl	–	0,6	–

Art und Beschaffenheit der Oberflächen kommen in der **Reibungszahl** μ zum Ausdruck. Die Reibungszahl hängt nicht von der Größe der Berührungsflächen ab.

Für die Reibungskraft gilt:

$F_R = \mu \cdot F_N$

F_R **Reibungskraft**
μ **Reibungszahl**
F_N **Normalkraft**

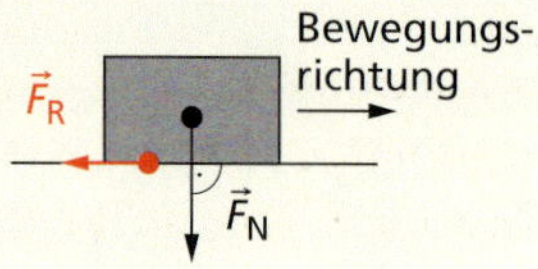

Arten der Reibung

Haftreibung	Gleitreibung	Rollreibung
liegt vor, wenn ein Körper auf einem anderen haftet.	liegt vor, wenn ein Körper auf einem anderen gleitet.	liegt vor, wenn ein Körper auf einem anderen abrollt.

Die Kraft, die zwischen Reifen und Straße wirkt und das Rutschen der Räder verhindert, nennt man **Haftreibungskraft.**	Kinder rutschen oder gleiten auf einer Rutsche herab. Die bewegungshemmende Kraft nennt man **Gleitreibungskraft.**	Die Kraft, die zwischen rollenden Rädern und dem Weg auftritt und die Bewegung hemmt, nennt man **Rollreibungskraft.**

Zerlegung einer Kraft in Teilkräfte

Kräfte können nicht nur zusammengesetzt werden. Es ist auch möglich und häufig notwendig, eine Kraft in zwei Teilkräfte oder, wie in der Physik auch formuliert wird, in zwei **Komponenten** zu zerlegen.
Betrachten wir dazu als Beispiel eine Lampe, die mit zwei Streben an einer Hauswand befestigt wird (Abb. 1). Für die Auswahl der Streben AC und BC sowie für die Art ihrer Befestigung an der Hauswand ist es wichtig zu wissen, welche Kräfte auf die Streben wirken.
Die Lampe hat die Gewichtskraft $\vec{F}_G$. Diese kann entlang ihrer Wirkungslinie bis zu Punkt C verschoben werden (Abb. 1). Die Wirkungslinien der beiden Komponenten ergeben sich aus den Richtungen der Streben. Ausgehend von der Gesamtkraft (Gewichtskraft) und den Wirkungslinien der Komponenten lässt sich ein Kräfteparallelogramm konstruieren, so wie es in der Abbildung 1 dargestellt ist. $\vec{F}_1$ und $\vec{F}_2$ sind die beiden Komponenten.
Um die Wirkung der Komponenten auf die Befestigung in den Punkten A und B abzuschätzen, kann man die Komponenten längs ihrer Wirkungslinien zu A und B verschieben.

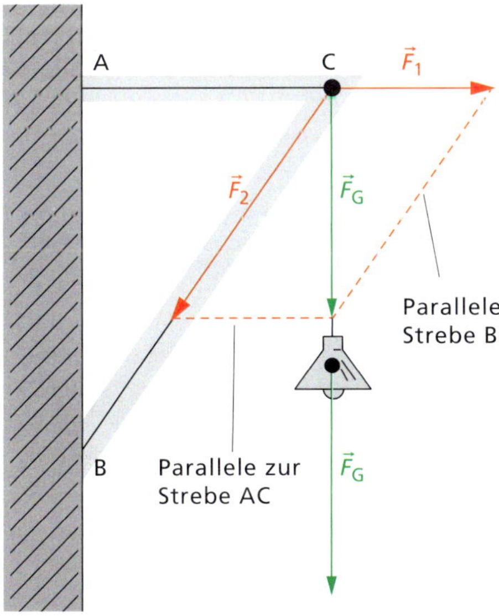

1 Zerlegung der Gewichtskraft $\vec{F}_G$ in die Komponenten $\vec{F}_1$ und $\vec{F}_2$

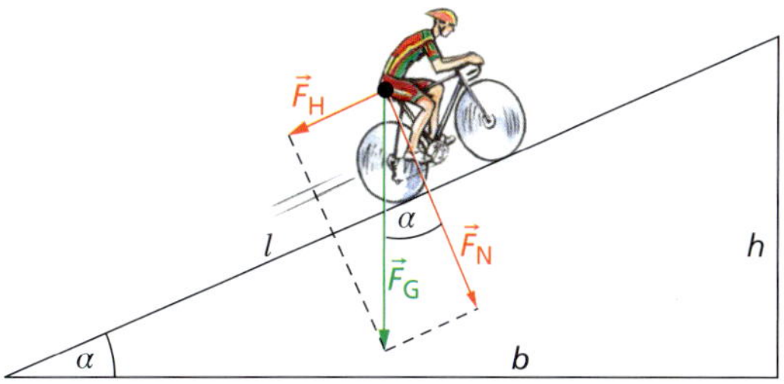

2 Zerlegung der Gewichtskraft $\vec{F}_G$ eines Körpers in zwei Komponenten

Die Kraft $\vec{F}_1$ wirkt in A als Zugkraft, die Kraft $\vec{F}_2$ in B als Druckkraft. Entsprechend sind die Befestigungen zu wählen.
Zusammenfassend kann man formulieren:

> **Eine Kraft lässt sich in zwei Komponenten zerlegen. Dazu muss man die Wirkungslinien der Komponenten kennen.**

Bemerkenswert ist bei der Zerlegung einer Kraft, dass der Betrag der Komponenten größer sein kann als der Betrag der ursprünglichen Kraft. So ist der Betrag von $\vec{F}_2$ in der Abbildung 1 größer als der Betrag der Gewichtskraft $\vec{F}_G$.

Die Gewichtskraft eines Körpers, der sich auf einer geneigen Ebene befindet (Abb. 2), kann man ebenfalls in Komponenten zerlegen.

Die Teilkraft senkrecht zur geneigten Ebene wird als **Normalkraft** F_N bezeichnet. Die Teilkraft parallel zur Ebene nennt man **Hangabtriebskraft** F_H. Der Betrag der Komponenten verändert sich mit dem Neigungswinkel α:

- Bei $\alpha = 0$ ist $F_H = 0$ und $F_N = F_G$.
- Mit Vergrößerung von α vergrößert sich F_H, während sich F_N verkleinert.
- Bei $\alpha = 90°$ ist $F_H = F_G$ und $F_N = 0$.

Die Beträge der Teilkräfte F_H und F_N lassen sich zeichnerisch ermitteln oder berechnen.
Für die Beträge der Teilkräfte gilt:

$$F_H = F_G \cdot \sin\alpha = F_G \cdot \frac{h}{l}$$

$$F_N = F_G \cdot \cos\alpha = F_G \cdot \frac{b}{l}$$

Zusammensetzung von zwei Kräften

Auf einen Körper können gleichzeitig mehrere Kräfte wirken. Das ist z.B. der Fall, wenn zwei Personen ein Auto anschieben, ein Radfahrer bergauf fährt oder Schüler beim Tauziehen ihre Kräfte messen (Abb. 1).

Wirken zwei Kräfte längs einer Wirkungslinie auf einen Körper in gleicher Richtung, so addieren sich ihre Beträge:

$F = F_1 + F_2$

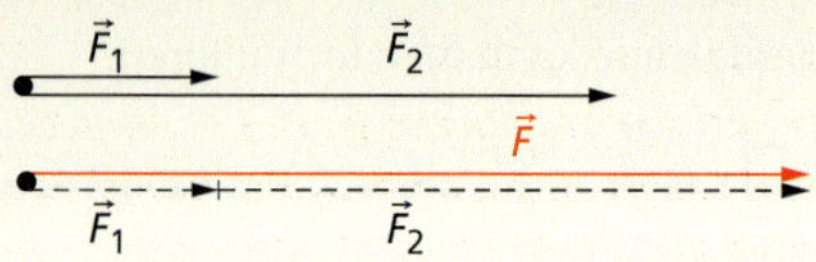

Das gilt nur, wenn die Kräfte längs einer Linie wirken. Bei Kräften, die in entgegengesetzter Richtung wirken, gilt ein anderes Gesetz.

Wirken zwei Kräfte längs einer Wirkungslinie auf einen Körper in entgegengesetzter Richtung, so subtrahieren sich ihre Beträge:

$F = F_1 - F_2$

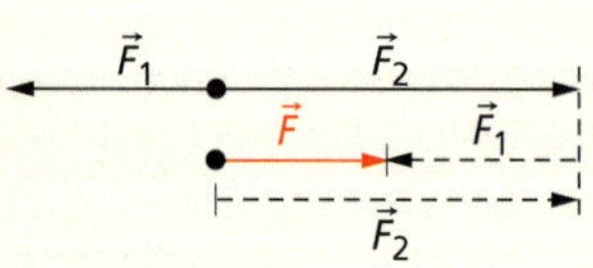

Die Richtung der Gesamtkraft ist gleich der Richtung der größeren der beiden Teilkräfte. Obwohl z.B. die Teilkräfte der beiden Schüler beim Tauziehen (Abb. 1) fast gleich groß sind, ist die Gesamtkraft klein, wenn einer der Schüler gewinnt. Sind beide Schüler gleich stark, so bewegt sich die Markierung des Taus nicht. Die beiden Kräfte gleichen sich aus. Die Gesamtkraft ist null. Man spricht dann von einem **Kräftegleichgewicht.**

Einfach überschaubar ist der Fall, wenn zwei Kräfte senkrecht zueinander wirken.

Für zwei Kräfte, die senkrecht zueinander an einem Punkt angreifen, gilt:

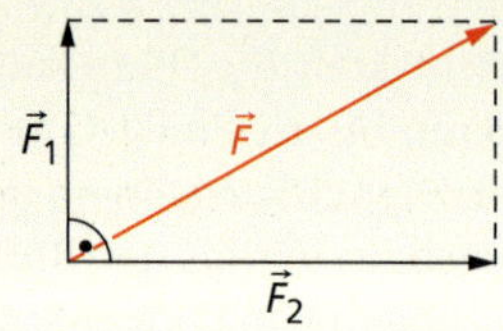

$F = \sqrt{F_1^2 + F_2^2}$

(Satz des Pythagoras)

Zwei Kräfte auf einen Körper können auch in beliebigen anderen Richtungen wirken, z.B. auf ein Flugzeug die Antriebskraft in der einen und die Kraft des Windes in einer beliebigen anderen Richtung. In diesem Fall gilt für die Gesamtkraft:

Wirken zwei Kräfte mit gemeinsamem Angriffspunkt in unterschiedlichen Richtungen auf einen Körper ein, so erhält man die Gesamtkraft durch ein Kräfteparallelogramm.

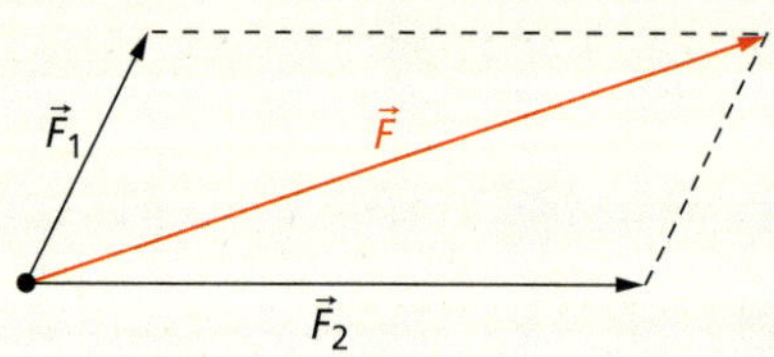

1 Zwei Kräfte wirken in entgegengesetzter Richtung auf das Seil ein.

Resultierende Kräfte

Größere Flugzeuge haben mehrere Triebwerke. Bei einem Jumbojet oder einem Airbus A-380 (Abb. 1) sind es vier.

Wie groß ist die maximale Schubkraft, wenn ein Triebwerk eine höchstmögliche Schubkraft von 320 kN hat?

Analyse:

Die Schubkräfte der vier Triebwerke wirken in einer Richtung.

Vereinfacht kann man annehmen, dass sie längs einer Wirkungslinie wirken, die durch die Längsachse des Flugzeugs verläuft.

Gesucht: F

Gegeben: $F_1 = F_2 = F_3 = F_4 = 320\ \text{kN}$

Lösung:

Für die Addition von Kräften, die in gleicher Richtung wirken, gilt:

$$F = F_1 + F_2 + F_3 + F_4$$

$$F = 4 \cdot 320\ \text{kN} = 1\,280\ \text{kN}$$

Ergebnis:

Das Flugzeug wird durch die vier Triebwerke mit einer maximalen Schubkraft von 1 280 kN angetrieben.

1 Ein Airbus A-380 hat vier Triebwerke und kann bis zu 480 Passagiere befördern.

Ein anderes Beispiel sind die Kräfte, die auf ein Segelboot wirken. Dessen Bewegung wird z. B. durch die Windstärke, die Stellung der Segel und des Ruders, Wasserströmungen und die Reibung beeinflusst.

Insgesamt bewegt sich ein Segelboot aber immer in die Richtung, in die die resultierende Kraft wirkt. Wir gehen von folgenden Annahmen aus:

Senkrecht auf das Segel wirkt der Wind mit einer Kraft von insgesamt 250 N. Der Wind weht von West nach Ost. Gleichzeitig wirkt auf das Boot aufgrund einer nach Nordost verlaufenden Strömung eine Kraft von 100 N.

Wie groß ist die resultierende Kraft? In welche Richtung bewegt sich das Boot aufgrund der resultierenden Kraft?

Analyse:

Auf das Segelboot wirken zwei Kräfte in unterschiedlichen Richtungen. Es kann angenommen werden, dass diese Kräfte an einem Angriffspunkt angreifen.

Mithilfe eines maßstäblichen Kräfteparallelogramms können Betrag und Richtung der resultierenden Kraft ermittelt werden.

Lösung:

Für die maßstäbliche Zeichnung wird vereinbart: $1\ \text{cm} \mathrel{\hat{=}} 50\ \text{N}$.

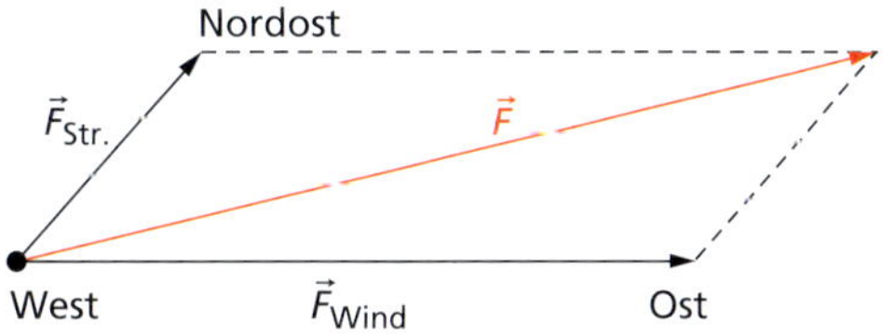

Der Kraftpfeil der resultierenden Kraft ist 6,5 cm lang, die resultierende Kraft beträgt also etwa $F = 325\ \text{N}$.

Ergebnis:

Die resultierende Kraft auf das Boot beträgt 325 N. Es bewegt sich etwa in Richtung Ostnordost. Beim Segeln wird man eher auf solche theoretischen Betrachtungen verzichten.

Kräfte und Bewegungsänderungen

Experiment 1
Baue den Versuch nach der Abbildung auf. Was passiert, wenn du sehr schnell auf den Holzstab schlägst?

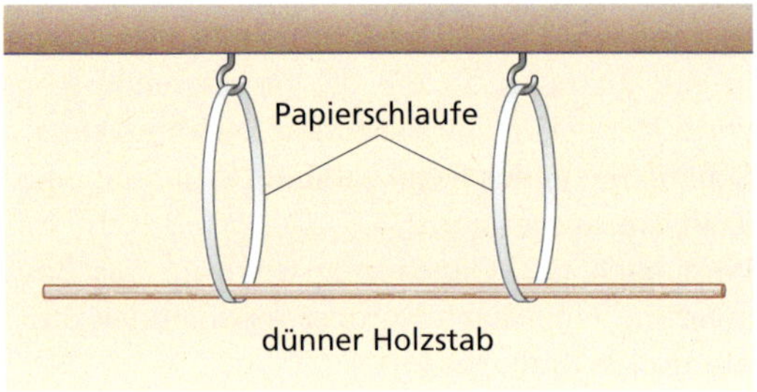

a) Stelle zunächst eine Vermutung auf.
b) Überprüfe deine Vermutung experimentell.
c) Deute deine Beobachtungen.

Experiment 2
Lege auf ein Glas ein Blatt Papier und auf das Papier eine Münze. Halte das Glas fest und ziehe das Papier
a) langsam,
b) sehr schnell weg.

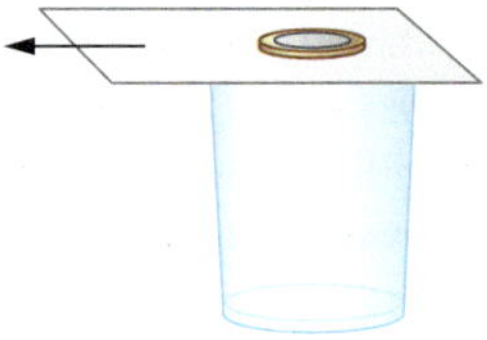

Beschreibe und deute deine Beobachtungen.

Experiment 3
Staple einige 50-Cent-Stücke übereinander. Entferne nun das unterste 50-Cent-Stück, ohne den Stapel anzuheben oder umzukippen. Begründe dein Vorgehen.

Experiment 4
Gieße Wasser in ein Gefäß. Setze das Gefäß sehr schnell in Bewegung und bremse es sehr schnell wieder ab. Beschreibe deine Beobachtungen.

Experiment 5
Zeige, dass ein aufgeblasener Luftballon, den man loslässt, in eine bestimmte Richtung fliegt.
Begründe, unter welcher Bedingung der Ballon nach oben, nach unten, nach links bzw. nach rechts fliegt.

Experiment 6
Untersuche mit einem Partner die Wirkung von Kräften.
Vorbereitung:
a) Wiederhole, was beim Messen von Kräften mit einem Federkraftmesser zu beachten ist.
b) Man bezeichnet die Kraft als eine Wechselwirkungsgröße. Erläutere, was das bedeutet. Lies dazu auf S. 167 nach.
Durchführung:
a) Stellt euch einander gegenüber und zieht wie in der Abbildung an zwei Federkraftmessern, die möglichst einen unterschiedlichen Messbereich haben.

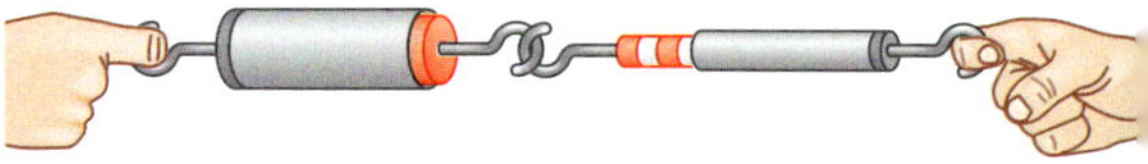

b) Stellt jedes Mal Vermutungen an, ob die Federkraftmesser gleiche oder unterschiedliche Kräfte anzeigen werden.
c) Führt das Experiment in drei Schritten durch.
  - Zunächst übt nur der links stehende Partner eine Kraft aus, der andere hält den Kraftmesser lediglich fest.
  - Nun bleibt der links stehende Partner inaktiv und der rechts stehende zieht am Federkraftmesser.
  - Im dritten Schritt wirken beide Partner mit ihren Muskelkräften auf die Federkraftmesser ein.
d) Notiert jeweils die Messwerte.
Auswertung:
a) Deutet eure Messergebnisse und vergleicht sie mit euren Vermutungen.
b) Formuliert eine Verallgemeinerung.

Experiment 7
Stelle dich mit einem schweren Gegenstand auf ein Skateboard und wirf diesen Gegenstand in unterschiedliche Richtungen. Achte darauf, dass du niemanden verletzt.
Was stellst du fest? Beschreibe deine Beobachtungen. Versuche, eine Erklärung zu finden.

Das Wechselwirkungsgesetz

Wirken zwei Körper aufeinander ein, so wirkt auf jeden der beiden Körper eine Kraft.
So zieht z. B. die Erde unseren Körper an, unser Körper zieht aber auch die Erde an. Beim Aussteigen aus einem Boot merkt man die Wechselwirkung zwischen Person und Boot (Abb. 1).
Bei einem Crashtest (Abb. 2) wirkt Auto 1 auf Auto 2, aber auch Auto 2 auf Auto 1.
Beim Heben einer Tasche müssen wir eine Muskelkraft nach oben aufwenden, zugleich wirkt aber die Gewichtskraft der Tasche nach unten. Solche zwischen verschiedenen Körpern auftretenden Kräfte werden als Wechselwirkungskräfte bezeichnet. Für alle diese Kräfte gilt das **Wechselwirkungsgesetz.**

Wirken zwei Körper aufeinander ein, so wirkt auf jeden der Körper eine Kraft.
Die Kräfte sind gleich groß und entgegengesetzt gerichtet:

$\vec{F}_1 = -\vec{F}_2$

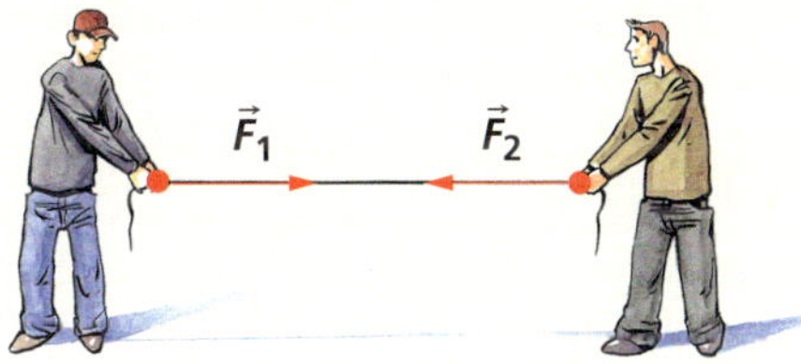

1 Boot und Mensch bewegen sich entgegengesetzt. Es gilt: actio = reactio.

2 Crash von Autos: Beide Autos wirken wechselseitig aufeinander ein.

In Kurzform formuliert man das Wechselwirkungsgesetz auch als „actio = reactio" bzw. „Kraft = Gegenkraft". Es gilt immer, wenn zwei Körper aufeinander einwirken, auch wenn man bei einer Reihe von Anwendungen nur eine dieser Kräfte genauer betrachtet.

Das Wechselwirkungsgesetz ist auch der Grund dafür, dass beim Aussteigen einer Person aus einem Boot sich dieses entgegengesetzt wegbewegt (Abb. 1). Dieses Prinzip nennt man in Physik und Technik **Rückstoßprinzip.**

Das Rückstoßprinzip wird bei Flugzeugtriebwerken und bei Raketen genutzt.
Im Tierreich wird dieses Prinzip ebenfalls angewendet. Ein Beispiel dafür ist der Mechanismus der Fortbewegung bei Quallen (Abb. 3).

3 Eine Qualle stößt Wasser aus und bewegt sich dadurch in der entgegengesetzten Richtung.

Wechselwirkung und Kräftegleichgewicht

Die **Wechselwirkung** zwischen **zwei** Körpern ist deutlich zu unterscheiden von dem **Kräftegleichgewicht,** in dem sich **ein** Körper befinden kann.

Während es bei einer Wechselwirkung immer um mindestens zwei Körper geht, werden beim Kräftegleichgewicht ein Körper und die verschiedenen auf ihn wirkenden Kräfte betrachtet (↗Übersicht unten). Allgemein gilt für das Kräftegleichgewicht bei einem Körper:

> **Ein Körper befindet sich im Kräftegleichgewicht, wenn die Summe der auf ihn wirkenden Kräfte null ist.**

Dabei muss man beachten: Bei Wechselwirkungen wirken zwar immer zwei Kräfte. In Abhängigkeit vom jeweiligen Sachverhalt wird aber häufig nur eine der beiden Kräfte betrachtet. Bei der Wechselwirkung Erde-Körper ist meist nur die auf den Körper wirkende Kraft (Gewichtskraft) von Interesse. Bei der Wechselwirkung zwischen einem Vogel oder einem Flugzeug und der Luft interessiert die Physiker meist nur die nach oben wirkende Auftriebskraft.

1 Ein in der Luft schwebender Hubschrauber befindet sich im Kräftegleichgewicht.

Ein Hubschrauber, der in der Luft schwebt, unterliegt verschiedenen Wechselwirkungen. Aus der Wechselwirkung Hubschrauber-Erde wirkt auf ihn seine Gewichtskraft nach unten. Aus der Wechselwirkung des Rotors mit der Luft resultiert eine Auftriebskraft nach oben. Sind diese beiden aus verschiedenen Wechselwirkungen stammenden Kräfte gleich groß, so befindet sich der Hubschrauber im Kräftegleichgewicht. Er schwebt in der Luft.

Wechselwirkung	Kräftegleichgewicht
Es werden Kräfte betrachtet, die durch das gegenseitige Einwirken zweier Körper aufeinander zustande kommen.	Es werden alle Kräfte betrachtet, die auf einen Körper wirken. Sie entstammen meist verschiedenen Wechselwirkungen.
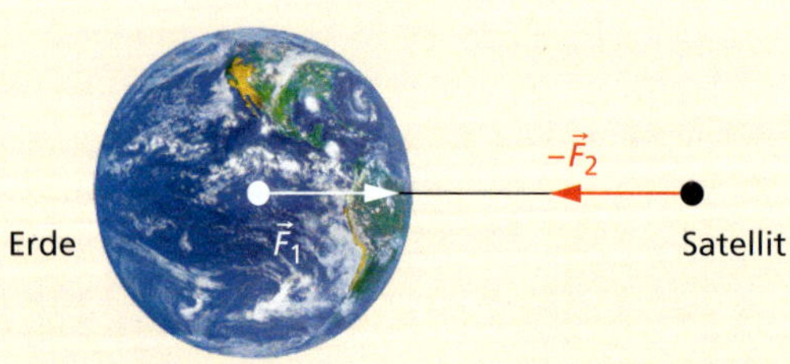	
Die Erde zieht den Satelliten an, der Satellit zieht mit der gleichen Kraft die Erde an. Die Kräfte haben unterschiedliche Angriffspunkte, sie greifen an verschiedenen Körpern an.	Zwischen dem Vogel und der Erde wirkt die Gewichtskraft (1. Wechselwirkung). Die Auftriebskraft kommt durch die Wechselwirkung Flügel – Luft (2. Wechselwirkung) zustande.
Die Kräfte sind gleich groß und entgegengesetzt gerichtet.	Die Summe aller auf einen Körper wirkenden Kräfte ist null.

Das newtonsche Grundgesetz

Wirkt auf einen Körper eine Kraft, kann dieser beschleunigt werden. So wird z. B. bei einem Startsprung der Körper einer Schwimmerin durch ihre Muskelkraft beschleunigt (Abb. 1).

Genauere Untersuchungen der Zusammenhänge zwischen der Kraft, der Masse und der Beschleunigung ergeben:

- Je größer bei einer konstanten Masse die auf einen Körper wirkende Kraft ist, desto stärker wird er beschleunigt.
  Es gilt $F \sim a$, wenn $m = \text{konstant}$.
  So erreicht z. B. eine Schwimmerin mit einer größeren Absprungkraft eine größere Beschleunigung als eine gleich schwere Schwimmerin mit kleinerer Absprungkraft.
- Je kleiner bei einer konstanten Kraft die Masse des betreffenden Körpers ist, umso stärker wird er beschleunigt.
  Es gilt $a \sim \frac{1}{m}$, wenn $F = \text{konstant}$.
  Von zwei Schwimmerinnen mit gleich großer Absprungkraft wird diejenige weniger beschleunigt, die eine größere Masse hat.

Die Zusammenhänge zwischen der auf einen Körper wirkenden Kraft, seiner Masse und der Beschleunigung hat der berühmte englische Naturforscher ISAAC NEWTON (1643–1727) genauer untersucht und in Form einer Gleichung zusammengefasst. Ihm zu Ehren wird dieses Gesetz als **newtonsches Grundgesetz** oder als **Grundgesetz der Mechanik** bezeichnet.

1 Beim Absprung werden die Körper durch Muskelkräfte beschleunigt.

Wirkt auf einen Körper der Masse *m* die Kraft *F*, so erfährt er die Beschleunigung *a*. Dabei gilt:

$$F = m \cdot a$$

Dabei ist zu beachten: Die Beschleunigung eines Körpers erfolgt immer in der Richtung, in der die resultierende Kraft auf diesen Körper wirkt (↗ Übersicht unten). Kraft und Beschleunigung haben die gleiche Richtung.

Kräfte auf einen Radfahrer bei geradliniger Bewegung

Anfahren		Die Antriebskraft ist größer als die Reibungskräfte. $F_A > F_R$	Die Bewegung erfolgt beschleunigt. $F = F_A - F_R = m \cdot a$
Fahren mit konstanter Geschwindigkeit		Die Antriebskraft und die Reibungskräfte sind gleich groß. $F_A = F_R$	Die Bewegung erfolgt gleichförmig. $F = 0 \longrightarrow a = 0$
Bremsen		Die Antriebskraft ist kleiner als die Reibungskräfte. $F_A < F_R$	Die Bewegung erfolgt verzögert. $F = F_A - F_R = m \cdot a$

Das Trägheitsgesetz

Aus dem newtonschen Grundgesetz ergibt sich, dass eine Kraft notwendig ist, um einen Körper der Masse *m* zu beschleunigen oder zu verzögern. Ist die Kraft null, bleibt ein Körper in Ruhe oder in gleichförmiger geradliniger Bewegung. Dies ist der Inhalt des **Trägheitsgesetzes.**

Ein Körper bleibt in Ruhe oder in gleichförmiger geradliniger Bewegung, solange die Summe der auf ihn wirkenden Kräfte null ist:

$F = 0 \longrightarrow a = 0 \longrightarrow v =$ konstant

Betrachten wir als Beispiel einen Pkw auf einer ebenen Autobahn (Abb. 1). Zwar wirkt auf ihn die Antriebskraft des Motors, zugleich aber auch Reibungskräfte entgegen seiner Bewegungsrichtung. Gewichtskraft $\vec{F}_G$ und Gegenkraft $\vec{F}_{Gegen}$ dazu haben den gleichen Betrag und heben sich gegenseitig auf. Das gilt auch für die Antriebskraft $\vec{F}_{Antrieb}$ und für die Summe $\vec{F}_R$ aller Reibungskräfte. Demzufolge ist die Gesamtkraft auf das Auto null. Nach dem Trägheitsgesetz bewegt es sich mit konstanter Geschwindigkeit. Beachte: Die Geschwindigkeit könnte auch null sein.
Wäre z. B. die Antriebskraft größer als die Reibungskräfte, so würde eine resultierende Kraft $F > 0$ in Fahrtrichtung wirken. Sind die Reibungskräfte größer als die Antriebskraft, erfolgt die Bewegung verzögert.

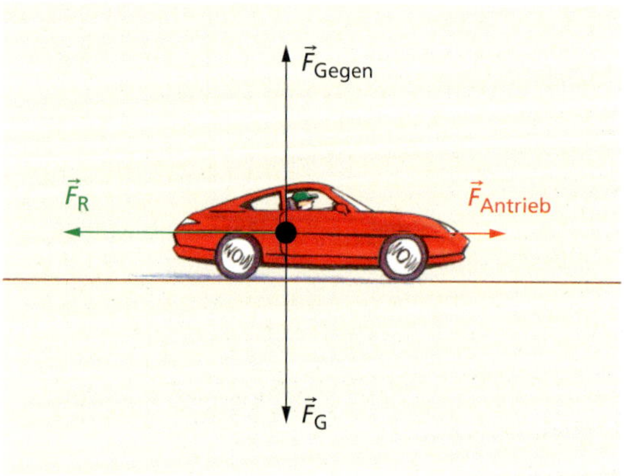

1 Kräfte auf einen Pkw, der mit konstanter Geschwindigkeit fährt

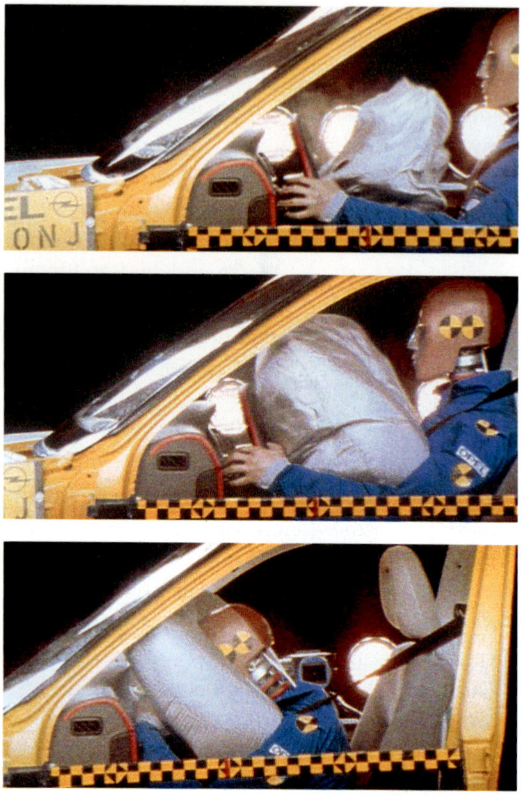

2 Trägheit eines Körpers beim plötzlichen Abbremsen im Auto und Auffangen mit einem Airbag

Die Eigenschaft von Körpern, ohne Krafteinwirkung in gleichförmig geradliniger Bewegung oder in Ruhe zu bleiben, bezeichnet man als **Trägheit.** Sie ist umso größer, je größer die Masse des betreffenden Körpers ist.
Die Trägheit von Körpern macht sich vor allem bei schnellen Geschwindigkeitsänderungen bemerkbar. Prallt z. B. ein Pkw auf ein Hindernis, so bewegt sich der Fahrer gleichförmig und geradlinig weiter, wenn er nicht durch die Kraft eines Airbags bzw. durch einen Sicherheitsgurt abgebremst wird (Abb. 2). Die beim plötzlichen Abbremsen auftretenden Kräfte sind sehr groß. Ein Beispiel findest du auf Seite 180.
Dass du selbst im physikalischen Sinn träge bist, merkst du z. B., wenn du in einem anfahrenden oder abbremsenden Bus stehst und dich nicht festhältst. Entsprechendes gilt bei einer Fahrt durch eine Kurve.

Interessantes aus der Geschichte

Newton und die Mechanik

Bereits im antiken Griechenland untersuchten Gelehrte die Frage, warum sich Körper bewegen.
ARISTOTELES (384–322 v. Chr.) unterschied Bewegungen im Himmel und auf der Erde. Außerdem teilte er die Bewegungen auf der Erde in natürliche und erzwungene Bewegungen ein und formulierte:

„Alles, was sich bewegt, bewegt sich entweder von Natur oder durch eine äußere Kraft oder vermöge seines freien Willens."

Eine natürliche Bewegung war für ihn beispielsweise, dass ein schwerer Körper nach unten fällt und ein leichter Körper nach oben steigt.
ARISTOTELES vertrat auch die Meinung, dass ein Körper nur dann in Bewegung bleibt, wenn eine Kraft auf ihn wirkt. Hört die Wirkung der Kraft auf, kommt der Körper zur Ruhe.
„Ein in Bewegung befindlicher Körper hält an in seiner Bewegung, wenn die Kraft, die ihn voranstößt, ihre Wirkung beendet." Diese Auffassung entspricht auch voll den Alltagserfahrungen mit Bewegungen von Körpern auf der Erde. Jedoch ist sie nur scheinbar richtig.
GALILEO GALILEI (1564–1642) löste sich von der scheinbaren Alltagserfahrung und überlegte sich, welche Bewegung Körper ausführen würden, wenn es keine Reibung gäbe. Er nahm an, dass Körper ohne Einfluss der Reibung in Ruhe oder in gleichförmiger geradliniger Bewegung wären. Eine äußere Kraft, die Reibungskraft, ist die Ursache dafür, dass Körper zur Ruhe kommen. Damit widersprach er ARISTOTELES und entdeckte das Trägheitsgesetz.

Diese und andere Erkenntnisse griff der englische Physiker ISAAC NEWTON auf und schuf daraus eine Theorie der Mechanik, die nach ihm benannte newtonsche Mechanik. Sie erschien 1687 als Werk mit dem Titel „Mathematische Prinzipien der Naturlehre". Das Werk bestand aus drei Teilen. Im ersten Band führt er alle Bewegungen auf drei grundlegende Gesetze zurück: das Trägheitsgesetz, das newtonsche Grundgesetz und das Wechselwirkungsgesetz. Im zweiten Band behandelt NEWTON die Bewegung in Flüssigkeiten. Im dritten Band beschäftigt er sich mit der Bewegung der Himmelskörper. Dabei wendete er die physikalischen Bewegungsgesetze für Körper auf der Erde auch auf Bewegungen von Himmelskörpern an.
So hob er die Unterscheidung zwischen Bewegungen im Himmel und auf der Erde auf und begründete eine einheitliche Physik.

Die Legende berichtet, dass NEWTON die zwischen zwei Körpern wirkende Kraft mit 23 Jahren entdeckte, als er auf einer Wiese lag und sah, wie ein Apfel vom Baum fiel. Dadurch wurde er zum Nachdenken darüber angeregt, warum der Apfel zur Erde fällt.
Als Ursache fand NEWTON, dass sich Körper aufgrund ihrer Massen gegenseitig anziehen. Dies wird als **Gravitation** bezeichnet.

1 Isaac Newton (1643–1727)

Physik im Alltag

Bei Verkehrsunfällen wirken gewaltige Kräfte

Bei Verkehrsunfällen wirken Kräfte, die zu erheblichen Zerstörungen und zu schweren Verletzungen bei den Fahrzeuginsassen führen können. Um die Unfallfolgen für die Fahrgäste zu mindern, besitzen moderne Pkws eine Reihe von Einrichtungen wie Sicherheitsgurte, Airbags und Knautschzone. Trotzdem sind die wirkenden Kräfte auf die Fahrzeuginsassen noch gewaltig.

Ein Pkw fährt beispielsweise mit einer Geschwindigkeit von $50\,\frac{\text{km}}{\text{h}}$ auf ein Hindernis. Dabei wird die Knautschzone des Fahrzeugs um 1,20 m zusammengedrückt und der Fahrer bewegt sich im Sicherheitsgurt noch einmal 20 cm nach vorn, bevor er zum Stillstand kommt.

Welche Bremsbeschleunigung erfährt der Fahrer beim Unfall? Vergleiche diese mit der Fallbeschleunigung. Mit welcher Kraft wird ein Fahrer der Masse 85 kg bei diesem Unfall abgebremst? Wie beeinflusst die Knautschzone die Unfallfolgen?

Analyse:

Beim Unfall wird der Pkw mit den Insassen bis zum Stillstand abgebremst. Dabei legt ein Fahrzeuginsasse noch einen Weg zurück, der sich aus dem Zusammendrücken der Knautschzone und dem Weg im Sicherheitsgurt ergibt.

Gesucht: F in N
a in $\frac{\text{m}}{\text{s}^2}$

Gegeben: $v = 50\,\frac{\text{km}}{\text{h}} = 13{,}9\,\frac{\text{m}}{\text{s}}$
$s_1 = 1{,}20\text{ m}$
$s_2 = 20\text{ cm} = 0{,}20\text{ m}$
$m = 85\text{ kg}$
$g = 9{,}81\,\frac{\text{m}}{\text{s}^2} \approx 10\,\frac{\text{m}}{\text{s}^2}$

Lösung:

Es wird angenommen, dass die Bremsbewegung eine gleichmäßig verzögerte Bewegung ist. Die Beschleunigung kann man aus der Geschwindigkeitsänderung und dem Weg berechnen. Der Weg ergibt sich als Summe aus den beiden Teilwegen s_1 und s_2.

1 Verkehrsunfälle können zu Verletzungen führen.

Aus $a = \frac{v}{t}$ (1) und $s = \frac{a}{2}t^2$ (2) erhält man durch Einsetzen der Zeit t aus Gleichung (1) in Gleichung (2):

$$s = \frac{a}{2} \cdot \frac{v^2}{a^2} \quad \text{und damit:}$$

$$a = \frac{v^2}{2s}$$

$$a = \frac{13{,}9^2\,\text{m}^2}{2 \cdot 1{,}40\,\text{m} \cdot \text{s}^2}$$

$$\underline{a = 69\,\frac{\text{m}}{\text{s}^2}}$$

Die Bremsbeschleunigung ist ca. 7-mal so groß wie die Fallbeschleunigung. Mit dem newtonschen Grundgesetz kann die Bremskraft auf den Kraftfahrer berechnet werden.

$$F = m \cdot a$$

$$F = 85\text{ kg} \cdot 69\,\frac{\text{m}}{\text{s}^2}$$

$$\underline{F = 5\,865\text{ N}}$$

Ergebnis:

Die Bremskraft beträgt fast 6 000 N. Das entspricht der Gewichtskraft eines Körpers mit einer Masse von 600 kg. Aufgrund des Wechselwirkungsgesetzes wird der Kraftfahrer beim Unfall mit dieser Kraft in den Sicherheitsgurt geschleudert und durch diesen abgebremst. Durch die Knautschzone wird der Bremsweg und damit die Bremszeit für den Kraftfahrer verlängert. Würde es diese Knautschzone nicht geben, so wäre die Bremszeit kürzer und die Bremsbeschleunigung größer. Dadurch wäre auch die Bremskraft auf den Fahrer größer ($F = m \cdot a$). Die Unfallfolgen könnten für den Fahrer noch schlimmer sein.

Lösen physikalisch-mathematischer Aufgaben

Beim Lösen von Aufgaben und Problemen geht es in der Physik häufig um das Berechnen von physikalischen Größen.
Um z. B. eine physikalische Größe zu berechnen, wendet man Verfahren und Regeln der Gleichungslehre an. Dabei ist es zweckmäßig, eine bestimmte Schrittfolge einzuhalten.
Diese Schrittfolge soll nachfolgend an einem Beispiel erläutert werden.

Ein Pkw mit einer Masse von 1 450 kg und einer Leistung von 90 kW wird aus dem Stand heraus beschleunigt. Er erreicht nach 5,2 s eine Geschwindigkeit von 50 $\frac{km}{h}$.
Berechne die beschleunigende Kraft. Welchen Weg legt der Pkw bei dem Vorgang zurück?

Schritt 1

Analysieren der Aufgabe

- Lies die Aufgabe gründlich durch. Versuche, dir den Sachverhalt der Aufgabe vorzustellen.
- Vereinfache den Sachverhalt aus der Sicht der Physik. Lasse Unwesentliches weg.
- Fertige, wenn möglich, eine Skizze zum Sachverhalt an.
- Stelle die gesuchten und die gegebenen Größen zusammen. Mitunter müssen die Einheiten der Größen noch umgerechnet werden.

Analyse:
Eine Berechnung kann nur erfolgen, wenn man annimmt, dass eine konstante beschleunigende Kraft wirkt und demzufolge eine gleichmäßig beschleunigte Bewegung vorliegt. Damit können das newtonsche Grundgesetz und die Gesetze der gleichmäßig beschleunigten Bewegung angewendet werden.

Gesucht: F, s
Gegeben: $m = 1\,450\ kg$
$t = 5{,}2\ s$
$v = 50\ \frac{km}{h} = 13{,}9\ \frac{m}{s}$

Die Angabe zur Leistung wird für die Lösung der Aufgabe nicht benötigt.

Schritt 2

Lösen der Aufgabe

- Versuche, im Sachverhalt der Aufgabe Zusammenhänge und Gesetze zu erkennen.
- Gib Gleichungen an, die unter den gegebenen Bedingungen gelten.
- Setze die Werte für die gegebenen Größen in die Gleichung ein und berechne die gesuchte Größe. Beachte die Einheiten.

Lösung:
Für die Kraft gilt $F = m \cdot a$. *Die Beschleunigung ergibt sich zu* $a = \frac{v}{t}$. *Die Verknüpfung beider Gleichungen ergibt:*

$$F = m \cdot \frac{v}{t}$$

$$F = 1\,400\ kg \cdot \frac{13{,}9\ \frac{m}{s}}{5{,}2\ s}$$

$$F = 3\,876\ \frac{kg \cdot m}{s^2} \approx 3\,900\ N$$

Für den Weg gilt $s = \frac{a}{2} \cdot t^2$. *Mit* $a = \frac{v}{t}$ *erhält man:*

$$s = \frac{v \cdot t}{2}$$

$$s = \frac{13{,}9\ \frac{m}{s} \cdot 5{,}2\ s}{2} = 36{,}1\ m$$

Schritt 3

Darstellen des Ergebnisses der Aufgabe

- Formuliere das Ergebnis der Aufgabe. Beziehe dich dabei auf die Aufgabenstellung.
- Berücksichtige die Genauigkeit der Größenangaben.

Ergebnis:
Damit der Pkw in 5,2 s eine Geschwindigkeit von 50 $\frac{km}{h}$ *erreicht, muss eine beschleunigende Kraft von etwa 3 900 N wirken. Der Pkw legt dabei einen Weg von etwa 36 m zurück.*

Das Ergebnis sollte immer in einer sinnvollen Genauigkeit angegeben werden. Das bedeutet: Das Ergebnis einer Rechnung mit Größen kann nie genauer als der ungenaueste Ausgangswert sein.

Interessantes aus der Technik

Modellbildung mit dem Computer

Häufig braucht man für technische Anwendungen quantitative Voraussagen. Wenn man die geeigneten physikalischen Gesetze anwendet, stößt man oft auf mathematische Gleichungen, die nicht so ohne Weiteres aufzulösen sind. So können in einer Gleichung Größen auftreten, die gegenseitig voneinander abhängen.

Betrachtet man z. B. den Fall eines Körpers in Luft, dann hängt die Geschwindigkeit des Körpers zu einem bestimmten Zeitpunkt von der Beschleunigung ab, die er vorher hatte. Die Beschleunigung wiederum hängt aber von der momentanen Geschwindigkeit ab, weil der bewegungshemmende Luftwiderstand mit zunehmender Geschwindigkeit größer wird.

Solche komplexen Zusammenhänge zwischen physikalischen Größen können wir im Allgemeinen mit den Mitteln der Schulmathematik nicht auflösen.

Die moderne Rechentechnik ermöglicht es aber, auch solche komplexen Zusammenhänge zu bearbeiten. Dazu verwendet man **Modellbildungssysteme.**

Das Grundprinzip besteht darin, dass man alle für den jeweiligen Fall wichtigen Größen eingibt, dass der Computer in kleinen Zeitschritten Zwischenlösungen berechnet und diese zu einer Gesamtlösung zusammenfügt.

Für den Fall eines Körper in Luft muss man zunächst zusammenstellen, von welchen Größen die Beschleunigung a des Körpers abhängt.

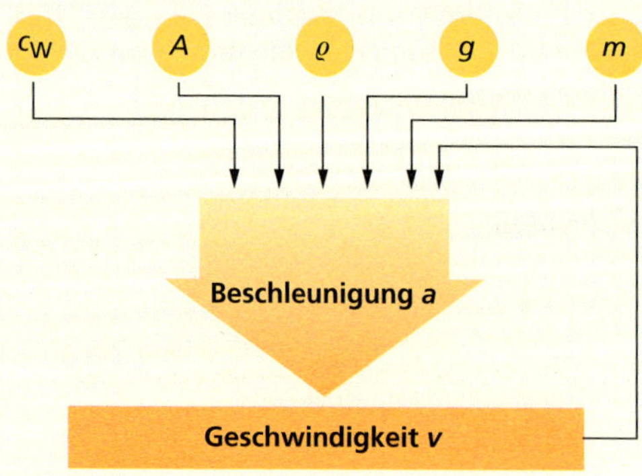

1 Größen, die die Beschleunigung a eines in Luft fallenden Körpers beeinflussen

Auf einen solchen Körper wirken Erdanziehungskraft (Gewichtskraft F_G) und Luftwiderstandskraft F_W. Die jeweilige Beschleunigung hängt von der beschleunigenden Kraft ab:

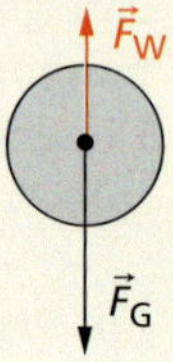

$$a = \frac{F}{m} = \frac{F_G - F_W}{m}$$

Für die Gewichtskraft gilt $F_G = m \cdot g$, für die Luftwiderstandskraft:

$$F_W = \frac{1}{2} c_W \cdot A \cdot \varrho \cdot v^2$$

Für die Beschleunigung ergibt sich somit die Formel:

$$a = g - \frac{1}{2m} \cdot c_W \cdot A \cdot \varrho \cdot v^2$$

Die Beschleunigung ist demzufolge von folgenden Größen abhängig:
Fallbeschleunigung g,
Masse m des fallenden Körpers,
Luftwiderstandszahl c_W, eine von Form und Oberflächenbeschaffenheit des Körpers abhängige Zahl,
Querschnittsfläche A des Körpers,
Dichte ϱ der Luft,
Geschwindigkeit v.

Die Beschleunigung bewirkt eine zeitliche Veränderung der Geschwindigkeit v des Körpers. Umgekehrt hängt die Beschleunigung rückgekoppelt wieder von der Geschwindigkeit ab. Diese Zusammenhänge sind in Abb. 1 dargestellt.

In einem nächsten Schritt gibt man die oben genannte Formel für die Beschleunigung ein. Den Rest übernimmt der Computer. Er berechnet Zeitschritt für Zeitschritt die Geschwindigkeit, ermittelt daraus die Beschleunigung, daraus wiederum die Geschwindigkeit usw.

Die Rechenweise des Computers können wir nachvollziehen. Er rechnet in vielen kleinen Zeitschritten, indem er während des Zeitintervalls Δt annimmt, dass die Beschleunigung konstant sei:

$$a = g - \frac{1}{2m} \cdot c_W \cdot A \cdot \varrho \cdot v^2$$

$$v_{neu} = v + a \cdot \Delta t$$

$$t_{neu} = t + \Delta t$$

Diese Schritte werden viele Hundert Mal wiederholt.

Wir beginnen zur Zeit $t = 0$ mit der Geschwindigkeit $v = 0$ und können die Rechnung des Computers in einer Tabelle darstellen. Dabei müssen wir kleine Zeitschritte Δt wählen, weil sonst die Näherung, dass während dieser Zeit die Beschleunigung konstant sei, zu ungenau wäre.
Für $\Delta t = 0{,}01$ s, cw = 0,45, $A = 1$ m2, $\varrho = 1{,}25$ kg/m3 und $m = 1$ kg sieht der Anfang der Tabelle unter Berücksichtigung sinnvoller Genauigkeit so aus:

t in s	a in $\frac{m}{s^2}$	v in $\frac{m}{s}$
0	9,8	0
0,01	9,81	0,10
0,02	9,81	0,20
0,03	9,80	0,29
0,04	9,79	0,39
0,05	9,74	0,49

Die Abhängigkeit der Geschwindigkeit von der Zeit wird dann z. B. in einem Diagramm dargestellt (Abb. 1).
Dieses Diagramm muss interpretiert werden. Ohne Luftwiderstand ($c_W = 0$) nimmt die Geschwindigkeit eines fallenden Körpers proportional zur Zeit zu. Das erkennt man an der rot eingezeichneten Ursprungsgeraden.

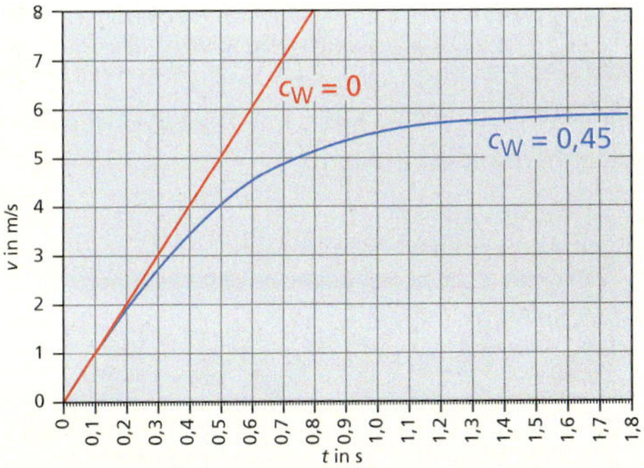

1 Ergebnis der Modellbildung mit einem Computer

2 Solche aufwendigen experimentellen Untersuchungen zu Strömungsverhältnissen und zum Luftwiderstand können heute am Computer simuliert und damit Autos optimiert werden.

Mit Luftwiderstand nimmt die Geschwindigkeit am Anfang ähnlich wie ohne Luftwiderstand zu, da sich dieser wegen der geringen Geschwindigkeit kaum auswirkt. Dann nimmt sie nicht mehr so stark zu, bis sie endlich konstant bleibt. Das ist dann der Fall, wenn die Luftwiderstandskraft genauso groß wie die Gewichtskraft ist. Die Resultierende der beiden Kräfte ist dann null. Damit ist auch die Beschleunigung null.

Mit solchen Modellbildungssystemen kann man die Frage „Was wäre, wenn?" untersuchen. Dabei ist aber ein zentrales Problem der Modellbildung zu beachten: Der Mensch kann beliebige mathematische Modelle aufstellen. Ihre Bedeutung ergibt sich erst, wenn man mit ihnen Voraussagen machen kann, die mit der Beobachtung der realen Vorgänge übereinstimmen.

In der Technik hat man früher Experimente an maßstäblichen Modellen durchgeführt. So wurde z. B. der Luftwiderstand eines Autos an einem Modell im Maßstab 1:20 in einem Windkanal bestimmt und dann geschlossen, wie groß er am realen Auto sein wird. Heute werden die Berechnungen zum überwiegenden Teil mit Computermodellen durchgeführt.

Physik im Straßenverkehr

Im Straßenverkehr bewegen sich nicht nur Fußgänger und Radfahrer, sondern vor allem viele Fahrzeuge unterschiedlicher Bauart (Abb. 2). Häufig muss angefahren und gebremst werden. Leichtsinniges Verhalten oder zu hohe Geschwindigkeit führen nicht selten zu schweren Unfällen. Viele dieser Unfälle könnten vermieden werden, wenn man grundlegende physikalische Gesetze nicht nur kennen, sondern auch beachten würde. Wir wollen nachfolgend einige ausgewählte physikalische Grundlagen und Aspekte der Sicherheit im Straßenverkehr genauer betrachten.

2 Nur technisch sichere Fahrzeuge und aufmerksame Fahrer gewährleisten Sicherheit.

Wie sich ein Fahrzeug bewegt, hängt von den wirkenden Kräften ab. Die Art der Bewegung wird durch die resultierende Kraft bestimmt (↗ Übersicht auf S. 177).
Bei Personen in Fahrzeugen ist es zweckmäßig, nur die auf diese Personen wirkenden Kräfte zu betrachten.

Aufgabe 1
Aus Erfahrung wisst ihr: Beim Anfahren und Bremsen eines Busses oder bei einer Kurvenfahrt muss man sich gut festhalten, um nicht umzufallen. Gebt für die beim Anfahren oder Bremsen wirkenden Kräfte (Abb. 1, 3) eine physikalische Erklärung.

Die in beschleunigten Fahrzeugen auf Körper wirkenden Kräfte hängen unmittelbar mit der Trägheit von Körpern (↗ S. 178) zusammen und werden deshalb als **Trägheitskräfte** bezeichnet.
Bei geradlinigen Bewegungen wirkt eine Trägheitskraft immer entgegen der Richtung der Beschleunigung, also z. B. beim Anfahren entgegen der Bewegungsrichtung, beim Bremsen dagegen in die ursprüngliche Bewegungsrichtung. Die Trägheitskraft ist umso größer,

- je größer die Masse des Körpers ist und
- je größer die Beschleunigung bzw. die Verzögerung (negative Beschleunigung) ist. Ihr Betrag kann mit der Gleichung $F = m \cdot a$ berechnet werden.

Im Unterschied zu geradlinigen Bewegungen wirken bei Kreisbewegungen Trägheitskräfte stets radial nach außen. Besonders bemerkbar macht sich die Trägheit von Körpern bei schnellen Geschwindigkeitsänderungen.

Aufgabe 2
Begründet die Zweckmäßigkeit des Anlegens von Sicherheitsgurten für alle Passagiere.

Zusätzlichen Schutz in Pkws bieten Airbags (↗ S. 185, Abb. 1). Sie werden bei starken Verzögerungen automatisch ausgelöst.

1 Bremsen eines Busses

3 Anfahren eines Busses

Aufgabe 3
Für Motorradfahrer, Mopedfahrer und Radfahrer gibt es weder Sicherheitsgurt noch Airbag. Diskutiert, wie sich diese Personen im Straßenverkehr schützen sollten.

Träge sind natürlich auch die Körper, die sich in einem Fahrzeug befinden, z. B. ein Verbandskasten, ein Fotoapparat, ein Regenschirm auf der hinteren Ablage oder ein Kasten mit Getränken im Kofferraum. Sie können, wenn sie ungesichert abgelegt werden, bei Unfällen zu lebensgefährlichen „Geschossen" werden.

Aufgabe 4
Gebt für diese Feststellung eine physikalische Begründung.

Aufgabe 5
In einer Autozeitschrift war zu lesen: „Bei einem Auffahrunfall kann ein 1 kg schwerer Autoatlas, der auf der hinteren Ablage liegt, ein Aufschlaggewicht von 50 kg entwickeln."
Diskutiert und bewertet diese Aussage aus physikalischer Sicht.

Auf Fahrzeuge, Radfahrer oder Personen, die sich auf einer geneigten Ebene befinden, wirken unterschiedliche Kräfte. Diese Kräfte bewirken beispielsweise, dass ein Radfahrer bergab an Fahrt gewinnt oder ein Skateboardfahrer bergauf abgebremst wird.

Aufgabe 6
Erläutert am Beispiel eines Radfahrers (Abb. 2), welche Kräfte auf ihn wirken und wie die Kräfte zusammenwirken.

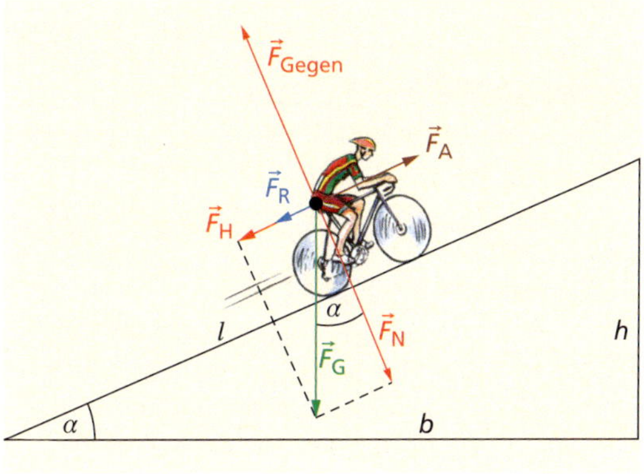

2 Auf einen bergauf fahrenden Radfahrer wirken unterschiedliche Kräfte.

Aufgabe 7
Fertige analog zu der Übersicht auf S. 177 unten eine Tabelle an, in der erfasst wird, unter welchen Bedingungen sich ein Radfahrer auf einer gleichmäßig abfallenden Straße beschleunigt, gleichförmig bzw. verzögert bewegt.

Aufgabe 8
Bei Straßen wird der Anstieg oder das Gefälle in Prozent angegeben. So findet man z. B. auf Verkehrsschildern die Angabe 6 % oder 10 %. Was bedeutet eine solche Angabe? Wie groß ist der Neigungswinkel α bei 10 % Steigung?

Aufgabe 9
Häufig hört man folgende Meinung: Beim Bergabfahren erreicht unter sonst gleichen Bedingungen ein schwererer Radfahrer eine größere Geschwindigkeit als ein leichterer. Begründet physikalisch, ob diese Aussage richtig oder falsch ist. Stellt dazu eine Kräftebilanz auf. Prüft es experimentell.

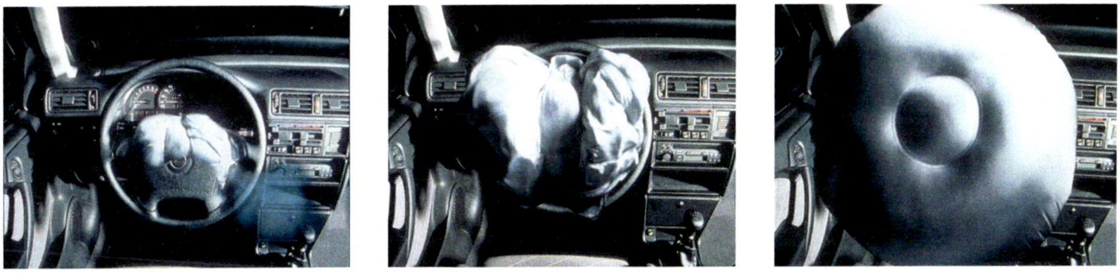

1 Das Füllen eines Airbags mit Gas dauert etwa 50 ms. Unfallfolgen werden durch ihn erheblich gemindert.

Gewusst · Gekonnt

1. Masse und Gewichtskraft
Verschiedene Körper haben folgende Massen: 2,5 g, 36 g, 1,5 kg, 7,8 kg, 3,2 t. Gib ihre Gewichtskräfte auf der Erdoberfläche an.

2. Gewichtskraft und Masse
Verschiedene Körper haben auf der Erdoberfläche folgende Gewichtskräfte: 0,5 N, 5,8 N, 3,1 N, 25 kN, 680 N. Gib an, welche Massen diese Körper haben.

3. Was ändert sich?
Ein Raumschiff mit einer Masse von 2,1 t wird mit einer Rakete von der Erdoberfläche aus gestartet. Sein Abstand von der Erdoberfläche wird immer größer. Wie verändern sich die Masse und die Gewichtskraft des Raumschiffs? Begründe.

4. Gewichtskraft auf Erde und Mond
Die Mondlandeeinheit, mit der Menschen im Jahre 1969 erstmals zum Mond gelangten, hatte eine Masse von 14 700 kg.

Wie groß war die Gewichtskraft der Mondlandeeinheit auf der Erde und auf dem Mond?

5. Gewichtskraft auf Erde und Mars
Die Oberfläche des Planeten Mars wurde in den letzten Jahren mit automatischen Sonden erkundet, u. a. mit dem US-amerikanischen Mars-Rover „Curiosity". Vergleiche die Gewichtskraft des Rover auf dem Mars und auf der Erde.

6. Überall Reibungskräfte
Nenne Beispiele aus Natur, Technik und Alltag für das Auftreten von Reibungskräften. Erläutere, wie durch diese Kräfte Bewegungen beeinflusst werden.

7. Reibungskräfte untersucht
Untersuche experimentell die Reibungskräfte für die Haft- und Gleitreibung eines Holzklotzes auf einer Unterlage aus normalem Papier und aus Sandpapier.

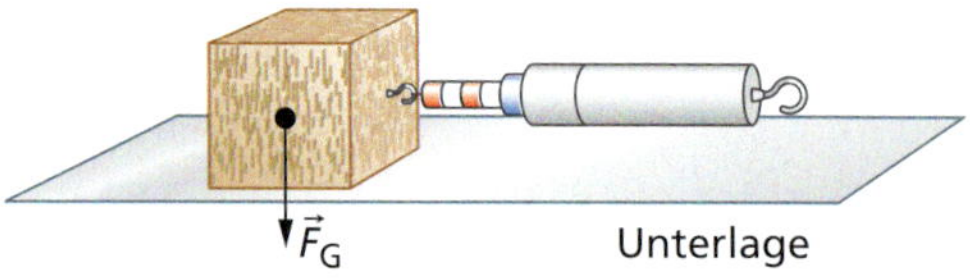

Eine Bewegung des Holzklotzes gegenüber seiner Unterlage wird durch Ziehen am Papier erreicht. Vergleiche die Kräfte miteinander. Formuliere ein Ergebnis.

8. Reibungskraft und Gewichtskraft
Ein Holzklotz wird über einen Holztisch gezogen. Er drückt mit der Gewichtskraft F_G von 0,5 N auf die Unterlage. Die dabei wirkende Gleitreibungskraft F_R beträgt 0,3 N.
Nun wird der Holzklotz nacheinander mit Wägestücken von jeweils 50 g beschwert und wieder die Gleitreibungskraft gemessen. Die Tabelle zeigt alle Messwerte.

F_G in N	0,5	1,0	1,5	2,0	2,5
F_R in N	0,3	0,5	0,7	1,0	1,3

a) Zeichne die Messwerte in ein Diagramm.
b) Welchen Zusammenhang zwischen der Gewichtskraft und der Gleitreibungskraft kann man aus dem Diagramm ableiten?

9. Mit Schlittschuhen gleiten
Eine Schlittschuhfahrerin (m = 52 kg) bewegt sich auf dem Eis. Wie groß ist die bewegungshemmende Gleitreibungskraft?

10. Erwünschte und unerwünschte Reibung
Reibung ist teilweise nützlich und erwünscht, teilweise auch störend und unerwünscht. Bereite einen Kurzvortrag über die verschiedenen Reibungskräfte vor. Suche Beispiele aus Natur, Technik und Alltag für erwünschte und unerwünschte Reibung.

11. Reibung in der Technik
Die Fotos zeigen Beispiele für die Nutzung von Reibungskräften in der Technik.
Wo wirken bei diesen Beispielen Reibungskräfte? Was bewirken sie?

b)

12. Eine Scheibenbremse
Informiere dich über den Aufbau und die Wirkungsweise einer Scheibenbremse, wie sie bei Pkws genutzt wird.

Bereite dazu einen Kurzvortrag vor.

13. Schnell entladen
Beim Abkippen einer Ladung Sand stellt der Fahrer die Ladefläche bis zu einem bestimmten Winkel schräg. Danach rutscht der Sand in einem Zug hinunter. Erkläre das physikalisch. Stelle die wirkenden Kräfte in einer Zeichnung dar.

14. Eine Wechselwirkung
Ein Schüler hat eine Masse von 65 kg.
a) Mit welcher Kraft wird der Schüler von der Erde angezogen?
b) Mit welcher Kraft zieht der Schüler die Erde an? Begründe.

15. Zusammenwirken von Kräften
Ein 10 kg schweres Paket liegt auf einem Förderband.

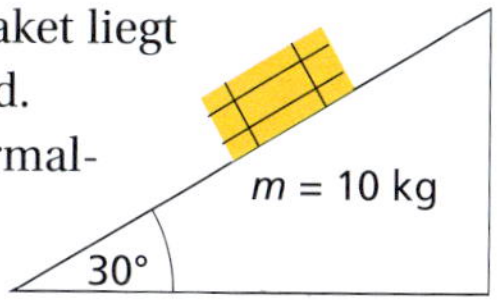

a) Wie groß sind Normalkraft und Hangabtriebskraft?
b) Unter welcher Bedingung rutscht das Paket nicht?

16. Kräftezusammensetzung
Ermittle jeweils den Betrag der resultierenden Kraft.

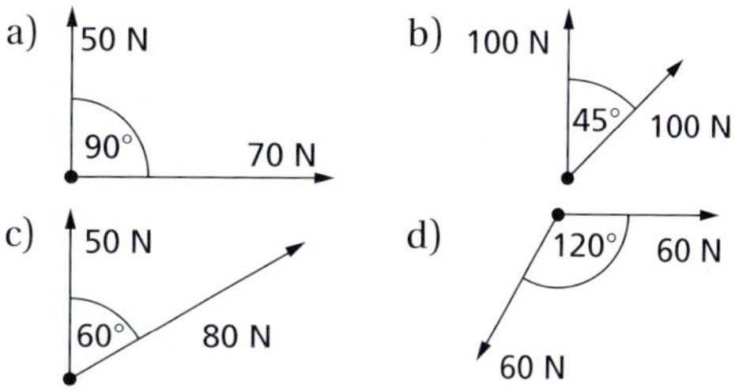

17. Kräftezerlegung
An der Außenwand eines Hauses soll eine Lampe befestigt werden. Die Skizzen zeigen zwei verschiedene Möglichkeiten der Befestigung.

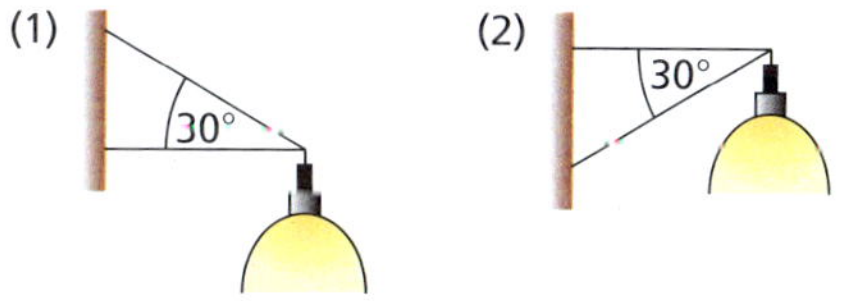

a) In welchen Richtungen wirken jeweils die beiden Teilkräfte?
b) Ermittle für beide Fälle die Beträge der Teilkräfte. Die Masse der Lampe beträgt 2,55 kg.
c) Gib eine Variante an, bei der die Kräfte auf die beiden Streben den gleichen Betrag haben.

18. Belastung von Seilen
Mit welcher Kraft werden die im Bild angegebenen Halteseile gespannt?

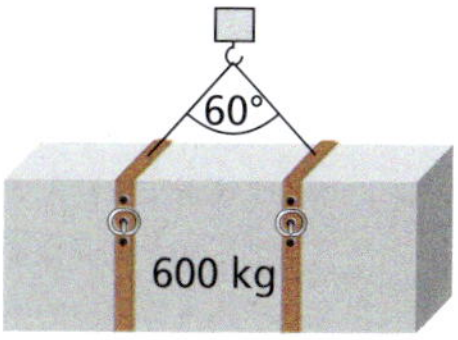

Gewusst · Gekonnt

19. actio = reactio?

Zwei Schüler stehen sich auf Rollschuhen gegenüber.
Robert stößt sich von Katharina ab.

a) Beschreibe die Bewegung beider Schüler nach dem Abstoßen. Begründe.

b) Robert hat eine größere Masse als Katharina. Was kann man daraus für die Bewegung der beiden nach dem Abstoßen ableiten? Begründe deine Aussage.

20. Kraft und Beschleunigung

Bei einem Experiment zur Untersuchung des Zusammenhangs zwischen der Beschleunigung eines Körpers und der beschleunigenden Kraft wurden folgende Messwertepaare aufgenommen:

F in N	0	1,0	2,0	3,0	4,0
a in $\frac{m}{s^2}$	0	0,29	0,59	0,91	1,20

a) Zeichne das Kraft-Beschleunigung-Diagramm.

b) Interpretiere das Diagramm.

c) Ermittle aus den Messwerten die Masse des Körpers.

21. Ein anfahrender Zug

Die Motoren eines ICE können eine maximale Antriebskraft von 270 kN aufbringen. Die Masse des ICE beträgt 500 t.

a) Wie groß ist die maximale Beschleunigung des ICE beim Anfahren?

b) In welcher Zeit kann der ICE mit dieser Beschleunigung eine Geschwindigkeit von 100 $\frac{km}{h}$ erreichen?

c) Warum dauert der Beschleunigungsvorgang in der Praxis länger?

22. Ein startendes Flugzeug

Ein Verkehrsflugzeug hat eine Gesamtmasse von 330 t. Mit seinen vier Strahltriebwerken wird das Flugzeug auf der Startbahn bis zu einer Geschwindigkeit von 300 $\frac{km}{h}$ beschleunigt, bis es abheben kann. Jedes Triebwerk entwickelt eine maximale Schubkraft von 200 kN.

a) Wie groß ist die Beschleunigung des Flugzeugs während der Startphase?

b) Wie lang muss die Startbahn mindestens sein?

23. Fußball physikalisch betrachtet

Gute Fußballer verleihen dem Ball beim Abschuss eine Geschwindigkeit von 90 $\frac{km}{h}$. Die Wechselwirkung mit dem Ball beim Abschuss dauert 0,02 s. Der Ball hat eine Masse von 430 g.

a) Mit welcher Kraft muss der Fußballer gegen den Ball treten?

b) Wie groß ist die Beschleunigung des Balls?

24. Kräfte beim Beschleunigen

Ein beladener Pkw mit einer Gesamtmasse von 1350 kg wird aus dem Stand beschleunigt. Nach 4,5 s erreicht er eine Geschwindigkeit von 40 $\frac{km}{h}$.

a) Wie groß ist die Beschleunigung des Pkw?

b) Berechne die Antriebskraft des Motors, die allein für die Beschleunigung notwendig ist.

c) Für den Beschleunigungsvorgang muss der Motor noch weitere Kräfte aufbringen. Wofür sind sie erforderlich?

25. Eine gefährliche Situation

Der Fahrer eines Pkw $\left(v = 50\,\frac{km}{h}\right)$ sieht einen Ball auf die Straße rollen und bremst. Auf trockener Straße hat das Fahrzeug bei Vollbremsung eine Bremsverzögerung von 6,6 $\frac{m}{s^2}$. Die Masse des Pkw beträgt 1200 kg.

a) Wie groß ist die wirkende Bremskraft?

b) Wie lang ist der Bremsweg?

c) Wie verändert sich der Bremsweg, wenn man die „Schrecksekunde" des Fahrers berücksichtigt?

26. Eine typische Erscheinung

Beim Start eines Flugzeugs wird man kräftig in den Sitz gedrückt.
Erkläre, wie das kommt.

27. Richtiges Abschleppen

Beim Abschleppen eines defekten Autos mit einem Seil sollte man langsam anfahren.
Erkläre, warum bei einem ruckartigen Anfahren das Seil reißen kann.

28. Sicherheitsgurt empfehlenswert

Beim Flug mit einem Passagierflugzeug wird empfohlen, den Sicherheitsgurt geschlossen zu halten. Diskutiert die physikalischen Gründe dafür.

29. Sicherheit im Bus

Ein Bus bremst aus einer Geschwindigkeit von 50 $\frac{km}{h}$ bis zum Stillstand in 6,0 s ab.

a) In welcher Richtung wirken dabei auf Personen im Bus Kräfte?

b) Mit welcher Kraft muss sich eine Person der Masse von 80 kg dabei festhalten?

30. Auffahrunfälle sind gefährlich

Bei einem Auffahrunfall fährt ein Pkw mit einer Geschwindigkeit von 30 $\frac{km}{h}$ auf einen stehenden Lkw auf. Das Fahrzeug wird in 90 ms bis zum Stillstand abgebremst.

a) Wie groß ist die auf den Fahrer wirkende Kraft, wenn er eine Masse von 65 kg hat?

b) Welche Kraft wirkt auf einen Regenschirm (m = 650 g), der frei auf der hinteren Ablage liegt?

c) Setze dich mit der Aussage „Ein Auffahrunfall mit 30 $\frac{km}{h}$ ist ungefährlich" auseinander.

d) Aus welcher Höhe müsste man springen, damit die Geschwindigkeitsänderung beim Auftreffen 30 $\frac{km}{h}$ beträgt?

31. Wie bewegt sich ein Radfahrer?

Ein 65 kg schwerer Radfahrer lässt sich eine Straße mit 8 % Gefälle hinabrollen. Sein Fahrrad hat eine Masse von 20 kg. Die Reibungszahl zwischen der Asphaltstraße und den Reifen seines Fahrrads beträgt 0,01.

a) Skizziere den Sachverhalt und zeichne alle wirkenden Kräfte ein.

b) Berechne den Neigungswinkel der Straße.

c) Bestimme die Hangabtriebskraft, die auf den Radfahrer wirkt.

d) Bewegt sich der Radfahrer insgesamt beschleunigt, gleichförmig oder verzögert? Begründe deine Aussage.

Das Wichtigste im Überblick

Kräfte in Natur und Technik

Die Kraft $\vec{F}$ ist eine gerichtete physikalische Größe.

Kräfte bewirken Form- oder Bewegungsänderungen.

Die Wirkung einer Kraft ist abhängig von Betrag, Richtung und Angriffspunkt.

Wichtige Kräfte sind Gewichtskräfte und Reibungskräfte:

$$F_G = m \cdot g$$

$$F_R = \mu \cdot F_N$$

■ Zwei an einem Punkt angreifende Kräfte können zu einer resultierenden Kraft zusammengesetzt werden.

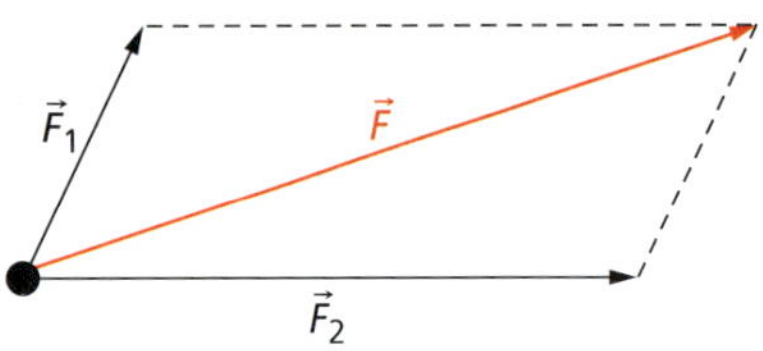

■ Eine Kraft kann in zwei Teilkräfte (Komponenten) zerlegt werden, wenn die Richtungen der Wirkungslinien bekannt sind.

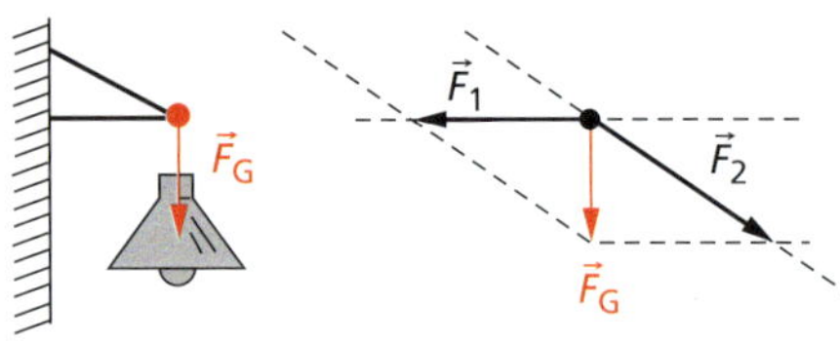

■ Grundlegende Gesetze der Dynamik sind die von Isaac Newton (1643–1727) gefundenen **newtonschen Gesetze.**

1. newtonsches Gesetz (Trägheitsgesetz)	Unter der Bedingung, dass die Summe aller Kräfte auf einen Körper null ist, gilt: $\vec{v}$ = konstant	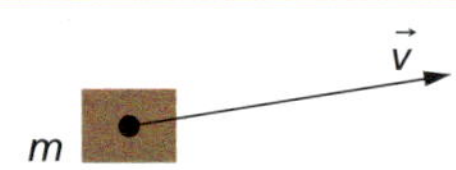 $\vec{v}$ Geschwindigkeit
2. newtonsches Gesetz (newtonsches Grundgesetz)	Wirkt auf einen Körper der Masse m die beschleunigende Kraft F, so erfährt der Körper in Richtung der Kraft die Beschleunigung a. $F = m \cdot a$	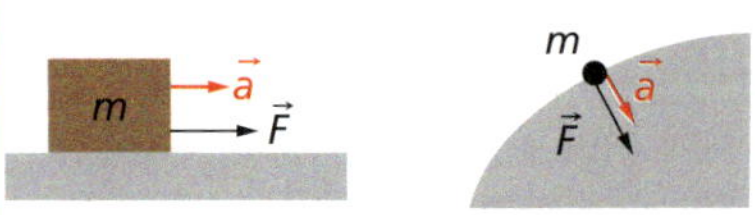 F Kraft, m Masse, a Beschleunigung
3. newtonsches Gesetz (Wechselwirkungsgesetz)	Wirken zwei Körper aufeinander ein, so wirkt auf jeden der beiden Körper eine Kraft. $\vec{F}_1 = -\vec{F}_2$	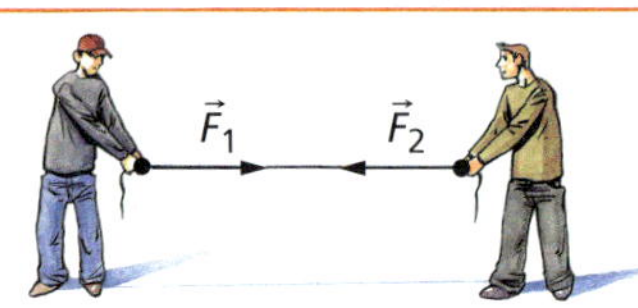

Basiskonzepte erleichtern das Lernen, weil du mit ihrer Hilfe naturwissenschaftliche Inhalte systematisieren und strukturieren kannst.

System

- Ruhe und Bewegung sind davon abhängig, auf welches Bezugssystem die Betrachtung bezogen wird.
- Körper, die miteinander wechselwirken, können als abgeschlossenes mechanisches System betrachtet werden.

Struktur der Materie

- Zur Beschreibung der Bewegung von Körpern wird das Modell Massepunkt genutzt.
- Kräfte wirken nicht nur zwischen Körpern, die sich berühren. Sie wirken auch zwischen weit voneinander entfernten Körpern (Beispiel: Gewichtskraft).

Kinematik und Dynamik der Translation

Wechselwirkung

- Die Kraft ist eine Wechselwirkungsgröße. Für Körper, die aufeinander einwirken, gilt das Wechselwirkungsgesetz:

$$\vec{F}_1 = -\vec{F}_2$$

- Kräfte bewirken die Veränderung der Form oder der Bewegung von Körpern.
- Wie sich ein Körper bewegt, hangt immer von der Summe aller Kräfte ab, die auf ihn wirken. Für bewegliche Körper gilt das newtonsche Grundgesetz:

$$F = m \cdot a$$

Energie

- Energie ist die Fähigkeit eines Körpers oder Systems, mechanische Arbeit zu verrichten, Wärme abzugeben oder Licht auszusenden.
- Körper, die sich längs einer Bahn bewegen, besitzen kinetische Energie.

Mit Fachwissen umgehen

1. Erläutere an einem Beispiel, z. B. einem Fußgänger, den Unterschied zwischen Momentangeschwindigkeit und Durchschnittsgeschwindigkeit.

2. Für die Bewegung eines Autos ergibt sich folgendes Diagramm:

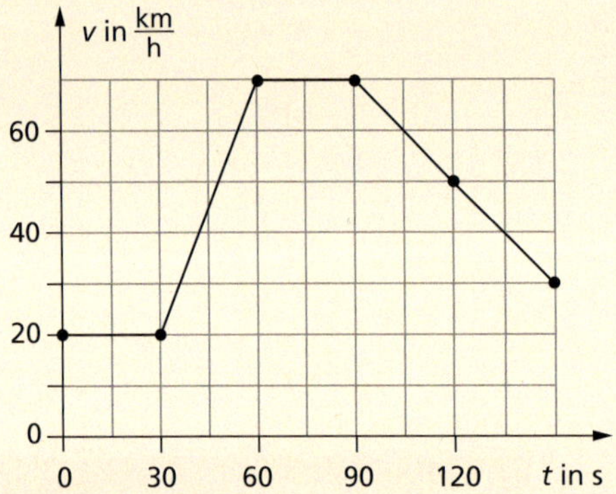

a) Beschreibe die Bewegung in Worten.
b) Berechne die Beschleunigungen und zeichne das $a(t)$-Diagramm.

3. Die Ariane 5 ist eine Trägerrakete, die im Auftrag der Europäischen Weltraumorganisation (ESA) entwickelt wurde. Sie ist die leistungsstärkste europäische Trägerrakete und wird dazu genutzt, Satelliten in Erdumlaufbahnen zu bringen.
Ihre Startschubkraft beträgt 13 000 kN. Nach dem Zünden erreichen die Triebwerke innerhalb von 0,3 s die volle Schubkraft. Diese wird 130 s lang aufrechterhalten. Beim Start wiegt die Rakete 770 t.
a) Wie groß müsste die Schubkraft sein, damit die Rakete nach dem Start gerade schwebt? Fertige dazu eine Skizze mit den wirkenden Kräften an.
b) Welche Geschwindigkeit hat die Rakete nach der Beschleunigungsphase? Gib an, unter welchen Bedingungen du die Berechnung durchführst. Wie beeinflusst der Luftwiderstand die Beschleunigung?

Methoden der Physik nutzen

4. Vor eurer Schule soll die Geschwindigkeit von Autos und Motorrädern bestimmt werden. Überlege dir ein praktikables Messverfahren, das ihr selbst nutzen könnt. Präsentiere es deinen Mitschülern.

5. Ermittle deine maximale Beschleunigung in den ersten 5 s beim Anfahren mit dem Rad. Beschreibe das Messverfahren. Vergleiche deine Werte mit denen deiner Mitschüler.

6. Ein Springer springt von einem 10 m hohen Sprungturm. Gib eine Möglichkeit an, wie man seine Eintauchgeschwindigkeit bestimmen könnte.

7. Auch Flüssigkeiten sind träge. Weise diese Behauptung in einem Experiment nach. Führe das Experiment deinen Mitschülern vor und begründe das Ergebnis.

8. Bei einem 100-m-Lauf legt ein Läufer die ersten 25 m mit einer konstanten Beschleunigung von 3,13 $\frac{m}{s^2}$ zurück. Die restlichen 75 m läuft er mit der erreichten Geschwindigkeit weiter. Er benötigt für die gesamte Strecke 10,20 s.
a) Berechne seine maximale Geschwindigkeit. Vergleiche sie mit der Durchschnittsgeschwindigkeit für diesen Lauf!
b) Skizziere das $s(t)$-, $v(t)$- und $a(t)$-Diagramm für den gesamten Lauf.
c) Diskutiere verschiedene Möglichkeiten zur Verbesserung der Laufleistung des Sportlers aus physikalischer Sicht.

9. Um die Tiefe einer Schlucht zu bestimmen, wird von oben ein Stein geworfen und die Zeit bis zum Hören des Aufschlags gemessen.
Erläutere, wie man so die Tiefe einer Schlucht bestimmen kann. Nenne die Bedingungen und Gesetze, die für diese Bestimmung genutzt werden. Schätze den Messfehler ab.

Informationen erschließen und austauschen

10. Für einen Fallschirmspringer wurde das folgende Diagramm aufgenommen:

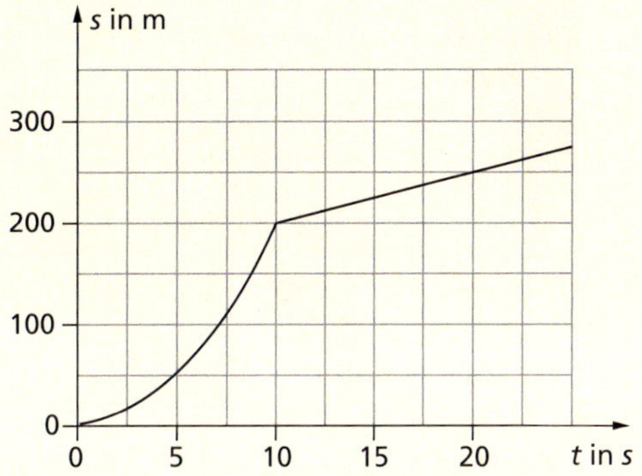

a) Interpretiere dieses Diagramm.

b) Schätze die maximale Fallgeschwindigkeit des Fallschirmspringers unmittelbar vor Öffnen des Fallschirms ab.

c) Wie groß ist seine Sinkgeschwindigkeit mit Schirm?

11. Bei Pkws wird meist angegeben, in welcher Zeit sie aus dem Stand heraus eine Geschwindigkeit von 100 $\frac{\text{km}}{\text{h}}$ erreichen und wie groß der Bremsweg ist, um von 100 $\frac{\text{km}}{\text{h}}$ bis zum Stillstand zu kommen.

a) Erkunde diese Daten für verschiedene Pkw-Typen.

b) Tauscht eure Meinungen zu folgender Frage aus: Was besagen solche Daten über die Alltagstauglichkeit eines Pkw?

12. Regentropfen haben meist Durchmesser zwischen 0,5 und 5 mm. Sie fallen aus Wolken auf den Erdboden.

a) Berechne: Mit welcher Geschwindigkeit würde ein Regentropfen auf den Erdboden treffen, der aus 500 m Höhe frei fällt?

b) Erkundet, mit welcher Geschwindigkeit Regentropfen tatsächlich auf dem Erdboden auftreffen. Tauscht euch über die Ursachen für die relativ geringe Geschwindigkeit aus.

Sachverhalte erkennen und bewerten

13. In einem Wohngebiet wird über die Einrichtung einer Tempo-30-Zone diskutiert. Versetzt euch in die Rolle von Befürwortern und Gegnern des Projekts. Berücksichtigt in der Argumentation auch den Bremsweg, den Fahrzeuge in der „Schrecksekunde" bei 30 $\frac{\text{km}}{\text{h}}$ und bei 50 $\frac{\text{km}}{\text{h}}$ zurücklegen.

14. Bei einem Verkehrsunfall erzeugte ein Motorrad eine Bremsspur. Ihre Länge kann man leicht messen. Was kann ein Gutachter daraus über die vermutliche Geschwindigkeit des Motorrads ableiten?

15. Bewerte die folgenden Aussagen:

a) Der Auffahrunfall eines Busses mit einer Geschwindigkeit von 20 $\frac{\text{km}}{\text{h}}$ ist ungefährlich.

b) Ein Radfahrer fährt mit 18 $\frac{\text{km}}{\text{h}}$. Vor einer Kreuzung kommt er noch bequem zum stehen, wenn er 3 m vor der Kreuzung zu bremsen beginnt.

c) Beim scharfen Bremsen mit blockiertem Hinterrad ist der Bremsweg eines Radfahrers kürzer als beim Bremsen ohne Blockieren des Hinterrads.

16. Bewerte die folgende Aussage aus physikalischer Sicht: „Das Anschnallen von Passagieren in Pkws ist bei Geschwindigkeiten bis 30 $\frac{\text{km}}{\text{h}}$ nicht erforderlich, weil bei so geringen Geschwindigkeiten kaum Verletzungen auftreten können."

17. Laut Straßenverkehrsordnung (StVO) gilt: Die zulässige Höchstgeschwindigkeit beträgt innerhalb geschlossener Ortschaften für alle Fahrzeuge 50 $\frac{\text{km}}{\text{h}}$, teilweise nur 30 $\frac{\text{km}}{\text{h}}$.

a) Warum sind das sinnvolle Festlegungen?

b) Ein unverantwortlicher Pkw-Fahrer fährt statt mit maximal 50 mit 70 $\frac{\text{km}}{\text{h}}$. Um wie viele Meter verlängert sich sein Bremsweg, wenn die Bremsverzögerung bei Vollbremsung 7,0 $\frac{\text{m}}{\text{s}^2}$ beträgt?

Mit den folgenden Aufgaben kannst du prüfen, wie fit du in Physik bist. Notiere deine Lösungen auf einem Blatt und vergleiche sie mit den Ergebnissen auf der Seite 196 rechts unten. *Tipp:* Bei manchen Aufgaben gibt es mehrere richtige Antworten. Viel Erfolg!

1. Wenn Licht schräg von Luft in Wasser übergeht, so wird es
- a vom Lot weg gebrochen,
- b nicht gebrochen, sondern nur reflektiert,
- c zum Lot hin gebrochen.

2. Licht wird an einem ebenen Spiegel reflektiert, so wie es die Abbildung zeigt.

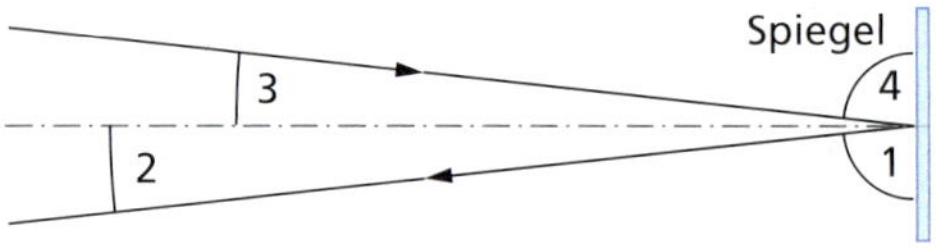

Dann gilt für die Winkel:
- a Winkel 4 ist der Einfallswinkel, Winkel 1 der Reflexionswinkel.
- b Winkel 3 ist der Einfallswinkel, Winkel 1 der Reflexionswinkel.
- c Winkel 3 ist der Einfallswinkel, Winkel 2 der Reflexionswinkel.

3. Du blickst schräg auf die Oberfläche eines Teichs und siehst dort im Wasser an einer bestimmten Stelle einen Fisch. Schwimmt dieser Fisch
- a genau in der Tiefe, in der du ihn siehst,
- b tiefer, als du ihn siehst,
- c höher, als du ihn siehst?

4. Wenn wir mit unseren Augen Gegenstände unserer Umgebung betrachten, dann entsteht auf der Netzhaut
- a immer ein verkleinertes Bild,
- b ein gleich großes Bild, denn wir nehmen ja die Gegenstände so groß wahr, wie sie tatsächlich sind,
- c bei weit entfernten Gegenständen ein verkleinertes und bei sehr nahen Gegenständen ein vergrößertes Bild.

5. Bei einer Augenuntersuchung stellt sich heraus, dass Clara eine Brille mit +1,0 dpt (Dioptrien) braucht. Dioptrien ist die Einheit für die Brechkraft einer Linse.

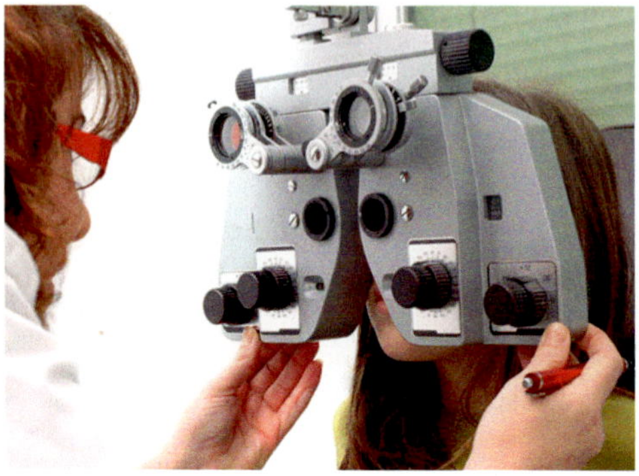

Daraus leiten ihre Mitschüler verschiedene Folgerungen ab. Wer hat recht?
- a Die Brille hat Sammellinsen. Die Brennweite ist mit 1 m relativ klein. Demzufolge liegt eine relativ geringe Weitsichtigkeit vor.
- b Die Brille hat Zerstreuungslinsen. Demzufolge liegt eine relativ geringe Kurzsichtigkeit vor.
- c Die Brille hat Sammellinsen. Die Brennweite ist mit 10 cm sehr klein. Demzufolge liegt eine starke Weitsichtigkeit vor.

6. Das Bild einer weit entfernten Person, die du mit dem Fernrohr beobachtest, erscheint
- a größer als die Person,
- b genauso groß wie die Person,
- c kleiner als die Person.

7. Bei Tageslicht ist ein Pullover rot. Wird er aber in der Disco mit blauem Licht beleuchtet, dann erscheint er uns
- a gelb,
- b grün,
- c schwarz.

8. In einem Stoff fließt dann ein elektrischer Strom, wenn
- a in dem Stoff frei bewegliche Ladungsträger vorhanden sind,
- b Elektronen vorhanden sind,
- c frei bewegliche Ladungsträger vorhanden sind und eine Spannung anliegt.

9. Eine Metallfadenlampe hat folgende Kennlinie:

a
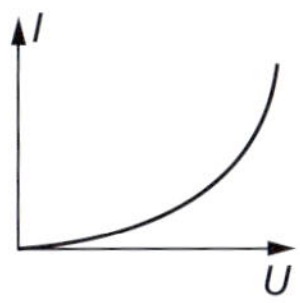

b
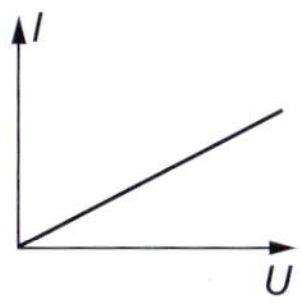

c
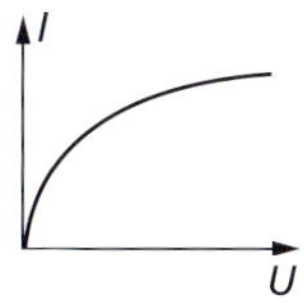

10. Eine Lampe hat eine Betriebsspannung von 4 V. Sie soll an eine Netzspannung von 10 V angeschlossen werden. Damit die Lampe nicht durchbrennt, ist folgende Schaltung aufzubauen:

a
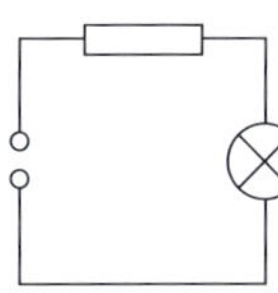

b
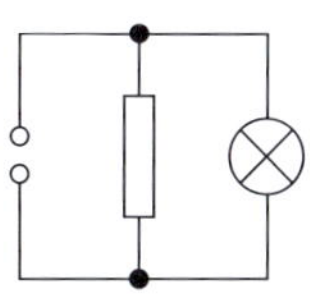

c
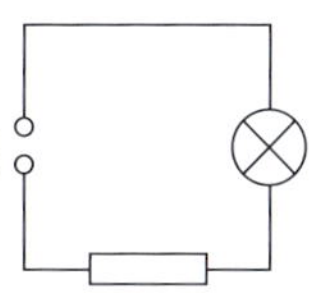

11. An einem elektrischen Leiter liegt eine Spannung von 10 V an. Die Stromstärke durch den Leiter beträgt 0,5 A. Dann hat der Widerstand des Leiters einen Wert von

a 50 Ω, b 10 Ω, c 20 Ω.

12. In einem Stromkreis sind zwei Widerstände in Reihe geschaltet:

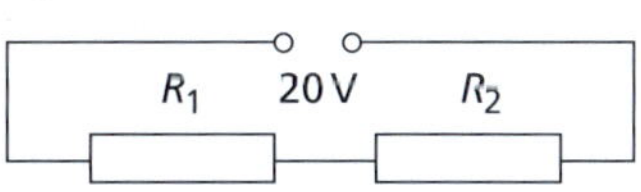

Der Widerstand R_1 ist doppelt so groß wie R_2. Dann gilt für die Spannungen:

- a Die Spannung an R_1 ist halb so groß wie die an R_2.
- b Die Spannung an R_1 ist genauso groß wie die an R_2.
- c Die Spannung an R_1 ist doppelt so groß wie die an R_2.

13. Die genutzte elektrische Energie in einem Haushalt wird gemessen mit

- a einem Stromprüfer,
- b einem Elektrizitätszähler,
- c einem Leistungsmesser.

14. Wenn man zwei Kräfte zu einer Gesamtkraft zusammensetzt, dann gilt:

- a Die Gesamtkraft ist immer größer als jede der beiden Teilkräfte.
- b Die Gesamtkraft kann null sein.
- c Die Gesamtkraft ist immer kleiner als die größte der Teilkräfte.

15. Mithilfe einer Brechstange kann man schwere Kisten anheben. Warum nutzt man dabei die Brechstange vorteilhafter als zweiseitigen Hebel anstelle eines einseitigen Hebels?

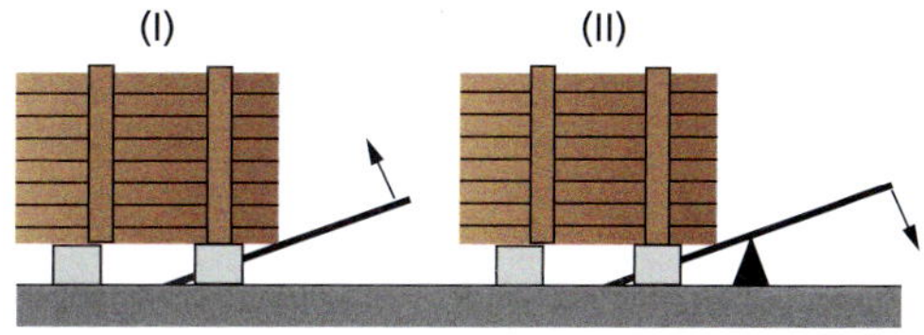

Entscheide dich für die zutreffenden Begründungen:

- a Wir bevorzugen einen zweiseitigen Hebel als Brechstange, weil der Kraftarm im Verhältnis zum Lastarm länger ist als bei einem einseitigen Hebel.
- b Es fällt leichter, eine Brechstange nach unten zu drücken (II) als nach oben zu ziehen (I).
- c Wir nutzen eine Brechstange als zweiseitigen Hebel, weil zusätzlich zur Muskelkraft noch unsere Gewichtskraft angreifen kann.

16. Ein Pkw bewegt sich mit einer konstanten Geschwindigkeit von 72 $\frac{km}{h}$. Das bedeutet:

- a Er legt in 20 Minuten 24 Kilometer zurück.
- b Er braucht für 36 km eine halbe Stunde.
- c Er fährt mit 15 $\frac{m}{s}$.

17. Du stehst in einem Bus und hältst dich leichtsinnigerweise nicht fest. In welche Richtung bewegst du dich, wenn der Busfahrer plötzlich scharf bremsen muss?

- a in Fahrtrichtung
- b entgegengesetzt zur Fahrtrichtung
- c immer entgegengesetzt zur Geschwindigkeit

18. Für Hebel im Gleichgewicht gilt:

a $\frac{F_1}{F_2} = \frac{l_2}{l_1}$ b $\frac{F_1}{F_2} = \frac{l_1}{l_2}$ c $\frac{F_1}{l_1} = \frac{F_2}{l_2}$

19. Mit einer losen Rolle soll ein 60 kg schwerer Betonblock um 2 m angehoben werden. Dann gilt für die Zugkraft:

a Sie beträgt mindestens 300 N.

b Sie beträgt mindestens 600 N.

c Sie beträgt mindestens die Hälfte der Gewichtskraft des Betonblocks.

20. Welche der folgenden Kernreaktionen ist nicht möglich?

a $^{59}_{27}Co + ^{1}_{0}n \longrightarrow ^{60}_{28}Co + \beta^-$

b $^{235}_{92}U + ^{1}_{0}n \longrightarrow ^{238}_{92}U$

c $^{236}_{92}U \longrightarrow ^{147}_{57}La + ^{87}_{35}Br + 2 \cdot ^{1}_{0}n$

21. Die Halbwertszeit von Cobalt-60 beträgt 5,3 Jahre. Das bedeutet:

a In 5,3 Jahren ist die Hälfte der Cobaltkerne zerfallen.

b In 5,3 Jahren ist ein Viertel der Cobaltkerne zerfallen.

c In 10,6 Jahren sind drei Viertel der Cobaltkerne zerfallen.

22. Spulen werden in einem Magnetfeld so bewegt, wie es in den Abbildungen dargestellt ist.

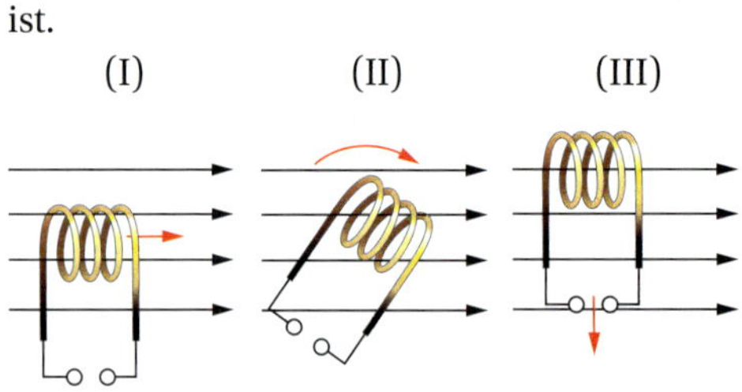

Dann gilt für die dargestellten Fälle:

a In allen drei Fällen wird eine Spannung induziert, weil sich die Spule bewegt.

b Es wird nur bei (II) eine Spannung induziert.

c Es wird bei (II) und (III) eine Spannung induziert.

23. Mit einem Transformator soll eine möglichst große Spannung erzeugt werden. Dazu ist erforderlich, dass

a der Draht der Sekundärspule wesentlich dünner als der Draht der Primärspule ist,

b die Windungszahl der Sekundärspule wesentlich größer als die der Primärspule ist,

c die Länge der Sekundärspule wesentlich größer als die der Primärspule ist.

24. Energie kann in verschiedenen Formen auftreten. Angestautes Wasser in einem Stausee hat

a mechanische Energie,

b thermische Energie,

c potenzielle Energie.

25. Von allen in der Natur vorkommenden Stoffen hat Wasser mit die größte spezifische Wärmekapazität. Sie beträgt:

a $4{,}19 \frac{kg}{kJ \cdot K}$ b $4{,}19 \frac{kJ \cdot K}{kg}$ c $4{,}19 \frac{kJ}{kg \cdot K}$

26. Ein Liter Wasser kühlt sich von 70 auf 20 °C ab. Dabei wird Wärme frei. Wir nehmen an, dass man diese Wärme vollständig einem anderen Körper zuführen kann. Welche Aussage ist richtig?

a Ein Körper aus Eisen mit m = 1 kg kann um mehr als 50 K erwärmt werden.

b 10 Liter Wasser können um 5 K erwärmt werden.

c Ein Körper aus Aluminium (m = 1 kg) kann nur um weniger als 50 K erwärmt werden.

Lösungen

1. c; 2. c; 3. b; 4. a; 5. a; 6. a; 7. c; 8. c; 9. c; 10. a, c;11. c; 12. c; 13. b; 14. b; 15.a, c; 16. a, b; 17. a; 18. a; 19. a, c; 20. b; 21. a, c; 22. c; 23. b; 24. a, b, c; 25. c; 26. a, b

Register

V

W

Z

Geschwindigkeiten in Natur und Technik

Bewegung einer Schnecke

$1 \frac{mm}{s}$

normale Gehgeschwindigkeit

$1{,}4 \frac{m}{s} = 5 \frac{km}{h}$

100-m-Läufer

$10 \frac{m}{s}$

Autobahn-Richtgeschwindigkeit

$130 \frac{km}{h} = 36 \frac{m}{s}$

Reisegeschwindigkeit eines
Passagierflugzeugs

$250 \frac{m}{s} = 900 \frac{km}{h}$

Überschall-Jagdflugzeug

$3 \text{ Mach} = 3\,600 \frac{km}{h}$

Satellit auf Erdumlaufbahn

$7 \frac{km}{s}$

Bewegung der Erde um die Sonne

$30 \frac{km}{s}$

Bewegung der Sonne um das galaktische Zentrum

$220 \frac{km}{s}$

Elektronen in einer Elektronenstrahlröhre

$33\,000 \frac{km}{s}$ bei 3 kV

Fluchtgeschwindigkeit von Galaxien

bis $270\,000 \frac{km}{s}$

Lichtgeschwindigkeit im Vakuum
(höchstmögliche Geschwindigkeit)

$300\,000 \frac{km}{s}$